LED-UV 硬化技術と硬化材料の現状と展望
—発光ダイオードを用いた紫外線硬化技術—
Recent Trends of LED-UV Curing Technology and Curing Materials
《普及版／Popular Edition》

監修 角岡正弘

シーエムシー出版

はじめに

　環境保全および省エネルギーの立場からUV硬化が表面加工技術として登場してから約半世紀が過ぎた。この間，UV・EB硬化技術といわれるように，硬化開始に用いられるエネルギー源は電子線（EB）あるいは紫外線（UV）であった。

　しかし，最近のLED（発光ダイオード）の進展には目覚しいものがあり，現在では表示材料から照明用光源が，これまでの光源（蛍光灯あるいはハロゲンランプなど）からLEDに変わろうとしている。これはひとえに，現在の地球温暖化における炭酸ガスの排出を抑制しようという要請に応えようとするものである。LEDにはいろいろ種類があるが，紫外部に発光するUV-LEDが登場するとLEDをUV光源に利用できないかということが話題になり始めた。2004年頃の話である。LEDは寿命が長いので経済的に有利であるが，はたしてUV硬化の光源として利用できるかどうかは現在，試行錯誤が始まった段階である。

　このような中で，一昨年，シーエムシー出版の月刊誌『機能材料』（4月号）で"LEDを用いるUV硬化"の特集が組まれた。その結果，その反響が大きかったので，書籍として出版できないかと相談を受けた。上述したようにLEDのUV硬化における利用は試行錯誤の段階ではあるが，環境保全および省エネルギーという立場からはこれほど優れた光源はない。そのような現実を踏まえ，世界の動向の紹介と日本におけるLEDを利用するUV硬化の現状を紹介しようとしたのが本書である。内容はLEDの開発と現状，LEDを硬化光源として利用するときの長所，欠点と注意点，および応用などを収めた。また，UV硬化に用いられる新素材あるいはUV硬化の新しい用途および分析法についても触れた。これは新しい分野でのUV硬化の利用が光源とも大きく関係するからであり，硬化度および硬化物の構造についての知見がますます重要になっているからである。

　なお，本書の表題はLEDを利用するUV硬化という意味で"LED-UV硬化技術"とした。最近ではUV-LED Curing（紫外線発光ダイオードによる硬化）という表現も見られるようになったが内容は同じである。

　以上の観点から多くの方に執筆をお願いし，協力をいただいた。ここにお礼申し上げるとともに，本書がUV硬化におけるLED利用の指針になることを願っている。

2010年5月

大阪府立大学名誉教授　角岡正弘

普及版の刊行にあたって

　本書は2010年に『LED-UV硬化技術と硬化材料の現状と展望―発光ダイオードを用いた紫外線硬化技術―』として刊行されました。普及版の刊行にあたり，内容は当時のままであり加筆・訂正などの手は加えておりませんので，ご了承ください。

2016年7月

シーエムシー出版　編集部

執筆者一覧（執筆順）

角岡 正弘	大阪府立大学名誉教授
村本 宜彦	ナイトライド・セミコンダクター㈱　代表取締役
平山 秀樹	㈳理化学研究所　テラヘルツ量子素子研究チーム　チームリーダー
吉田 健一	オムロン㈱　ASC推進事業部　企画部　事業推進課　主事
木下 忍	岩崎電気㈱　技術研究所　所長
中 宗憲一	㈱センテック　取締役
藤本 信一	三菱重工業㈱　紙・印刷機械事業部　印刷機械技術部　部長
池田 秀樹	リョービ㈱　グラフィックシステム本部　技術部　技術開発課　エキスパート
柴田 信義	リョービ㈱　グラフィックシステム本部　営業部　企画開発課　課長
大西 勝	㈱ミマキエンジニアリング　技術本部　技術顧問
杉本 晴彦	浜松ホトニクス㈱　電子管営業部　営業技術　主任部員
倉 久稔	BASFジャパン㈱　特殊化学品本部　ディスパージョン＆ピグメント開発グループ　マネージャー　アジアパシフィック
樽本 直浩	保土谷化学工業㈱　CNT開発推進部　主任研究員
滝本 靖之	フォトポリマー懇話会　顧問
沼田 繁明	川崎化成工業㈱　技術研究所　フェロー
藤村 裕史	川崎化成工業㈱　機能材センター　課長
岩澤 淳也	㈱スリーボンド　研究開発本部　開発部　電気開発課
渡辺 淳	電気化学工業㈱　電子材料総合研究所　精密材料研究部　グループリーダー，主席研究員
佐内 康之	東亞合成㈱　アクリル事業部　高分子材料研究所　主査
山本 誓	DICグラフィックス㈱　インキ機材事業部　平版技術1グループ　研究主任

岡崎 正之	広島大学　大学院医歯薬学総合研究科　生体材料学研究室　教授
川﨑 徳明	堺化学工業㈱　中央研究所　B1グループ　主任研究員
室伏 克己	昭和電工㈱　研究開発本部　研究開発センター川崎 サイトマネージャー
猿渡 欣幸	大阪有機化学工業㈱　機能化学品本部　新事業開発PJ　課長
青木 健一	東邦大学　理学部　先進フォトポリマー研究部門　特任講師
市村 國宏	東邦大学　理学部　先進フォトポリマー研究部門　特任教授
中山 徳夫	三井化学㈱　研究本部　マテリアルサイエンス研究所　先端技術U 主席研究員
福田 俊治	大日本印刷㈱　ナノサイエンス研究センター　プロセス材料研究部
片山 麻美	大日本印刷㈱　ナノサイエンス研究センター　プロセス材料研究部
坂寄 勝哉	大日本印刷㈱　ナノサイエンス研究センター　プロセス材料研究部 エキスパート
東原 知哉	東京工業大学　大学院理工学研究科　有機・高分子物質専攻　助教
上田 充	東京工業大学　大学院理工学研究科　有機・高分子物質専攻　教授
白井 正充	大阪府立大学　大学院工学研究科　教授
高瀬 英明	JSR㈱　ディスプレイ研究所　主任研究員
中野 辰彦	サーモフィッシャーサイエンティフィック㈱ SIDアプリケーション部　ダイレクター
大久保 信明	エスアイアイ・ナノテクノロジー㈱　分析応用技術部　主任
高坂 達郎	高知工科大学　システム工学群　准教授
逢坂 勝彦	大阪市立大学　大学院工学研究科　准教授
大谷 肇	名古屋工業大学　大学院工学研究科　物質工学専攻　教授

執筆者の所属表記は，2010年当時のものを使用しております。

目　次

第1章　UV硬化におけるLEDの意義と最近の動向　　角岡正弘

1　はじめに ………………………………… 1
2　UV硬化の原理とプロセス …………… 1
2.1　UVラジカル硬化 …………………… 2
2.1.1　光源と放射光 …………………… 3
2.1.2　硬化における光の波長の効果
　　　　……………………………………… 5
2.1.3　放射光強度の硬化への影響 … 7
2.2　UVカチオン硬化 …………………… 8
3　UV硬化の光源としてのLED ………… 9
3.1　高圧水銀ランプおよびLEDの特徴
　　　………………………………………… 10
3.2　LEDを用いるUV硬化の現状 …… 12
4　おわりに ………………………………… 12

第2章　LED-UV照射装置および硬化（乾燥）システムの開発動向

1　UV-LEDの樹脂硬化への応用と課題
　　　……………………………… 村本宜彦 … 14
1.1　はじめに ……………………………… 14
1.2　UV-LEDと紫外線ランプの比較 … 14
1.2.1　UV-LEDの発光原理 …………… 15
1.2.2　UV-LEDの特性 ………………… 17
1.2.3　InGaN系LEDの特異な発光メカニズム ……………………………… 18
1.2.4　UV-LEDの発光メカニズム … 19
1.3　UV-LEDの発光効率を高める一般的プロセス技術 ………………………… 20
1.3.1　フリップチップ ………………… 20
1.3.2　チップ界面凸凹化 ……………… 21
1.3.3　GaN基板成長および基板除去による高放熱化 …………………… 21
1.4　当社のUV-LED高効率化技術 …… 22
1.4.1　高温SiN中間層 ………………… 22
1.4.2　低温GaNPバッファ層 ………… 22
1.4.3　Gaドロップレット層 ………… 22
1.5　UV-LEDの樹脂硬化への応用 …… 22
1.5.1　吸光度と開始剤 ………………… 24
1.5.2　UV硬化インクの色による吸光度の違い ………………………… 24
1.5.3　照射面積と照射方法 …………… 24
1.6　UV-LEDの今後の発光効率の向上と課題 ………………………………… 25
1.7　おわりに ……………………………… 25
2　220〜350 nm帯AlGaN系紫外LEDの進展と今後の展望 ……… 平山秀樹 … 27
2.1　はじめに ……………………………… 27
2.2　AlGaN系紫外LED高効率化への問題点とアプローチ …………………… 28
2.3　AlN結晶の高品質化と220〜350 nm帯AlGaN系紫外LEDの実現 …… 29

2.4　まとめ …………………………… 34
3　UV硬化におけるLED式紫外線照射器導入の効果 ………………… 吉田健一 … 35
　3.1　はじめに …………………………… 35
　3.2　オムロンのUV-LED照射器 ……… 35
　3.3　商品に活かされている技術 ……… 35
　3.4　照射対象物の品質確保 …………… 36
　3.5　製品生産効率の向上 ……………… 37
　3.6　ランニングコストの削減 ………… 38
　3.7　生産設備の設計自由度向上（小型化，ロボットケーブル） ……………… 40
　3.8　設備の導入時のイニシャルコスト削減 …………………………………… 41
　3.9　サイドビューレンズの開発 ……… 42
　3.10　LED式紫外線照射器の課題 …… 42
　　3.10.1　紫外線LEDの短波長化 …… 43
　　3.10.2　照射出力の高さ …………… 43
　　3.10.3　照射面積の拡大 …………… 44
4　UV硬化用ランプとUV-LEDとの比較 ……………………………… 木下　忍 … 45
　4.1　はじめに …………………………… 45
　4.2　UV硬化用ランプ ………………… 45
　4.3　UV-LED光源 …………………… 46
　4.4　UV硬化用ランプとUV-LEDとの比較 ………………………………… 50
　4.5　大面積化・均一硬化について …… 50
　4.6　おわりに …………………………… 51
5　UV-LED照射パネルを用いた大面積の均一照射技術 ……………… 中宗憲一 … 53
　5.1　はじめに …………………………… 53
　5.2　長所 ………………………………… 53
　　5.2.1　省コスト ……………………… 53

　　5.2.2　長寿命 ………………………… 53
　　5.2.3　照射面に熱放射がない ……… 53
　　5.2.4　省スペース（薄く作れる）…… 53
　　5.2.5　放射エネルギーが簡単に調整できる ………………………………… 55
　　5.2.6　均一照射が可能 ……………… 55
　5.3　設計上の注意点 …………………… 55
　　5.3.1　照射角度 ……………………… 55
　　5.3.2　放熱設計 ……………………… 55
　　5.3.3　照射光の特性とUV-LEDの配置 …………………………………… 57
　　5.3.4　照射光の特性とLED配置 …… 58
　5.4　おわりに …………………………… 60
6　LED-UV乾燥システムの枚葉印刷機への適用 ……………………… 藤本信一 … 61
　6.1　はじめに …………………………… 61
　6.2　印刷市場ニーズとLED-UV乾燥システムの係わり …………………… 61
　　6.2.1　二極化するビジネスモデル … 61
　　6.2.2　枚葉印刷機の特徴とボトルネック ……………………………………… 61
　　6.2.3　LED-UV硬化型印刷機械により改善できること ……………………… 62
　　6.2.4　適用分野による効果の違い … 62
　6.3　LED-UV乾燥システムの実機による性能試験 ………………………… 64
　　6.3.1　乾燥性の評価 ………………… 64
　　6.3.2　光沢値の性能評価 …………… 64
　　6.3.3　両面機への適用評価 ………… 66
　6.4　厚紙・特殊印刷への適用 ………… 67
　6.5　LED-UV乾燥システムの乾燥性能に影響を及ぼす条件 ………………… 67

6.5.1 乾燥要素試験によるマクロな乾燥能力の把握 …………… 68	
6.6 UV光源の周波数特性と乾燥に影響する因子 …………………………… 70	
6.6.1 UV光源の周波数特性 ……… 70	
6.6.2 乾燥の効率に影響する因子 … 70	
6.7 UV硬化反応に係わるエネルギー量の推察 …………………………… 72	
6.7.1 UV光源に含まれる乾燥に寄与するエネルギー式の導出 …… 72	
6.7.2 計算結果と考察 …………… 74	
6.8 おわりに ………………………… 75	

7 省エネルギーで環境にやさしい「LED-UV印刷システム」
　………………池田秀樹, 柴田信義… 76

- 7.1 はじめに ………………………… 76
- 7.2 オフセット印刷とUV硬化技術 … 76
- 7.3 開発の背景 ……………………… 77
- 7.4 LED-UV印刷システムのメリット … 78
  - 7.4.1 消費電力の削減と長寿命 …… 79
  - 7.4.2 高い生産性と効率的な照射制御 ………………………………… 79
  - 7.4.3 少ない付帯設備と高い安全性 ………………………………… 80
- 7.5 総合印刷機材展 drupa 2008 LED-UV関連の出展 …………… 82
- 7.6 2009年商品展開 ………………… 83
- 7.7 導入実績 ………………………… 83
- 7.8 今後の展開 ……………………… 84
- 7.9 おわりに ………………………… 84

8 LED-UV硬化インクジェットプリンタの特長とその可能性 ……… 大西　勝… 86

- 8.1 はじめに ………………………… 86
- 8.2 UV硬化インクジェットプリンタの特長 …………………………… 86
- 8.3 LED-UV硬化インクジェットプリンタの開発 ……………………… 87
- 8.4 LED-UV硬化インクジェットプリンタの特長 ……………………… 88
  - 8.4.1 省電力性 ……………………… 89
  - 8.4.2 小型化 ………………………… 89
  - 8.4.3 長寿命 ………………………… 90
  - 8.4.4 光量が自由に変化できる …… 90
  - 8.4.5 メディアの過熱がない ……… 90
  - 8.4.6 オゾンレス …………………… 91
- 8.5 LED-UV硬化インクジェットプリンタの主要技術 ………………… 91
  - 8.5.1 LED-UVプリンタの構成 …… 91
  - 8.5.2 UVLEDユニット …………… 92
  - 8.5.3 LED-UV用高感度インク …… 92
- 8.6 実用化例 ………………………… 93
  - 8.6.1 UJF-3042 …………………… 93
  - 8.6.2 UJF-160 ……………………… 94
  - 8.6.3 JFX-1631 …………………… 96
- 8.7 おわりに ………………………… 96

9 UV接着とUV-LED照射光源の特徴
　………………………杉本晴彦… 99

- 9.1 はじめに ………………………… 99
- 9.2 紫外線と紫外線の作用 ………… 99
  - 9.2.1 UV硬化の原理 ……………… 99
  - 9.2.2 UV硬化の用途 ……………… 100
- 9.3 LEDとは ………………………… 100
  - 9.3.1 浜松ホトニクスのUV-LED光源 ……………………………… 100

9.3.2 LC-L2 の特徴 …………… 101	ニットと385 nm の UV-LED ……… 104
9.4 微小精密部品接着の用途 ………… 102	9.6 浜松ホトニクスのランプ式光源 … 104
9.5 大面積照射タイプの UV-LED ユ	9.7 おわりに ……………………………… 105

第3章 LED-UV 硬化用開始剤

1 LED-UV 硬化用開始剤の選択法
　………………………… **倉　久稔** …106
　1.1 はじめに …………………………… 106
　1.2 光硬化反応と光硬化組成物 ……… 106
　1.3 光硬化開始剤への要求特性 ……… 107
　1.4 光硬化開始剤の種類と特徴および
　　　UV-LED 露光機への適用 ………… 108
　　1.4.1 ラジカル型光硬化開始剤 …… 108
　　1.4.2 カチオン型光硬化開始剤 …… 114
　1.5 UV-LED 光源を使用した光硬化に
　　　おける問題点 ……………………… 118
　1.6 おわりに …………………………… 118
2 LED-UV 硬化用高感度開始剤の開発
　………………………… **樽本直浩** …121
　2.1 はじめに …………………………… 121
　2.2 高感度な光開始系の設計指針 …… 123
　2.3 365 nm 光に感光するイミダゾール
　　　系光ラジカル発生剤について …… 123
　　2.3.1 365 nm 光に感光するイミダゾー
　　　　　ル系光ラジカル発生剤の設計
　　　　　…………………………………… 123
　　2.3.2 レジスト特性評価 …………… 125
　　2.3.3 365 nm 光に高い感光性を示す
　　　　　イミダゾール系光ラジカル発生
　　　　　剤（PRG-7）を用いた詳細検討
　　　　　…………………………………… 126

　2.4 高機能連鎖移動剤について ……… 127
　　2.4.1 高機能連鎖移動剤の基本骨格探
　　　　　索 ………………………………… 128
　　2.4.2 3-Amino-4-methoxy-benzenesulfonyl
　　　　　誘導体の詳細検討および構造最
　　　　　適化 ……………………………… 129
　　2.4.3 3-Amino-4-methoxy-benzenesulfonyl
　　　　　誘導体の水素供与機構の解明
　　　　　…………………………………… 129
　2.5 おわりに …………………………… 132
3 LED-UV 硬化における顔料と硬化開始
　剤の選択 ………………… **滝本靖之** …134
　3.1 はじめに …………………………… 134
　3.2 顔料混合系内における UV 光束の
　　　挙動と光学特性 …………………… 134
　　3.2.1 UV 光束の挙動 ……………… 134
　　3.2.2 顔料，開始剤の光学特性 …… 135
　3.3 顔料の選択 ………………………… 136
　3.4 硬化開始剤の選択 ………………… 136
　　3.4.1 開始剤の光学特性 …………… 138
　　3.4.2 ラジカル重合開始剤 ………… 138
　　3.4.3 カチオン重合開始剤 ………… 139
　3.5 顔料，硬化開始剤の配合への展開事
　　　例 …………………………………… 139
　　3.5.1 ラジカル重合系 ……………… 139
　　3.5.2 カチオン重合系 ……………… 141

3.6 顔料・硬化開始剤の選択にあたっての制約事項と今後の課題 ………… 141
4 UV-LED および VL-LED 用増感剤の開発 ……… **沼田繁明, 藤村裕史**…143
　4.1 はじめに ………………………… 143
　4.2 UV-LED と開始剤の UV スペクトル ………………………………… 143
　4.3 UV-LED と増感剤の UV スペクトル ………………………………… 144
　4.4 UV-LED（395 nm）の硬化例 … 146
　　4.4.1 カチオン系 ………………… 146
　　4.4.2 増感助剤の添加と相乗効果 … 147
　　4.4.3 ラジカル系への適用 ……… 149
　4.5 VL-LED 可視光での硬化例 …… 150
　4.6 おわりに ………………………… 152

第4章　LED-UV 硬化材料の開発動向

1 UV 硬化性樹脂―光源の違いによる物性比較と LED-UV 硬化用材料開発の技術動向 ……………**岩澤淳也**…154
　1.1 はじめに ………………………… 154
　1.2 光源波長と光重合開始剤波長 …… 155
　1.3 ラジカル系光硬化性樹脂 ……… 157
　　1.3.1 ラジカル系光硬化性樹脂概要 ……………………………… 157
　　1.3.2 ラジカル系の光源による反応性および物性比較 ………… 158
　1.4 カチオン系光硬化性樹脂 ……… 164
　　1.4.1 カチオン系光硬化性樹脂概要 ……………………………… 164
　　1.4.2 カチオン系の光源による反応性および物性比較 ………… 166
　1.5 おわりに ………………………… 169
2 光学系接着剤―UV-LED 光源の最適化（チオール・エン系を中心に） ……………………**渡辺　淳**…171
　2.1 はじめに ………………………… 171
　2.2 UV 硬化型接着剤の概要 ……… 171
　　2.2.1 構成 ………………………… 171
　　2.2.2 硬化機構 …………………… 172
　2.3 UV-LED の特徴 ……………… 172
　　2.3.1 分光分布 …………………… 173
　　2.3.2 寿命 ………………………… 174
　　2.3.3 高安全性・低ランニングコスト ……………………………… 174
　2.4 LED-UV 硬化に適した UV 硬化型接着剤の設計 ………………… 174
　2.5 LED-UV 硬化させたチオール・エン系 UV 硬化型接着剤の特性 … 177
　　2.5.1 「ハードロック OP」の特長 … 177
　　2.5.2 チオール・エン系 UV 硬化型接着剤の LED-UV 硬化特性 … 178
　2.6 おわりに ………………………… 179
3 光学材料用 UV 硬化材料 … **佐内康之**…181
　3.1 はじめに ………………………… 181
　3.2 屈折率に特徴のある UV 硬化材料 ………………………………… 181
　　3.2.1 高屈折率の UV 硬化材料 … 182
　　3.2.2 低屈折率の UV 硬化材料 …… 185

3.3 フォーミュレーションに併用される UV 硬化材料 …………… 186
3.4 おわりに …………………… 187
4 LED-UV 硬化インキ ……… **山本 誓** …188
4.1 はじめに …………………… 188
4.2 インキ組成と LED 照射装置の特徴 …………………………… 189
4.3 LED-UV インキ原料の選択 …… 191
4.4 LED-UV 照射の特徴とインキ硬化性へ与える影響 …………… 194
4.5 硬化性の向上と省エネルギー性の両立 …………………………… 196
4.6 今後の課題 ………………… 197
5 歯科用 LED 硬化材料および技術 ……………………… **岡崎正之** …200
5.1 歯科用レジンの変遷 ……… 200
5.2 光照射器の登場 …………… 201
5.3 生体安全性 ………………… 202

第5章 これからの展開が期待される UV 硬化材料

1 第一級チオール系モノマー―UV 硬化における添加剤としての活用法 ……………………… **川﨑徳明** …205
1.1 はじめに …………………… 205
1.2 チオール化合物 …………… 205
1.3 反応経路 …………………… 206
1.4 酸素阻害 …………………… 206
1.5 深部硬化 …………………… 208
1.6 衝撃試験 …………………… 209
1.7 硬化物の均一性 …………… 210
1.8 おわりに …………………… 212
2 第二級チオール―UV 硬化における添加剤としての活用 ……… **室伏克己** …213
2.1 はじめに …………………… 213
2.2 第二級チオールとは ……… 213
2.3 反応機構 …………………… 214
2.4 UV 硬化性と硬化収縮 …… 215
　2.4.1 アクリレート系モノマーでの UV 硬化性と硬化収縮 …… 215
　2.4.2 モノマーの種類による UV 硬化挙動 …………………… 215
　2.4.3 モノマーの種類による熱硬化挙動 ………………………… 217
2.5 密着強度 …………………… 217
2.6 柔軟性 ……………………… 219
2.7 熱的特性 …………………… 219
2.8 耐水性 ……………………… 219
2.9 耐光性 ……………………… 220
2.10 反応組成物の保存性 ……… 221
2.11 おわりに …………………… 221
3 デンドリマーおよびハイパーブランチオリゴマーの UV 硬化材料への応用 ……………………… **猿渡欣幸** …223
3.1 はじめに …………………… 223
3.2 デンドリマーおよびハイパーブランチポリマーについて ……… 223
3.3 デンドリマーおよびハイパーブランチオリゴマーの UV 硬化材料への応用 ……………………… 224
　3.3.1 ハイパーブランチ型アクリルオ

　　　　　　リゴマー，STAR-501 ………… 225
　3.3.2 硬化速度の向上 ………… 225
　3.3.3 酸素阻害の抑制 ………… 225
　3.3.4 高硬度と高柔軟性の両立 …… 226
　3.3.5 硬化収縮の低減 ………… 226
　3.3.6 V#1000 ………… 228
3.4 おわりに ………… 228
4 量産可能なデンドリマーの合成とその
　硬化挙動 ……… **青木健一，市村國宏** … 230
4.1 はじめに ………… 230
4.2 多段階交互付加（AMA）法による
　　デンドリマーの簡易合成 ………… 232
4.3 ポリアクリレートデンドリマーの末
　　端修飾 ………… 233
4.4 ポリアリルデンドリマーのエン・チ
　　オール系紫外線硬化材料への展開
　　　　　　　　　　　　　　………… 234
4.5 エン・チオール系紫外線硬化材料の
　　さらなる高感度化 ………… 235
4.6 まとめ ………… 236
5 高屈折率プラスチック用有機—無機ハ
　イブリッドUV硬化ハードコート
　　　　　　　…………… **中山徳夫** … 238
5.1 はじめに ………… 238
5.2 眼鏡レンズに求められるハードコー
　　ト剤の特性 ………… 238
5.3 ハードコートの密着性向上技術（密
　　着性付与材料の検討）………… 239
5.4 高屈折率化（干渉縞抑制）技術 … 240
5.5 無溶剤化への対応（光カチオン硬化
　　系の検討）………… 241
5.6 その他の眼鏡レンズ用ハードコート

　　剤に求められる特性 ………… 246
5.7 おわりに ………… 246
6 光塩基発生剤を活用する高感度感光性
　ポリイミドの開発
　　…… **福田俊治，片山麻美，坂寄勝哉**…248
6.1 はじめに ………… 248
6.2 光塩基発生剤について ………… 248
6.3 光塩基発生剤型感光性ポリイミド
　　　　　　　　　　　　　　………… 250
6.4 新規光塩基発生剤の開発状況 … 250
6.5 おわりに ………… 252
7 UV硬化を利用する新しい感光性高分
　子の開発 ……… **東原知哉，上田　充**…253
7.1 はじめに ………… 253
7.2 光リソグラフィー ………… 253
7.3 ポリ（アミック酸エステル）を利用
　　したPSPI ………… 254
7.4 ケイ皮酸誘導体の光二量化反応を利
　　用したPSPIおよびPSPBO ……… 254
7.5 ベンゾフェノン誘導体の光ラジカル
　　反応を利用したPSPI ………… 255
7.6 光酸発生剤を利用した感光性高分子
　　　　　　　　　　　　　　………… 255
7.7 光塩基発生剤を利用した感光性高分
　　子 ………… 257
7.8 おわりに ………… 260
8 リワーク能を有するUV硬化樹脂の現
　状と展望 ……………… **白井正充** … 262
8.1 はじめに ………… 262
8.2 リワーク型UV硬化樹脂の設計概念
　　　　　　　　　　　　　　………… 262
8.3 多官能エポキシ系樹脂 ………… 263

8.4 多官能アクリル系樹脂 ……… 264	8.6 おわりに ……………………… 269
8.5 高機能材料としての活用 ……… 267	

第6章 UV硬化における分析法の現状と展望

1 UV硬化樹脂の硬化度および硬化挙動の評価の現状と展望 ……… **高瀬英明** …271
 1.1 硬化度および硬化挙動の評価の現状 ……………………………… 271
 1.2 硬化度および硬化挙動の今後の展望 ……………………………… 272
 1.3 "微小領域"での分光学的な評価法 ………………………………… 273
  1.3.1 顕微IRとATR-IR法 ……… 273
  1.3.2 ラマン分光法 ……………… 274
 1.4 "リアルタイム"での分光学的, 物理的な評価法 ………………… 275
  1.4.1 リアルタイムIR法 ………… 275
  1.4.2 粘弾性的測定 ……………… 276
 1.5 "インライン"での分光学的な評価法 ………………………………… 277
  1.5.1 蛍光プローブ法 …………… 277
  1.5.2 Near-IR法 ………………… 278
 1.6 おわりに …………………………… 279
2 UV硬化におけるリアルタイムFT-IRの原理と使い方 ……… **中野辰彦** …281
 2.1 はじめに ………………………… 281
 2.2 赤外分光でわかること, スペクトルの解析方法 ……………………… 281
  2.2.1 赤外分光法の原理 ………… 281
  2.2.2 赤外スペクトルの解析 …… 282
 2.3 分光装置 ………………………… 283
  2.3.1 FT-IR ……………………… 283
  2.3.2 スペクトルの縦軸について … 284
 2.4 サンプリング法 ………………… 285
  2.4.1 透過法 ……………………… 285
  2.4.2 反射法 ……………………… 285
  2.4.3 ATR法 …………………… 286
 2.5 リアルタイムFT-IRによるUV硬化樹脂の硬化挙動解析 ……………… 288
  2.5.1 装置 ………………………… 289
  2.5.2 反射法によるアクリレート系UV硬化樹脂の反応挙動解析例 ……………………………… 290
  2.5.3 ATR法によるUV硬化ポリマーインクの硬化度の評価 … 291
  2.5.4 ATR法によるUV硬化樹脂の硬化挙動解析 …………… 292
3 UV硬化における光化学反応DSCの原理と応用 ……………… **大久保信明** …295
 3.1 はじめに ………………………… 295
 3.2 光化学反応DSC ……………… 295
 3.3 フォトレジストの光硬化反応熱測定 ……………………………… 296
 3.4 UV硬化接着剤の光硬化反応熱測定 ……………………………… 297
4 ラマン分光法を用いたUV硬化モニタリング ……… **髙坂達郎, 逢坂勝彦** …300
 4.1 はじめに ………………………… 300

4.2 ラマン分光法 ……………………… 300
4.3 エポキシ樹脂の硬化モニタリング
　　……………………………………… 301
　4.3.1 樹脂のラマン分光スペクトルの
　　　　測定 ………………………… 301
　4.3.2 硬化度の算出 ……………… 303
　4.3.3 硬化度曲線の測定結果 …… 304
4.4 UV硬化樹脂の硬化モニタリング
　　……………………………………… 305
　4.4.1 UV硬化樹脂のラマン分光スペ
　　　　クトルの測定方法 ………… 305
　4.4.2 UV硬化樹脂のラマンスペクト
　　　　ル …………………………… 305
　4.4.3 硬化度の算出 ……………… 306
　4.4.4 硬化度曲線の測定結果 …… 308
4.5 おわりに ……………………………… 309
5 熱分解GCおよびMALDI-MSを用い
　たUV硬化物の構造解析と硬化機構の
　解明 ……………………… **大谷　肇** … 310
5.1 はじめに …………………………… 310
5.2 有機アルカリ共存下での反応熱分解
GCによるアクリル系UV硬化樹脂
の精密構造解析 …………………… 310
　5.2.1 反応熱分解GCの装置構成と測
　　　　定手順 ……………………… 311
　5.2.2 多成分アクリル系UV硬化樹
　　　　脂の精密組成分析 ………… 312
　5.2.3 オリゴマータイプのアクリレート
　　　　プレポリマー分子量の推定 … 313
　5.2.4 アクリル系UV硬化樹脂の硬
　　　　化反応率の定量 …………… 314
　5.2.5 アクリル系UV硬化樹脂の架
　　　　橋連鎖構造解析 …………… 317
5.3 超臨界メタノール分解―マトリック
　　ス支援レーザー脱離イオン化質量分
　　析による架橋連鎖構造解析 ……… 318
　5.3.1 超臨界メタノール分解
　　　　―MALDI-MS測定の操作手順
　　　　………………………………… 318
　5.3.2 超臨界メタノール分解物の
　　　　MALDI-MS測定による架橋連
　　　　鎖構造解析 ………………… 318

第1章　UV硬化におけるLEDの意義と最近の動向

角岡正弘[*]

1　はじめに

　UV（紫外線）硬化は表面加工技術として，1960年代後半，環境保全および省エネルギーを標榜して登場した。その頃は環境保全というより公害における大気汚染源（塗料あるいはインキなどの溶剤）の抑制と高速加工プロセス（秒速）で熱硬化より省エネルギー化できるという考え方であった。現在でもこの考え方は生きており，炭酸ガスの抑制が求められている現在では，その要望はその頃以上に重要になっている。すなわち，環境保全はいうまでもなく，省エネルギーは大きな課題である。そのような状況下で発光ダイオード（LED）の登場は照明あるいは表示材料を大きく変えようとしている。当然のことながら，製造工程では出力の高いLEDをUV硬化の光源として利用しようとする動きも出てくる。

　しかしながら，LEDをUV硬化で利用しようとすると，これまでにUV硬化で用いられていた高圧水銀ランプあるいはメタルハライドランプとの間で大きな差がないかどうかが問題となる。

　そこで，本章ではUV硬化の基礎の概略と硬化における光源の役割を紹介し，高圧水銀ランプとLEDをどのように選択するかについて解説する。したがって，UV硬化技術の基礎的な事柄については省略するので，その詳細を知りたい方は章末の文献[1,2]を参考にしていただきたい。

2　UV硬化の原理とプロセス

　UV硬化プロセスを図1に示す。①基板（金属，木工，紙，プラスチックなど）の上に少し粘性のある液体を塗布する。②この基板をコンベアベルトに載せて光源の下を通して光照射する。③表面硬化，工程はこれで終わりである。

　よく利用されるUVラジカル硬化では，この液体は開始剤（数％），二重結合（通常はアクリロイル基）を複数個持つオリゴマー（分子量：1000～10000程度）および粘度を調節するための多官能モノマー（通常2～6官能）の3つから成り立っており，その他，表面の平滑性を上げる調節剤（表面調整剤：シリコーン系化合物）を1％程度加える。これをまとめてフォーミュレー

---

[*] Masahiro Tsunooka　大阪府立大学名誉教授

LED-UV 硬化技術と硬化材料の現状と展望

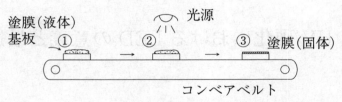

図1　UV 硬化プロセス

①基板（金属，木工，紙，プラスチックなど）上へ塗料（液体）を塗布する。この液体を
フォーミュレーションズ（配合物）といい，開始剤，オリゴマー，モノマーなどを含む。
②光照射（光源：高圧水銀ランプ，メタルハライドランプ，LED（発光ダイオード））。
③表面硬化（固体）（応用）。
　　UV 硬化の三要素技術：光源，フォーミュレーションズ，応用（用途および高速プロセス）

ションズ（配合物）という。硬化物の物性はオリゴマーおよびモノマーで決まる。

　UV 硬化をより効率的に利用するためには，①光源，②フォーミュレーション（配合）および③応用（用途および硬化プロセス）の3つの要素技術をよく理解する必要がある。

　ここでの応用とは UV 硬化が塗料，印刷インキ，エレクトロニクス関連部品などへの利用という用途の意味であるが，硬化プロセスのスピードを利用することも重要である。

　フォーミュレーションズは硬化物の物性を決めるので化学的な視点から材料を選択する必要があるが，硬化速度は官能基濃度（単位体積あたりの濃度）で決まるので注意がいる。ただし，モノマーの官能基数を上げると速度が上がり，硬化物は硬くなるが場合によっては脆くなる場合があるので注意がいる。

　光源については，高圧水銀ランプと LED の一番の違いは，前者が紫外，可視領域の光と赤外線を放射するのに，LED は単一波長（例えば396あるいは365 nm）の光のみを放射することである。この違いが硬化プロセスにどのように影響するかが課題となる。

　現在，UV 硬化では UV ラジカル硬化と UV カチオン硬化が利用されているが前者が圧倒的に多く利用されているので，この硬化法を中心に述べるが UV カチオン硬化についても要点を解説する。

2.1　UV ラジカル硬化

　図2に UV ラジカル硬化の素反応を示す。開始剤が光を吸収して分解してラジカルを生成する。このラジカルがモノマーあるいはオリゴマーの二重結合を攻撃する（付加反応）。これが開始反応であり，続いてこの付加反応が高速で繰り返される（成長反応）。最終的にはこれらのラジカル同士が結合して高分子になる。ここで用いるモノマーおよびオリゴマーは多官能であるので，図中の三次元化反応のイメージ図のように付加反応とともに高分子量化する。溶液はミクロゲルを含み，さらにはマクロゲルになり最終的には固化する。これが UV 硬化である。ところ

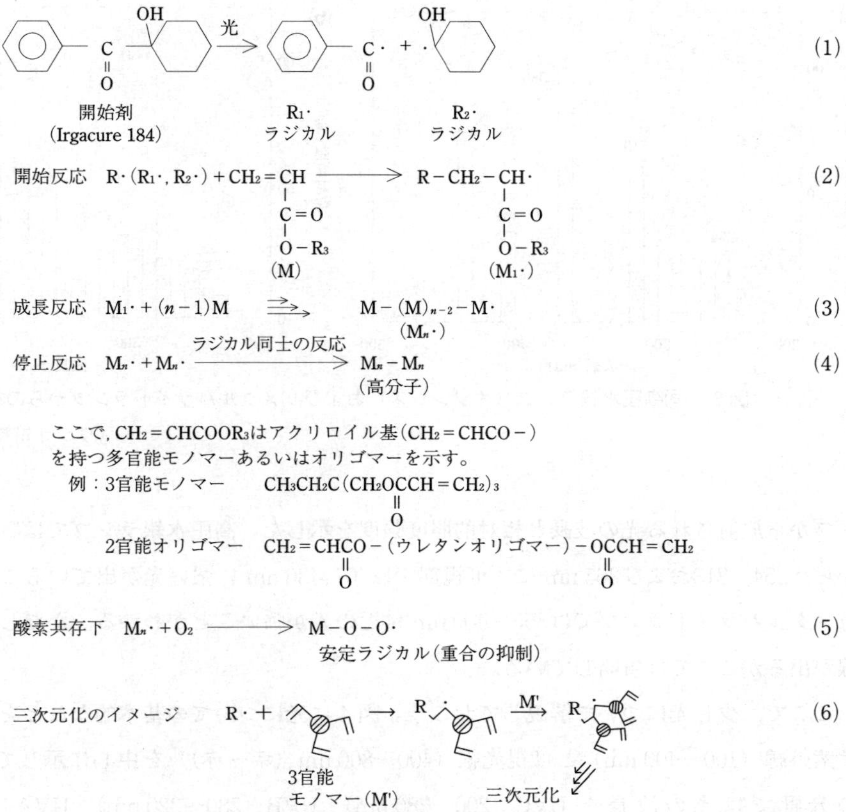

第1章　UV硬化におけるLEDの意義と最近の動向

$$開始剤\ (Irgacure\ 184) \xrightarrow{光} R_1\cdot ラジカル + R_2\cdot ラジカル \tag{1}$$

$$開始反応\quad R\cdot (R_1\cdot, R_2\cdot) + CH_2=CH(C=O)(O-R_3)\ (M) \longrightarrow R-CH_2-CH\cdot (C=O)(O-R_3)\ (M_1\cdot) \tag{2}$$

$$成長反応\quad M_1\cdot + (n-1)M \rightleftarrows M-(M)_{n-2}-M\cdot\ (M_n\cdot) \tag{3}$$

$$停止反応\quad M_n\cdot + M_n\cdot \xrightarrow{ラジカル同士の反応} M_n-M_n\ (高分子) \tag{4}$$

ここで、$CH_2=CHCOOR_3$ はアクリロイル基 ($CH_2=CHCO-$) を持つ多官能モノマーあるいはオリゴマーを示す。
　　例：3官能モノマー　　$CH_3CH_2C(CH_2OCOCH=CH_2)_3$
　　　　2官能オリゴマー　$CH_2=CHCO-(ウレタンオリゴマー)-OCCH=CH_2$

$$酸素共存下\quad M_n\cdot + O_2 \longrightarrow M-O-O\cdot\ 安定ラジカル（重合の抑制） \tag{5}$$

$$三次元化のイメージ\quad R\cdot + [3官能モノマー(M')] \longrightarrow R\cdot \xrightarrow{M'} 三次元化 \tag{6}$$

図2　UVラジカル硬化の素反応と硬化反応のイメージ

が，酸素があると式(5)のように成長反応の途中で付加して安定ラジカルになる。したがって，この反応が多くなると光照射しても硬化しないという結果になる。これが酸素の硬化阻害という現象でUVラジカル硬化で課題となる。

この素反応で式(1)は光反応であるが，式(2)以下は熱反応であり，温度が高い方が硬化速度は大きくなるが，元々ラジカル重合の速度は大きいので，速度面での影響は小さい。しかし，前述した，ミクロゲルおよびマクロゲルへと状態が変化するにつれて高分子鎖の運動が小さくなる。したがって，付加反応も起こりにくくなる。すなわち，温度が高い方が硬化の程度（二重結合の変化率）を上げるのに有利となる。なお，開始剤は硬化の開始には必要なものであるが，硬化物中では不純物になってしまう。

2.1.1　光源と放射光

現在のところ光源には高圧水銀ランプあるいはメタルハライドランプがよく利用される。これらの光源から紫外線が安定に取り出せるからである。図3に高圧水銀ランプとメタルハライドラ

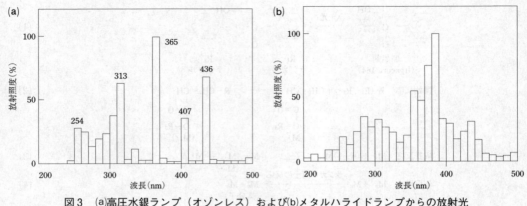

図3　(a)高圧水銀ランプ（オゾンレス）および(b)メタルハライドランプからの放射光
（ウシオ電機カタログより）

ンプから放射される光の波長と相対的照度強度を示した。高圧水銀ランプでは紫外部では短波長から，254，313および365 nm に，可視部では407，436 nm に強い光が出ていることがわかる。一方メタルハライドランプでは350〜400 nm 付近の光が強いことがわかる。ただし，両者とも赤外線が出るがここでは省略している。

ここで，少し光について解説しておこう。図4に光についての基本的なことを示した。ここでは紫外線（100〜400 nm）と可視光線（400〜800 nm（紫〜赤））を中心に示してある。UV 硬化の分野では光の波長を UVC（200〜280 nm），UVB（280〜320 nm），UVA（320〜390 nm），UVV（390〜445 nm）の順に分類することがある。たとえば，UVA の光強度がいくらとか，UVA の光で硬化したなどの使い方をする。なお，この分類は化粧品あるいは農業分野でも使われるが，分野によっては波長領域が幾分異なる。

図4で波長とエネルギーについて見ると，たとえば300 nm の光はそのエネルギーが398

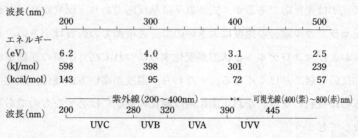

図4　光の波長，エネルギーおよび代表的な結合解離エネルギーの例

第1章　UV硬化におけるLEDの意義と最近の動向

kJ/molあるので，C-C結合の解離エネルギー344 kJ/molよりも大きい。開始剤がこの光を吸収すれば結合が切れることになる。

　高圧水銀ランプの光を効率よく利用するために開始剤を利用する。開始剤が光を吸収する効率は図5に示したランベルト・ベールの法則のモル吸光係数（ε）によって表される。この式は入射光強度（I_0）と透過光強度（I）の比が開始剤濃度（c），塗膜厚さ（l）およびεと関連することを示している。$\log(I_0/I)$を吸光度（A）という。なお，この式は注目している波長についての式であるので注意がいる。さらに，この式は光強度の比について述べているので，強い光を使えば，透過光の強度も強くなる。

　塗膜の光吸収の効率を上げるためには，光源の光強度（出力）の大きい波長（たとえば，254，313および365 nm）で大きなεを持つ開始剤を使うか，開始剤濃度を上げるとよい。ランベルト・ベールの式から，塗膜の吸光度よりある波長の光がどの程度吸収されているかがわかる。たとえば，塗膜の吸光度が1であれば90％の光が吸収され，2のときはその吸収率は99％となる。

2.1.2　硬化における光の波長の効果

　図6に代表的な開始剤であるIrgacure184およびIrgacure819の吸収スペクトルを示す。前者では370 nmまで吸収があり，240 nm付近に極大吸収，280および330 nm付近にも吸収（ショルダー（肩））がある。一方，Irgacure819では290および370 nmに大きな吸収があり，その吸収は440 nmまで伸びる。

　表1に光源から放射される特定波長での開始剤の吸光係数を示す。ただし，ここでは単位が[l/mol・cm]ではなく，[ml/g・cm]となっていることに注意していただきたい。また，測定溶媒がメタノールであるので，図6のスペクトルとまったく同じではないがほぼ似た吸収と見てよい。

　短波長の光は長波長の光より散乱しやすい（レイリー散乱）ので，実用的な立場から開始剤を

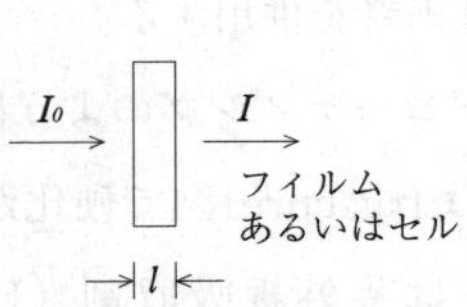

$$A = \log(I_0/I) = \varepsilon c l$$

（ランベルト・ベールの式）

A：吸光度，I_0：入射光強度（波長指定），I：透過光強度
c：溶液（あるいはフィルム）中の開始剤濃度（mol/dm^3）
l：セル（あるいはフィルム）厚さ（cm）
ε：モル吸光係数（dm^3/mol・cm）
　　モル濃度で表すときのεはモル吸光係数という。グラム単位のときは
　　吸光係数という。工業的には後者が利用されることが多い。

図5　入射光と透過光の関係（ランベルト・ベールの法則）

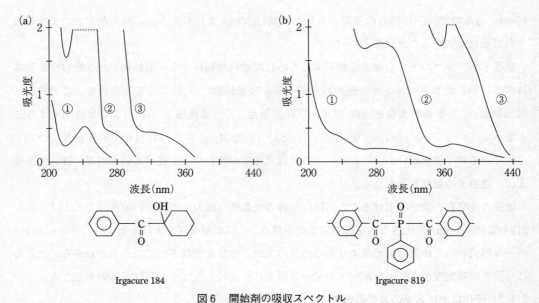

図6　開始剤の吸収スペクトル

①0.001%，②0.01%，③0.1%，溶媒：アセトニトリル，1 cm セル

(チバ・ジャパンカタログ (2006) より)

表1　開始剤の吸光係数　(ml/g・cm)

波長(nm)	254	313	365	405	435
Irgacure 184	33200	434	88.6	0	0
Irgacure 819	19500	15100	2310	899	30

溶媒：メタノール　　資料：チバ・ジャパンカタログ (2006)

考えると表面硬化には短波長 (254 nm) の ε の大きい Irgacure184 が優れており，内部 (特に基板との密着) を考えると，より長波長を利用できる Irgacure819 を利用するのがよい。特に，塗膜の厚みが 50 μm を越すような場合は両者を併用する。

具体的な例を示す。クリヤーハードコーティングのように短波長領域 (UVB および UVC) にモノマーなどの吸収がない塗料系では Irgacure184 で硬化が可能である。また，紫外線吸収剤を共存させて耐候性を持たせるときは紫外線吸収剤 (ヒドロキシフェニルトリアジン系，Tinuvin400) が 380 nm 辺りまで吸収を持つので Irgacure184 と Irgacure819 の両者が併用される。

さらに，印刷インキのように着色塗膜の硬化には顔料の紫外部で光透過できる領域を利用する。すなわち，図7に示したように顔料でも紫外部の光を透過できる。たとえば黄色であれば，230 nm から 400 nm の光が利用できる。

したがって，開始剤としては Irgacure819 が利用できる。その他，ここでは省略したがアミノ基を持つ開始剤も利用される。ただし，黒色はなかなか難しく，ここで簡単にまとめきれないの

第1章　UV硬化におけるLEDの意義と最近の動向

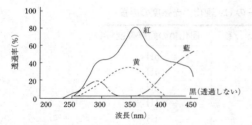

図7　顔料の紫外部透過スペクトル

表2　ポリウレタンアクリレート（PUA）のUV硬化

	二重結合変化率（%）	
	空気下	炭酸ガス下
フイルム表面	60	90
フイルムの平均	82	85

PUA：Laromer 8987，厚さ：24 μm
開始剤：Irgacure 2959，3 wt%
UV照射量：150 mJ/cm^2，光強度：500 mW/cm^2

で，印刷インキに関する文献[3]を参考にされたい。なお，印刷インキの硬化にメタルハライドランプが用いられるのはUVAおよびUVVの光を利用するためである。

2.1.3　放射光強度の硬化への影響

　UV硬化における最大の課題は酸素の硬化阻害である。表2は厚み24 μmの塗膜を硬化したときの二重結合の変化率を示したものである[4]。炭酸ガス下では表面の変化率が90%で（窒素下でも同じ），平均値が85%となっている。この結果は表面の方が光強度が大きいという結果になっており，ランベルト・ベールの法則からよく理解できる。一方，空気下ではフイルムの平均の変化率は82%と炭酸ガス下と余り変わらないが，表面の変化率は60%でかなり低い。これが表面の酸素硬化阻害によるものである。もちろん，変化率が低いと表面硬度も低下する。

　図2の素反応より硬化速度は光強度と開始剤濃度，さらにモノマー濃度（官能基密度すなわち単位体積あたりの官能基数）に比例することがわかる。光強度を上げるあるいは開始剤濃度を上げるのはラジカル濃度を上げることであり，モノマー濃度を上げるのはラジカルとの反応性を高めることになる。結論を先にいうと実用上はいずれも選択できる。そこで，光強度を上げるとどうなるかというデータを紹介する。表3には5官能モノマーのUV硬化における光強度と硬化物の鉛筆硬度（変化率に比例）の関係を示す[5]。光強度が小さくなるときは照射時間を長くして，照射エネルギーが15000 mJ/cm^{2}になるように設定されている。結果から明らかなように光強度が大きいと表面の硬度が高くなっており硬化がよく進んでいることがわかる。5官能あるいは6官能モノマーを利用するUV硬化では酸素の硬化阻害が見られないのは，表3のように表面の硬化が瞬時に始まり酸素の内部への拡散が抑制されるためと考えられている。

　ここで，光強度を上げる，開始剤濃度を高めるあるいは官能基濃度を上げた場合に考慮しておくべきことについて述べておこう。光強度を高くすると同時に赤外線の強度も強くなるので基板の熱的な変形を招く場合があるので，紙やプラスチックなどには注意がいる。開始剤濃度は高くすると速度は上がるが，一定以上になると開始剤同士で失活してしまうので限界がある。また，開始剤濃度を高めるとコスト高となるだけでなく，硬化物中に不純物が多く残ることになる。な

表3 5官能アクリレートモノマーのUV硬化：光強度の影響

番号	光強度／照射時間(mW/cm^2)／秒	硬化物の鉛筆硬度
1	500/30	>5H
2	400/37	4H
3	200/75	2H
4	100/150	1H
5	50/300	1B

開始剤：TPO-L

お，官能基濃度を高くすると硬化物は硬くなるが硬化収縮が大きくなり基板との密着が悪く，脆くなるので注意がいる。

2.2　UVカチオン硬化

　酸素存在下でも硬化でき，エポキシ化合物の硬化が可能であり，硬化収縮がなく密着性がよいなどUVカチオン硬化にはUVラジカル硬化と違った特徴がある。

　光でカチオン（酸）を生成する反応およびカチオン重合機構を図8および図9に示す。図8で芳香族ヨードニウム塩および芳香族スルホニウム塩（これらを総称して光酸発生剤という）の光分解で強酸を生成する。この反応はラジカル分解を経由して進行する。生成した強酸がエポキシ基に付加してオキソニウム塩を生成し，別のエポキシ化合物がこのオキソニウム塩を攻撃して開環重合が始まり，その後この反応が繰り返されて重合が進行する。強酸によるエポキシ化合物の重合は熱重合である。したがって，UVカチオン硬化は温度が高いほど速度は大きくなるのでUV硬化時の温度の影響が大きい。

　速度を高める方法として，オキセタン誘導体（四員環エーテル）を使いエポキシ化合物を数％

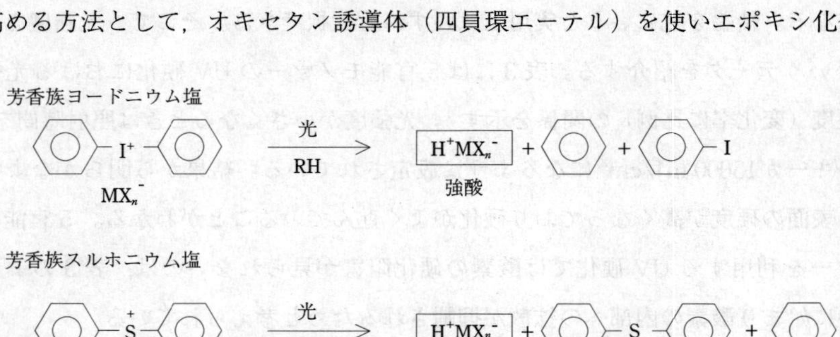

MX_n^-：$(C_6F_5)_4B^-$，SbF_6^-，PF_6^- など
RH：水素供与体（溶剤，モノマーなど）

図8　芳香族ヨードニウム塩および芳香族スルホニウム塩の光分解による強酸の生成
これらの塩は基本骨格のみを示した。市販品は置換基が導入されている。

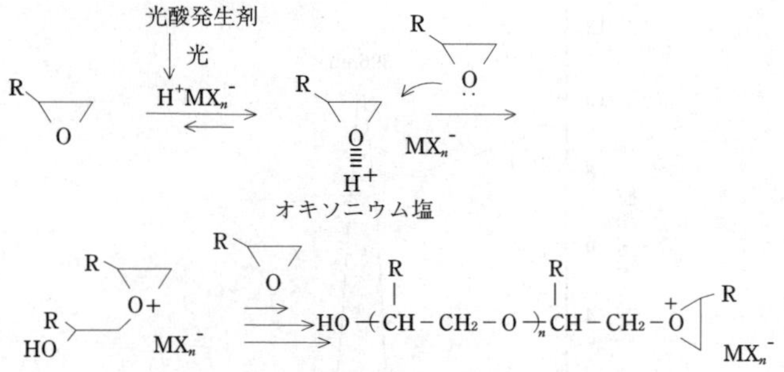

第1章　UV硬化におけるLEDの意義と最近の動向

図9　エポキシ化合物のUVカチオン硬化

環状エーテルのUVカチオン重合の例としてエポキシ化合物を挙げたが，実用的にはオキセタン誘導体（四員環エーテル）とエポキシ化合物（95：5モル％）系で光硬化させると速度は大きくできる。

添加すると，速度は大きくなる。また，カチオン重合でもビニルエーテル類のカチオン重合は速度が大きいので，ビニルエーテルと組み合わせて速度を高める方法もあるが，ビニルエーテルの速度を上回ることはない。

芳香族ヨードニウム塩の吸収は313 nm付近まで，芳香族スルホニウム塩でも365 nmをわずかに吸収できる程度で，光源と開始剤のマッチングが悪い。したがって，芳香族ヨードニウム塩ではチオキサントン誘導体などを増感剤として用いて365 nmの光を有効に使う。

3　UV硬化の光源としてのLED

2004年頃から，UV硬化において発光ダイオード（LED）を利用した報告が見られるようになった。ヨーロッパおよび米国におけるラドテック国際会議では，主に396 nmのLEDを用いた報告が主であり，日本では385 nmあるいは365 nmのLEDを利用するUV硬化が実用化されている。残念ながら外国でも日本でも光源メーカーによる光源についての紹介はあるが，フォーミュレーションズとの関係を詳細に報告した論文は少ない。

なお，外国ではLEDといわずSSL（Solid State Light）あるいはSLM（Silicon Light Matrix）と称している場合が多い。また，UV LEDという略号を用いている論文も見られるようになった。ここではラドテックヨーロッパおよびラドテックノースアメリカでの論文から最近の動向を紹介する。したがって，断らない限りLEDの波長は396 nmである。

これまでの説明からおわかりのようにUV硬化では開始剤と照射光のマッチングが重要である。したがってその点から見ると，396 nmよりも365 nmの方が都合がよい。しかし，長波長の方が出力を大きくしやすいという事情があるようである。ただ，この分野の進歩は激しく，最近

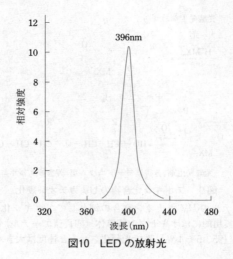

図10　LEDの放射光

表4　高圧水銀ランプとLED（396 nm）の発光波長とエネルギーの比較

光の領域	高圧水銀ランプ		LED	
	ピーク強度 (mW/cm^2)	照射エネルギー* (J/cm^2)	ピーク強度 (mW/cm^2)	照射エネルギー* (J/cm^2)
UVA	72.1	3.22	8.1	0.26
UVB	27.3	1.11	0	0
UVV	52.5	1.98	102.3	5.52
計		6.31		5.78

高圧水銀ランプ：LESCO MKII，LED：Phoseon RX Firefly
＊　照射時間：60秒

の新聞では出力は低いが375 nmのLEDも光源として市販されている[6]。また，基礎研究段階ではあるが，260 nmのLEDも開発できそうである[7]。

図10には396 nmのLEDの発光スペクトルを示す[8]。396 nmを中心に（＋／－）20 nmの広がりがある。すなわち，光としては380 nmから420 nmの光が利用できることになる。赤外線は出ない。図3の高圧水銀ランプと比較すると放射光の違いがわかる。表4に高圧水銀ランプとLEDの放射光エネルギーの違いを示す[9]。高圧水銀ランプではUVA，UVBおよびUVVで発光が見られるがLEDではUVVがほとんどでUVAがわずかに見られる程度である。しかし，トータルの照射エネルギーは6.3 J/cm^{2}と5.8 J/cm^{2}ほぼ同じである。

3.1　高圧水銀ランプおよびLEDの特徴

表5に高圧水銀ランプ（有電極と無電極（マイクロ波励起））とLEDのハード面での特徴を比較した[11]。

第1章 UV 硬化における LED の意義と最近の動向

① トータルコストが LED の方が著しく低くできる。これは光源の寿命が，これまでの高圧水銀ランプが1000から5000時間であるのに比べ10000時間以上で元の出力をほぼ維持できることによる。すなわち，バルブの交換あるいは反射板の交換などの費用がいらないなどがその理由である。なお，これまでの光源の寿命はその出力が80％程度になるまでの時間をいう。ただ，LED も光源は高温になるので冷却しないと出力は落ちる。

② 赤外線が出ないので基板の変形を抑制できる。すなわち，紙あるいはプラスチックなどで熱変形する場合には都合がよい。しかし，硬化速度を低下させる可能性がある。

③ スイッチの on/off が瞬時にできる。これまでの光源ではシャッターを用いて照射の on/off を行っているので，光源の有効利用時間が短くなっていた。

④ 起動装置を小さくでき，照射部もバルブから薄い平らなパネルで小さくできる。ただし，LED は点光源であり，これを並べて幅のある照射光源とする。現在では1m以上のものも

表5 高圧水銀ランプと LED の比較

評価	具体的項目	高圧水銀ランプ 有電極	高圧水銀ランプ 無電極（マイクロ波利用）	LED
パフォーマンス	①トータルコスト	高	高	低
	②出力低下	点灯時間に比例して低下		変化なし
	③寿命	1000～1500時間 (出力80％まで低下)	5000時間 (出力80％まで低下)	>10000時間 (100％維持)
	④スペクトル分布	広範囲の放射波長（含：赤外線）		狭い波長(396(＋/－)20nm) 光源本体が高温になる
	⑤放射光の均一性	＜20％		＜5％
	⑥照度	＞1 W/cm^2		＞1 W/cm^2
装置	①サイズ ②電源 ③冷却 ④安全性	バルブ（ランプ）と起動装置（大） 高電圧 水冷あるいは空冷 高電圧，オゾンの発生，バルブの破損，水銀		薄い平らなパネルと起動装置（小） 低電圧 水冷あるいは空冷 低電圧，オゾンレス，バルブ破損なし，水銀なし
効率	①電気・光変換効率 (UV 硬化に利用される光)	約5％（放射光のうち）		水銀ランプの5倍以上
点灯，保守など	①ウォームアップ時間 ②消耗品 ③保守	30分 バルブ バルブ交換，清掃 反射板清掃	遅い on/off マイクロ波発生装置部品 バルブ バルブ交換，清掃 反射板清掃， マグネトロン修理・維持	瞬時 on/off なし なし

作られているが，そのとき光源本体の放熱が重要となる。

3.2 LED を用いる UV 硬化の現状

(1) UV ラジカル硬化

クリヤーハードコートに用いられる高圧水銀ランプ用のフォーミュレーションズで硬化可能[8,9]。特に，Irgacure819の添加は効果がある[10]。

(2) UV カチオン硬化

エポキシ化合物，芳香族ヨードニウム塩，増感剤使用。750 mW/cm^2 の LED を用いて 2 cm の距離から30秒照射。45％硬化。後加熱で完全硬化。ただし，フォーミュレーションズについての詳細な検討はない。

(3) 木工および PVC (ポリ塩化ビニル) の表面加工

課題は酸素の硬化阻害 (UV ラジカル硬化)[12]。

① 対策1：窒素ガスにより表面をカバーする。この方式は2004年頃から検討が始まっている。2008年には木工および PVC 表面加工への応用が始まっている。窒素ガスの使用量は極少なく工夫することが重要でそれほどコスト高にならない。窒素ガスを用いて UV 硬化する方式はすでに高圧水銀ランプでも始まっている[13]。

② 対策2：ハイブリッドデザイン：LED ジャンプスタート／高圧水銀ランプによる完全硬化。出力の高い LED (約 4 W/cm^2) で短時間照射して，表面を固め，125 W/cm^2 の水銀ランプで完全硬化する。通常の水銀ランプ (400 W/cm^2) の出力を125 /cm^2 に下げると光源の寿命が延びるので経済的である。

なお，木工用には UV カチオン硬化は湿度とアルカリ性のため不向きとされている。

(4) インクジェットインキの UV 硬化

① UV ラジカル硬化：黒インクジェットインキでフォーミュレーションズを UV 硬化用に調製したものでは LED では10秒以内に硬化，高圧水銀ランプでは60秒を要した。光源は表4に示したものを使用[9]。

② UV 硬化方式のデザイン：上記(3)項で説明したものと同じく，不活性ガスを利用する方式 (2006年より) あるいは LED と高圧水銀ランプを利用する方式が検討されている。

4 おわりに

これまでの解説で理解していただけたと思うが，LED の開発は日進月歩で光強度も著しく高くなっている。数年前では約200 mW/cm^2 (396 nm) の光源しか入手できずコーティングの分野

第 1 章　UV 硬化における LED の意義と最近の動向

では利用できないと思われていたが，2008年には 4 W/cm² の出力の光源が入手できコーティングへの利用が可能となっている。一方，フォーミュレーションズに関してはこれまでの高圧水銀ランプを対象とするもので LED で硬化できるかという段階で，LED 用のフォーミュレーションズはまだ充分検討されているというわけでない。幸い日本では365 nm の LED の出力の高いものが市販され始めたので，この光源の利用は確かにこれまでと違った UV 硬化の世界を構築すると思われる。LED の波長と硬化時の温度の影響など，コストがかからず，小型で用途に合わせた光源の選択が自由にできるし，波長の異なる LED の併用あるいは赤外線の利用など必要に応じて選択できるのも実用上重要である。これからの展開が期待される。

文　　献

1) 角岡正弘，"光硬化技術の基礎と応用"，新コーティングのすべて，加工技術研究会，pp. 195-211（2009）
2) 角岡正弘，"UV 硬化の基礎"，UV プロセスの最適化，サイエンス＆テクノロジー，pp. 1-44（2008）
3) 高山蹊男，"UV インキ"，山岡亞夫編，光応用技術・材料事典，産業技術サービスセンター，pp. 293-218（2006）
4) K. Studer et al., *Prog. Org. Coatings*, **48**, 92-100（2003）
5) L. Feng et al., *Polym. Preprints*, **45**(2), 37-38（2004）
6) ナイトライド・セミコンダクター，"UV 硬化用紫外線 LED（375 nm，370 mW/cm²）"，日経産業新聞，2009.11.26
7) 平山秀樹，"深紫外 LED（260 nm，2 mW/cm²）の開発"，プレスリリース，2007.9.4
8) K. Dake et al., "LED Curing Versus Conventional UV Curing Systems: Property Comparisons of Acrylates and Epoxies", RadTech e/5 2004, Techical Proc.
9) P. Mills, "Characterizing the Output and Performance of Solid-State UV LED Sources", RadTech Europe 2005, Conf. & Exibition.
10) P. Mills et al., "Characterizing the Output and Curing Capabilities of Semiconductor Light Matrix (SLM) Sources", RadTech e/5 2006, Technical Proc.
11) M. Owen et al., "Solid-State UV Curing Technology Comes of Age", RadTech e/5 2004, Technical Proc.
12) J. Marson et al., "A Novel Approach to UV Curing for PVC and Wood Applications", UV & EB Curing Technology（2008）
13) A. F. Schreiner, "Emegence of Next Generation UV Light Sources with Integrated Inerting Techniques with Some Emerging Applications", RadTech Europe 2007, Conf. Proc.

第2章　LED-UV照射装置および硬化（乾燥）システムの開発動向

1　UV-LEDの樹脂硬化への応用と課題

村本宜彦*

1.1　はじめに

可視光のLED（Light Emitting Diode，以下LED，発光ダイオード）は，高効率，長寿命，低消費電力といった特徴を持ち，青色LEDが開発されたのをきっかけに，屋外の大型ディスプレイ，信号機，車のヘッドライト，携帯電話やパソコン，薄型TVの液晶バックライト，さらには白色LED照明といったように，急速に応用範囲が拡大している。

紫外線LED（以下UV-LED）は，2002年に波長365 nm～375 nmのUV-LEDが開発され，紙幣識別やDNAチップ，計測機器などの分光励起用光源，顕微鏡や露光器用の高分解能光源，紫外線樹脂硬化や医療，バイオなどの化学励起用光源，さらには照明，ディスプレーなどの蛍光体励起用光源として応用範囲が広がりつつある。

今後，樹脂硬化の分野においても，紫外線ランプに代ってUV-LEDの応用範囲が拡大することが予想される。そのためには，ランプとLEDの特性の違いを把握することが重要である。本節では，UV-LEDの発光原理および発光特性を紫外線ランプとの比較において解き明かし，樹脂硬化分野への応用と今後の課題を考察する。

1.2　UV-LEDと紫外線ランプの比較

紫外線ランプの発光方法は，蛍光灯と同じく量子輻射で，電子という粒（量子）から光子という粒（フォトンという量子）に直接変換されるため効率が高い。水銀原子と共に発光物質として金属ハロゲン化物（メタルハライド）が封入され，水銀原子を放電で励起し，励起電子が元の状態に戻るときに紫外線を発生する。点灯するためには，発光管が高温になる必要があり，電極のフィラメントに予備電流を流して高温になった電子放射性物質から電子を放出させると共に，電極間に高電圧をかける必要があるため，安定して発光するまでに4～8分かかる。

LEDも，量子輻射を利用した発光素子ではあるが，半導体pn接合を用いて電子と正孔の再結合によって発光を得るため，動作電圧が数ボルトと低く，発光効率が高い。

図1に各種紫外線光源の分光特性を示す。図2からもわかる通り，UV-LEDの発光スペクト

---

*　Yoshihiko Muramoto　ナイトライド・セミコンダクター㈱　代表取締役

第2章　LED-UV照射装置および硬化（乾燥）システムの開発動向

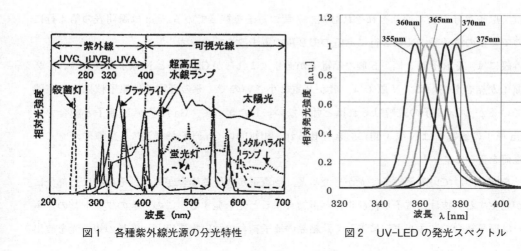

図1　各種紫外線光源の分光特性　　図2　UV-LEDの発光スペクトル

ルは，他の紫外線光源と比べて半値幅が狭く，可視光をほとんど含まずUVA領域の紫外線のみを選択的に発光する。発光は，通常の約300μm角チップであれば，わずか3.6V，20mAの入力で起こり，応答速度は24nsecと瞬時に起ち上がる上，パルス制御も可能であり，紫外線ランプのようなオンオフによる劣化はない。

　半導体素子の主な出力劣化の原因は，熱に起因するものであり，温度上昇に伴って出力が徐々に低下する。寿命は，半減値で1万時間から4万時間の使用が可能である。性能劣化は，半導体素子の熱による劣化とは別に，素子を封止する樹脂や電極の金属が，素子の発する紫外線によって劣化することによって起きる。したがって，可視光のLEDよりも寿命は短くなる。

　発光出力は，発光効率の大幅な向上により，水冷などの放熱設計を施すことで，波長365nmで超高圧水銀ランプやメタルハライドランプと同等の1000 mW/cm^{2}を実現している。さらに，UV-LEDは，エコロジーの観点からも水銀などの環境負荷物質を一切含まないクリーンな材料である。しかし，殺菌・消毒に必要な252nm（殺菌線）のUVB領域以下においては，未だ実用的なレベルの発光は得られていない。

1.2.1　UV-LEDの発光原理

　UV-LEDは，正孔が充満したp型半導体と電子が充満したn型半導体を接続したpn接合を用いて，電子と正孔の再結合によって発光を得る。pn接合に順方向電圧を印加すると電子がp型半導体中に，正孔がn型半導体中に注入され，それらが再結合してエネルギーを放出する。このエネルギーを光放出という形で効率良く光を取り出す工夫をした素子がLEDである。動作電圧はpn接合に順方向に電流を流すのに必要な電圧，すなわちバンドギャップエネルギーで決まる。

　半導体結晶のGaN（窒化ガリウム）を例にとり，LEDの発光原理を説明する。Ga原子とN

LED-UV 硬化技術と硬化材料の現状と展望

原子は，原子番号が表す通りそれぞれ31個，7個の電子を持っている。Ga は周期表の第4行にあるので4重の電子殻，N は2行にあるので2重の電子殻を持つ（表1）。

最外殻には，それぞれ3個，5個の価電子があり，これらが Ga 原子と N 原子に共有され，2つの原子が結合している。N 原子は，殻が2重と小さいので，その価電子は原子核に強く束縛されているが，Ga 原子の束縛はそれほど強くない。したがって，Ga 原子が N 原子と結合すると，Ga 原子の価電子は N 原子側に引き寄せられ，相対的に Ga 原子がプラス，N 原子がマイナスの電荷を帯びる。

原子を結びつけている価電子に光が当たると，価電子が抜ける場合があり，その抜けた部分に正孔が発生する。抜けた電子が再び正孔と再結合すると光を発する。このときのフォトンのエネルギーは原子結合のエネルギーに等しく，結晶の原子結合の強い物質ほど，波長の短い光を放出する。

赤外線から可視光に至るほぼ全ての波長の LED が，Ⅲ族と V 族原子の化合物でできている。周期表の下の行に属する原子は，価電子の結合が弱いので，バンドギャップは狭く，発光波長が長くなる。一方，上の行に属する原子は，価電子の結合が強いので，バンドギャップは広くなり，発光波長は短くなる。したがって，発光波長の短い LED を作ろうとすれば，上の行に属する原子を組み合わせる必要がある（表2）。

LED の開発の歴史は，1980年代までにⅢ族原子 Al，Ga，In と V 族原子 P，As，Sb の組み合わせからなる波長550 nm（緑色）より長波長の LED が実用化された。その後，2行目に属する N 原子と組み合わせた InGaN で波長470 nm（青色），さらに Al を加えた AlInGaN で波長365

表1　周期表の一部

Ⅱ	Ⅲ	Ⅳ	Ⅴ	Ⅵ
	5 B ホウ素	6 C 炭素	7 N 窒素	8 O 酸素
	13 Al アルミニウム	14 Si ケイ素	15 P リン	16 S 硫黄
30 Zn 亜鉛	31 Ga ガリウム	32 Ge ゲルマニウム	33 As 砒素	34 Se セレン
48 Cd カドミウム	49 In インジウム	50 Sn スズ	51 Sb アンチモン	52 Te テルル
80 Hg 水銀	81 Tl タリウム	82 Pb 鉛	83 Bi ビスマス	84 Po ポロニウム

第2章　LED-UV照射装置および硬化（乾燥）システムの開発動向

表2　化合物と発光ピークの関係

発光色区分	半導体組成	発光ピーク波長（nm）
赤色	GaAs	700
	GaAlAs	660
橙色	AlInGaP	630
	GaAsP	610
黄色	AlInGaP	595
	InGaN	595
緑色	AlInGaP	570
	GaP	555
青緑色	InGaN	520
	ZnTeSe	512
青色	SiC	470
	InGaN	450
紫色	InGaN	382
紫外	InGaN	371

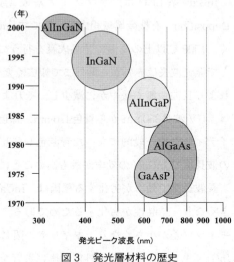

図3　発光層材料の歴史

nm（紫外線）といったように時代とともに短波長化してきた（図3）。

1.2.2　UV-LEDの特性

UV-LEDを知るには，InGaNからなる青色LEDに関して理解を深める必要がある。青色LEDを実現した窒素化合物半導体は，その特異な性質によって開発は困難を極め，20世紀の大発明と言われる所以だが，古くは1932年に論文が発表されている。1980年頃には製品化されたこともあったが実用に適さなかった。その後，1989年にアニール処理によって簡単にp型GaNができることを突き止めると研究は加速し，結晶成長装置の性能向上と，プロセス加工技術の確立によって，1993年高効率の青色LEDが製品化，95年には波長405 nm（青紫色）レーザーダイオードの開発にも成功した。

青色LEDの開発が困難だった理由は，GaNの振る舞いが特異で，今までの半導体の常識が通用しなかったことによる。すなわち，一般的に転位（欠陥）が多い結晶中に電流を流すと，電子と正孔が再結合したとき，光を出さずに熱を出す[1]。

転位とは，結晶中で周期的に並んだ原子の配列が，途切れている状態で，GaNとサファイア基板の格子不整合および熱膨張係数の不整合により，結晶中の転位密度は，$5 \sim 50 \times 10^8 \mathrm{cm}^{-2}$ に達し，従来の赤色AlInGaP系LEDと比較しても3～6桁も大きい。

1.2.3 InGaN系LEDの特異な発光メカニズム

InGaN系LEDは，サファイア基板（Al_2O_3）上にMOCVD（Metalorganic Chemical Vapor Deposition，有機金属気相成長）法で結晶成長を行う。サファイア基板の融点は2000℃以上と高く，1000℃以上の高温で結晶成長を行うのに適している。Inのドープ量をコントロールすることで発光波長は赤外から紫外まで幅広く変化する。発光効率は，400～420 nmで最大になり，それより長波長側で緩やかに減少し，それより短波長側380 nm以下で急激に減少する。InGaN系は，UV波長350 nmから青色470 nm，緑色550 nmまで，広い波長範囲をカバーする。ブルーレイディスクで一般的になった青紫色レーザーダイオードの発光波長が，405 nm近辺なのは，この波長域でInGaNの効率が最も高いことによる。

長波長側で効率が劣化する原因は，InGaN中のIn組成増大に伴い，GaNとの格子不整合が大きくなり，結晶性が劣化するためである。また，短波長側での劣化は，InGaNとGaNのバンドギャップ差が小さくなり，キャリアの閉じ込めが十分に起こらないためと考えられる。しかし，InGaN系では，これら以外に効率に影響を及ぼす効果が存在する。それはInGaN層の組成不均一である[2]。

In組成の大きい領域ではバンドギャップエネルギーが小さいので，キャリアはこの領域に閉じ込められ，あたかも量子ドットのような振る舞いをする。この量子ドットの密度が転位の密度よりも大きいと，電子・正孔対は，転位に捕獲されるよりも前に量子ドットに捕えられるため，転位の影響を受けず，光を発すると考えられている（図4）。

InNとGaNの化合物であるInGaNの結晶成長温度は，約700℃とInNの蒸発温度約500℃よりも大幅に高い。また，InNとGaNの格子定数は大きく異なるので両者は混ざりにくい。したがって，成長中には結晶が成長すると同時に蒸発も起こっている。成長速度はこのバランスで決

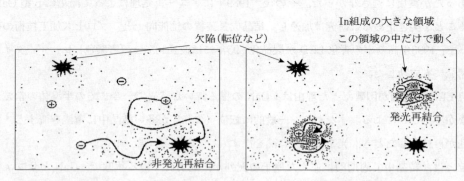

図4　均一 InGaN 結晶（左図）と，不均一 InGaN 結晶（右図）中における発光機構
不均一 InGaN 中では In 組成の大きな領域にキャリアが閉じ込められ，転位の点に到達できない。したがって，転位の存在にもかかわらず発光効率は高い。

まるが，蒸発は不均一に起こるのでInGaNの組成は自動的に不均一になる。結晶中にはInの組成が大きい領域と小さい領域ができる。これがInの組成揺らぎである。Inの組成の大きい領域では，揺らぎが大きくなり，その領域にキャリアが閉じ込められ，転位に到達せずに再結合して光を発する。この効果によって，InGaN系LEDは，高い転位密度にも関わらず，効率よく発光する。

1.2.4 UV-LEDの発光メカニズム

図5に典型的なUV-LEDチップ構造の断面図を示す。InGaN系の最短波長はGaNのバンドギャップ3.4 eV（365 nm）なので，短波長化するためにはAlN6.2eV（200nm）を利用して，四元混晶AlInGaNを発光層に用いる。サファイア基板上に，GaNバッファー層，n型GaNコンタクト層，ダブルヘテロ構造のキャリア閉じ込め層には活性層よりバンドギャップの広いAlGaNで活性層を挟み，p型GaNコンタクト層，最後にNi/AuもしくはITO（Indium Tin Oxide）の透明電極を形成する[3,4]。

InGaN系LEDでは，高い転位密度が存在しても，Inの組成揺らぎによって高い発光効率が得られる。しかし，短波長化するためには，In濃度を下げる必要があり，青色で見られたInの組成揺らぎの効果が得にくくなる。

そこで，この問題を解決するために，選択横方向成長ELO（Epitaxial Lateral Overgrowth）を使って転位密度を下げる[5]。あるいは短波長を維持したままAlInGaNのIn組成を増やして組成揺らぎ効果を発揮させることで効率を上げることが考えられる[4]。

また，発光波長365 nm以下では，バッファーの役割を果たしているGaN層が発光層からの光を吸収してしまい，光の取り出し効率が低下する。そこで，GaN層の代わりに発光波長に透明なAlInGaN層を直接成長する，あるいは結晶成長後にプロセス加工で，GaN層をレーザーリフトオフによって除去する方法が考えられる[3,6]。

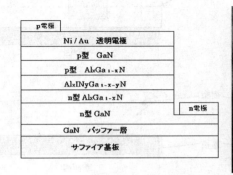
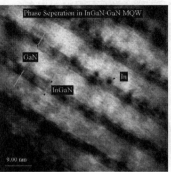

図5　UV-LEDの構造と発光層の断面TEM像

1.3 UV-LED の発光効率を高める一般的プロセス技術

UV-LED の効率を向上する技術に関して，結晶の観点から説明してきたが，内部量子効率を向上する結晶技術と同様に重要な鍵となるのが，光取り出し効率向上のためのプロセス加工技術とパッケージ技術である。以下に，その具体策と課題を述べる。

1.3.1 フリップチップ

サファイア基板の特性は，熱伝導率約40 W/m・K と高くなく，ビッカーズ硬度は約20 Gpa と硬く，導電性がない。したがって，硬いサファイア基板を加工し，熱伝導率および導電性を改善することが性能向上の鍵となる。

導電性がなく，サファイア基板側で電極を確保できないため，GaAs 系 LED のように基板を挟んで上下に電極を配置することができない。したがって，上面に p 電極と n 電極の両方を配置しなければならない。チップからの光は発光層からチップ上下面とすべての側面から放射されるが，p 電極，n 電極を上面に配置する通常構造では，p 電極，n 電極のパッドとワイヤーボンディングのワイヤーが発光の影となってしまう。そこで，フリップチップ化することで，影を無くすことができる（図6）。

また，フリップチップ化することで，発光層から出た熱を熱電導率の低いサファイア基板を経ずに直接ヒートシンクに逃がすことができるといったメリットもある[7]（図7）。しかし，UV-LED の場合は，このメリットを活かせない。その理由は，結晶成長時にサファイア基板上にバッファー層として挿入する GaN 層が，365 nm 近辺の波長を吸収するため，サファイア基板

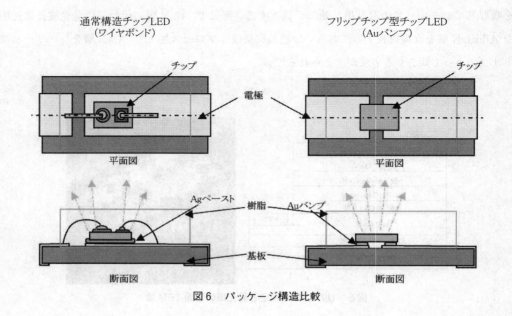

図6　パッケージ構造比較

第2章 LED-UV照射装置および硬化（乾燥）システムの開発動向

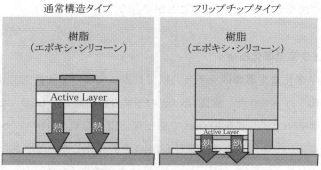

図7　パッケージ構造と熱の伝播比較

側から効率的に光を取り出せない。

1.3.2 チップ界面凸凹化

　チップの光取り出し効率を改善するためには界面における屈折を改善する必要がある。サファイア基板とInGaNの屈折率は，それぞれ約1.8と約2.4となっており，発光層から出た光は屈折率差のため界面で内部反射してしまう。この問題を解決するために，チップ上面もしくはサファイア基板に凸凹の加工を行い，界面の内部反射を抑える加工を施す。サファイア基板上に直接凸凹加工を施すことは，結晶成長時に選択横方向成長を促し，転位を大幅に減らす効果もある[8]（LEPS法，図8）。

1.3.3 GaN基板成長および基板除去による高放熱化

　サファイア基板上にGaNを成長すると，格子不整合と熱膨張率の不整合によって転位が多く発生する。したがって，結晶成長基板にGaNバルク基板を使用することで，転位密度の低い結晶を得ることができる。また，p側にあらかじめ高反射オーミック電極，熱伝導率の高いCuW基板を貼り合わせておき，裏面のGaN基板を除去し，n電極を形成することで，放熱性が高く，

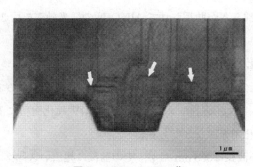

図8　LEPSのTEM像
貫通転位の方向が横方向に曲がっている。
（三菱電線工業時報　第98号より）

上下電極による効率的なチップを作製することができる[9]。

1.4 当社のUV-LED高効率化技術

当社は，徳島大学窒化物半導体研究所と共同で世界に先駆けて波長380 nm以下のUV-LEDの開発および製品化を行ってきた。波長375 nmの通常の樹脂砲弾型LEDで26 mW（Vf. 3.6 V, 20 mA）外部量子効率39.3％，波長400 nmで33 mW（Vf. 3.2 V, 20 mA）外部量子効率53.2％以上と世界最高効率（2009年12月現在）のUV-LEDを製品化している。さらに，汎用パッケージから，用途に応じたチップ形状，パッケージ設計によってライン光源から面光源といったさまざまなUV光源を提供している。

当社のコアテクノロジーは結晶成長技術であり，数多く世界特許を取得している。そのいくつかを以下に紹介する。

1.4.1 高温SiN中間層

図9には高温SiN中間層を介して成長したGaN層の断面の模式図とTEM像を示す。2枚のTEM像は，電子線入射方向を変えて観察したもので，図中にバーガーズベクトルを示す。高温SiN中間層において転位密度が30～50％低減できている。

1.4.2 低温GaNPバッファ層

図10に低温GaNPバッファ層を用いたアンドープGaN層の断面模式図とTEM像を示す。低温GaNPバッファ層を用いることで，転位密度は$1～5×10^9 cm^{-2}$から$5×10^8 cm^{-2}$以下に低減できた。これらの方法は，いずれも複雑なプロセスを経ることなく転位密度が低減できるので，生産性に優れている。

1.4.3 Gaドロップレット層

発光層の組成不均一性を増大させることを目的に，Gaドロップレット層と呼ばれるナノサイズ領域を挿入する構造と，窒化シリコン（SiN）の単分子層を離散的に形成する構造を用いることで，バンドギャップの揺らぎが助長されてAlInGaNの発光効率を約2倍とした（図11）。

1.5 UV-LEDの樹脂硬化への応用

UV-LEDは，樹脂硬化分野への応用が始まっている。身近なところでは，女性のマニキュアの硬化，産業用としては，スポットキュアと呼ばれるUV硬化樹脂による接着加工，業務用印刷のUV硬化インクの硬化用光源などである。

i線紫外線ランプの中心波長は365 nmだが，その前後に幅広いスペクトルを持つ。また，紫外線ランプは，光重合開始剤に働きかけると同時に，発する高温が樹脂硬化に影響を及ぼしている。したがってUV-LEDが発する光だけでは，十分な硬化が得られない。そこで，UV-LEDで仮硬

第2章　LED-UV照射装置および硬化（乾燥）システムの開発動向

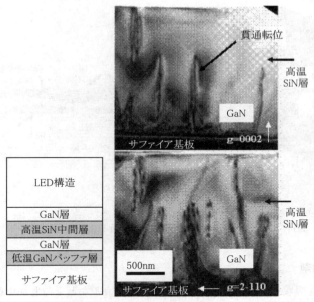

図9　SiN高温中間層の挿入

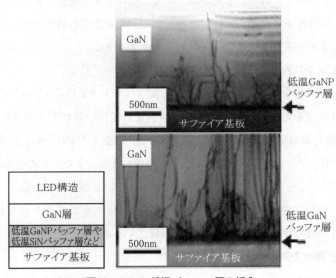

図10　GaNP低温バッファ層の挿入

化を行い，その後紫外線ランプで本硬化を行うことが検討されている。その場合，波長の長い400 nm近辺に感度のある光重合開始剤が使用されることが多くなっている。その理由は，UV-LEDが波長400 nm前後で最も効率的に発光し，365 nmとの比較において，効率が2～5倍高いのみならず，製造歩留りも向上するため，コストが下げられるからである。

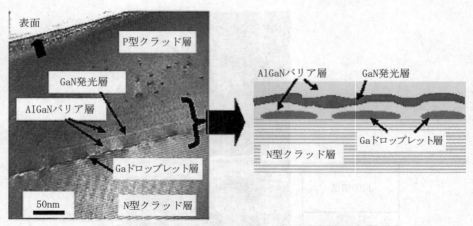

図11　Gaドロップレット挿入構造の断面TEM像と模式図

1.5.1　吸光度と開始剤

光重合開始剤は光を吸収して，重合の起爆剤になるラジカルなどを発生させるため，光を吸収しなければならない。つまり，照射される紫外線に対して吸光度を持たなければならない。ただし，吸光度が高いとその下に透過する光が弱くなることになり，奥まできちんと硬化させるために，開始剤濃度，紫外線強度などの調整が必要になる。光重合開始剤の中には一度ラジカルを発生させるとさらには紫外線を吸収しなくなる消色タイプもある。

1.5.2　UV硬化インクの色による吸光度の違い

吸光度は色によって異なる。図12はY（黄色）M（マゼンタ）C（シアン）K（黒）のUV硬化インクの分光吸光度をとったものである。インクを1000倍に希釈して評価したところ，黒が330 nm以上の可視光領域全域にかけて，黄色が380 nm近辺から450 nmにかけて，高い吸光を持っているが，マゼンタ・シアンは395 nm近辺の吸光が低い。また，どの色も330 nm以下に強い重合開始剤などによるものと思われる強い吸光を持っていることがわかる。

シアンインクについて開始剤や配合比を変えて，仮硬化エネルギーを波長比較したところ，365nmより395nmのほうが少ないエネルギーで仮硬化できる場合があった[10]。

1.5.3　照射面積と照射方法

UV-LEDは，そのコンパクトな形状から，スポットキュアと呼ばれる光ファイバーの接続や，携帯電話のカメラ用樹脂レンズの接着加工といった狭いスペースに効率的に照射する用途への応用が広がっている。また，UV-LEDを基板にマルチ実装することで，広い面積に均一に照射する装置の開発も進められている。UV-LEDを使用するメリットは，省エネ，長寿命ということの他，紫外線ランプの発する高温に対処する冷却ユニットが不要になり，装置全体のコストを抑えられること，また，硬化に関係しない短波長の紫外線や熱が照射対象物に悪影響を与える心配

第2章　LED-UV照射装置および硬化（乾燥）システムの開発動向

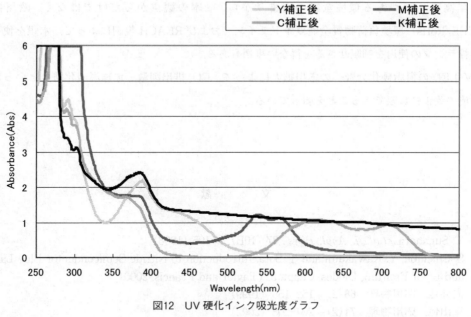

図12　UV硬化インク吸光度グラフ

（提供：セイコーエプソン㈱）

が少ないため，至近距離から正確に照射が行えることが挙げられる。また，全ての面を照射するのではなく，照射したい部分だけLEDを点灯することで，無駄の少ない効率的な制御も可能となる。

1.6　UV-LEDの今後の発光効率の向上と課題

　UV-LEDの外部量子効率は，波長365 nmで約20％，波長400 nmでは50％を超えている。波長365 nmの今後の効率向上に関しては40％以上，波長400 nmでは60％以上まで高められる可能性がある。これは，InGaN結晶のところで詳細に説明した物性による。

　したがって，今後，光重合開始剤と波長の最適化が図られれば，さらに効率的な硬化が可能になる。さらに将来，330 nm以下のUV-LEDの効率が改善されれば，本硬化も行える可能性がある。

1.7　おわりに

　UV-LEDの発光原理から樹脂硬化用途への応用まで説明した。今後，UV-LEDの発光特性に合わせた樹脂の開発と照射方法の検討が進むことで，同分野へさらに応用範囲が拡大することが期待される。

LED-UV 硬化技術と硬化材料の現状と展望

近年高まりつつある環境意識の高まりから,効率の観点からだけではなく,欧州指令(WEEE/RoHs)環境負荷物質全廃ガイドライン,およびREACH規制によって,水銀を使った紫外線ランプの使用を制限せざるを得ない事情もある。

UV-LEDの樹脂硬化分野への応用拡大によって,CO_2排出削減,地球温暖化防止といった地球環境の改善に貢献できることを願っている。

文　献

1) T. Sugahara, *et al.*, *J. Appl. Phys.*, **37** (10B), L1195 (1998)
2) S. Chichibu, Y. Kawakami and T. Sota, Introduction to Nitride Semiconductor Blue Lasers and Light Emitting Diodes, Chapt. 5, (Taylor and Francis, 2000)
3) 向井他,応用物理,**68**(2), 152-155 (1999)
4) 平山他,応用物理,**71**(2), 204-208 (2002)
5) A. Usui, *et al.*, *Jpn. J. Appl. Phys.*, **36** (Part 2, 7B), L899 (1997)
6) D. Morita, *et al.*, *Jpn. J. Appl. Phys.*, **41**, L1434-1436 (2002)
7) 山田,応用物理,**68**(2), 139-145 (1999)
8) K. Tadatomo, *et al.*, *Jpn. J. Appl. Phys.*, **40** (Part 2, 6B), L583 (2001)
9) 春期応用物理学会講演会,30p-T-1 (2003.3)
10) 藤澤和利,セイコーエプソン㈱

2　220～350 nm 帯 AlGaN 系紫外 LED の進展と今後の展望

平山秀樹*

2.1　はじめに

波長220～350 nm の半導体深紫外光源（LED・LD）は今後，殺菌・浄水，医療分野・生化学産業などへの幅広い応用が考えられ，その実現が期待されている。さらにその他にも，高密度光記録用光源や白色照明，紫外硬化樹脂などへの産業応用，蛍光分析などの各種センシング，酸化チタンとの組み合わせによる環境破壊物質（ダイオキシン，環境ホルモン，PCB など）の高速分解処理などがあり応用範囲は幅広い。殺菌効果では，DNA の吸収波長と重なる260～280 nm 付近の波長で最も効果が高いことが知られている。半導体紫外光源は，今後高効率化が進むにつれ市場規模は飛躍的に大きくなってくると考えられ，高効率・高出力の紫外 LED・LD の開発は重要な課題である[1]。

図1にウルツ鉱結晶窒化物半導体の結晶格子定数とバンドギャップの関係，および各種紫外ガスレーザーの波長を示す。AlGaN 系材料のバンドギャップエネルギーは GaN の3.4 eV から AlN の6.2 eV にわたり，従来用いられてきた各種ガスレーザーの紫外発光領域をカバーしている。それに加え，①全組成領域において直接遷移型半導体である，②量子井戸からの紫外高効率

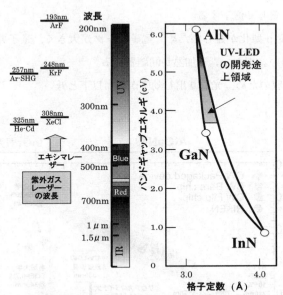

図1　ウルツ鉱結晶窒化物半導体の結晶格子定数とバンドギャップの関係，および各種紫外ガスレーザーの波長

---

*　Hideki Hirayama　㈱理化学研究所　テラヘルツ量子素子研究チーム　チームリーダー

発光が可能である[2,3]，③p・n型半導体の形成が可能である，④材料が堅く素子寿命が長い，⑤砒素，水銀，鉛などの有害な材料を含まず環境に安全である，などの特徴を持つ。これらの理由により，実用可能な紫外発光素子を実現するための材料としてAlGaN系材料は最も有力である。

図2に最近報告されている窒化物紫外LEDの外部量子効率をまとめる。近年，紫外LED・LDの短波長化と高効率化に向けた激しい研究開発競争が行われている[4〜11]。2002年以降アメリカ，サウスカロライナ大学は世界の先頭を切って波長250〜280 nmのAlGaN量子井戸LEDを実現した[4]。その後，短波長化という面では，2006年に波長210 nmのAlN-LEDが実現されているが光出力・効率は極めて低い[5]。理化学研究所（理研）では222〜355 nm波長のAlGaNおよびInAlGaN 4元量子井戸LEDを作製し[6〜9]，短波長領域での最高出力動作ならびに最高外部量子効率動作を実現している。特に，殺菌波長260〜280 nmにおいて10 mW以上の室温連続出力を実現するなど，波長が250 nm以上の領域において実用レベルの高出力化に成功している。また，230〜250 nmの波長で初めて高出力動作に成功している。

2.2 AlGaN系紫外LED高効率化への問題点とアプローチ

短波長AlGaN系紫外LEDは現在以下の問題点があり，開発途上にある。

① 低貫通転位密度AlN基板／バッファー実現が難しい。また，AlGaNの発光内部量子効率は貫通転位により著しく低下する。

② AlGaNの高濃度p型化が難しいため，電子リークが大きく，量子井戸への十分な電子注入効率が得られない。また，素子加熱が問題となる。

③ p型層側の光吸収のため，光取り出し効率が10％以下と低い。

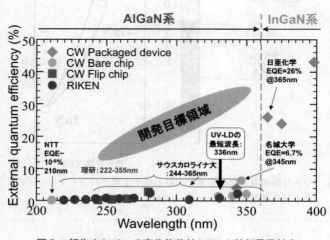

図2　報告されている窒化物紫外LEDの外部量子効率

第2章　LED-UV照射装置および硬化（乾燥）システムの開発動向

　①に関して，実用レベルのAlNテンプレートを実現しているグループはまだ数少ない。サウスカロライナ大学のグループでは，パルス供給成長法とAlGaN/AlN超格子導入により低転位AlN成膜に成功し，それを用いて世界初の短波長LEDを作製した。DOWAセミコンダクター社は紫外LED用として実用レベル高品質AlNテンプレート市販品を供給する唯一の企業である。理研では「アンモニアパルス供給多段成長法」を導入し4インチサイズ均一高品質AlNテンプレートを実現し連続動作10 mW以上出力の殺菌用LEDを実現している。②について，AlGaNやAlNのp型化への有効な方法はまだ見つかっていないが，Mg濃度の最適化やInの導入によるホール濃度の向上により，LED高出力化が行われている。また，電子ブロック層を用いることにより量子井戸への電子注入効率の改善が行われている。③については，p側電極反射率の向上ならびにコンタクト層光吸収の低減，サファイア表面への二次元（2D）フォトニック結晶パターン加工による光取り出し効率の向上などが検討されている。

2.3　AlN結晶の高品質化と220〜350 nm帯AlGaN系紫外LEDの実現

　図3に，高品質AlN成長方法の一例として，「アンモニアパルス供給多段成長法」を用いたAlNバッファー成長について示す[6]。この方法は①低い貫通転位密度，②原子層オーダー平坦性，③クラックの防止，④安定したⅢ族極性を一度に満たす方法として優れた方法であり，実用レベルの大面積均一成長にすでに成功している。まず，パルス供給により高品質AlN結晶の核を基板上に形成した後，横方向によく成長するパルス供給成長法で埋め込むことにより貫通転位密度をできるだけ減少させる。その後，低V/Ⅲ比高速縦方向成長と低速パルス供給成長によるAlN層を交互に繰り返すことでクラックを防止しながら原子層オーダーの平坦性と貫通転位の低減を

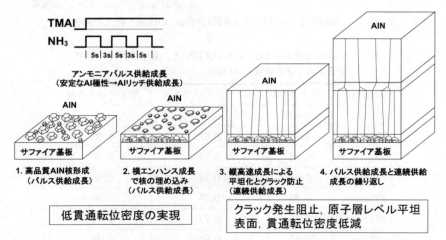

図3　「アンモニアパルス供給多段成長法」によるAlNバッファー成長の概念と用いたガスフローシーケンス

実現するのがその原理である。実際にはパルス／連続供給 AlN 層を 5 段程度成長して用いる。この方法を用い，AlN の刃状転位密度は従来の1/40程度に減少し 3×10^8 cm^{-2} 程度の刃状転位密度が得られている[9]。

AlN テンプレートの貫通転位密度を低減することにより，AlGaN 量子井戸発光の飛躍的な増強が観測された。従来，AlN の貫通転位密度が 1×10^{10} cm^{-3} 程度の場合，AlGaN 発光強度は弱くその発光内部量子効率は0.5%以下であったのに対し，「アンモニアパルス供給多段成長法」による低貫通転位密度（3×10^8 cm^{-2}）AlN を用いることにより発光内部量子効率は100倍程度増強され，AlGaN 量子井戸において最高で50程度が観測された[9]。したがって，新しい AlN 成長法を導入することにより初めて AlGaN 系紫外 LED の実現が可能になった。

図4に AlGaN 量子井戸 LED の構造と発光の様子を示す。構造はアンモニアパルス供給多段成長法による AlN バッファー層，n-AlGaN 層，i-AlGaN/AlGaN 3 層量子井戸発光層，p-AlGaN 電子ブロック層，p-AlGaN 層，p-GaN コンタクト層からなる。表1に AlGaN 量子井

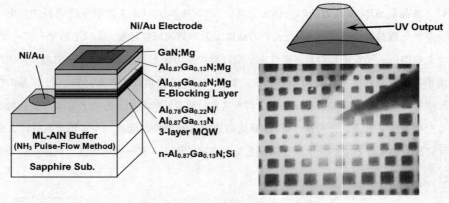

図4　AlGaN 量子井戸 LED（波長227 nm）の構造と発光の様子

表1　AlGaN 量子井戸 LED において用いた，量子井戸，バリア，電子ブロックの各層の Al 組成

発光波長	量子井戸	バリアとバッファー	電子ブロック層
222 nm	0.83	0.89	0.98
227.5 nm	0.79	0.87	0.98
234 nm	0.74	0.84	0.97
248 nm	0.64	0.78	0.96
255 nm	0.60	0.75	0.95
261 nm	0.55	0.72	0.94
273 nm	0.47	0.67	0.93

第2章　LED-UV照射装置および硬化（乾燥）システムの開発動向

戸LEDにおいて用いた，量子井戸，バリア，電子ブロックの各層のAl組成を示す。波長222〜273 nm帯を得るために高いAl組成を用いている。図5にAlGaN量子井戸紫外LED（発光波長：227 nm）の量子井戸付近の断面透過電子顕微鏡（TEM）像を示す。量子井戸内のピエゾ電界の効果を低減するために，厚さ1.3 nm程度の非常に薄い量子井戸層が用いられている。

図6に，AlGaN量子井戸ならびにInAlGaN量子井戸LEDから得られた電流注入発光（EL）スペクトルを示す。波長222〜351 nmのすべてのLEDでシングルピーク動作が得られた。222 nmは現在サファイア基板上で得られているLEDの最短波長である。不純物などからのディープレベル発光は，いずれのスペクトルにおいても2桁以上弱く，良好な動作が得られている。

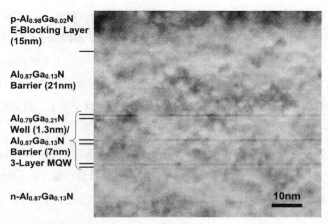

図5　AlGaN量子井戸紫外LED（発光波長：227 nm）の量子井戸付近の断面透過電子顕微鏡（TEM）像

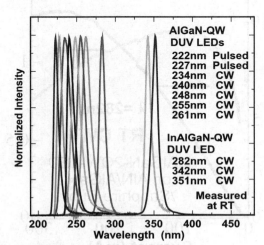

図6　AlGaN量子井戸ならびにInAlGaN量子井戸LEDから得られた電流注入発光（EL）スペクトル

短波長 AlGaN 量子井戸 LED では，p 型 AlGaN のホール濃度が$10^{15}\,cm^{-3}$ 以下と極めて小さいため，注入された電子は，p 層側にリークし，発光領域への電子注入効率が著しく低下する。そのため通常，電子ブロック層を量子井戸の p 層側に挿入し電子のリークを阻止する。250 nm 帯 LED では，電子ブロック層の電子バリア高さを280 meV から420 meV まで（1.5倍）増加させることにより，外部量子効率は3倍改善されている[9]。Al 組成の高い AlGaN もしくは AlN で電子ブロック層を形成することにより，電子注入効率は最大で30％程度まで回復した[9]。

もう1つの紫外 LED 高効率化の方法として，In の混入が有効である。InGaN の青色 LED では In の組成変調効果によりすでに90％を越す高い内部量子効率が実現されている。In を数％程度含む InAlGaN 4 元混晶は，In の組成変調効果によって AlGaN よりも高い効率で発光すると考えられ[10,11]，高効率紫外 LED・LD の発光材料として期待されている。In を0.3％程度含む InAlGaN 量子井戸からは非常に高い内部量子効率（推定80％）が観測され[9]，In 混入の有効性が示されている。さらに，p 型 AlGaN に In を混入することにより，より高いホール濃度が得られることも明らかにされ，紫外 LED の高効率化がすでに実現されている。図7に280 nm 帯 InAlGaN 紫外 LED の電流—出力，外部量子効率（EQE）特性を示す。最高出力10.6 mW が得られ，最高外部量子効率（EQE）は1.2％が得られている。

図8に理研から報告されている AlGaN および InAlGaN 量子井戸 LED の出力をまとめる。紫外 LED の出力は，貫通転位密度が$3\times10^{9}\,cm^{-2}$ 程度の時には低い値であったが，$7\times10^{8}\,cm^{-2}$ 以下の転位密度を実現してから飛躍的に出力した。最近では，上記のそれぞれの効果を総合して

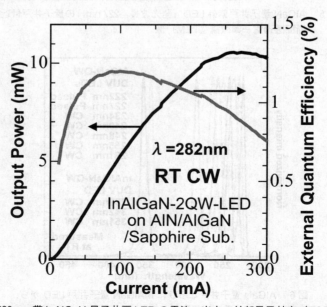

図7　280 nm 帯 InAlGaN 量子井戸 LED の電流—出力，外部量子効率（EQE）特性

第2章　LED-UV 照射装置および硬化（乾燥）システムの開発動向

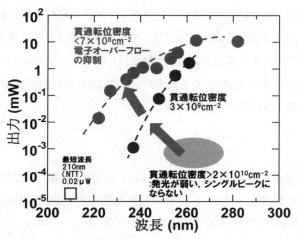

図8　AlGaN および InAlGaN 量子井戸 LED の出力

用いることにより，高出力紫外 LED が実現されており，234 nm，241 nm，254 nm，および264 nm の各波長の紫外 LED において0.3 mW，1.1 mW，4.0 mW，11.6 mW の紫外連続出力が得られている。また外部量子効率は250 nm，264 nm，および282 nm の各波長において0.43％，0.6％，1.2％が実現されている。

図9に AlGaN 系紫外 LED の外部量子効率を示す。殺菌波長では最高外部量子効率1％以上が得られている。また，220～230 nm の短波 LED でも0.2％程度が実現している。

内部量子効率では80％程度が得られているのに対し，外部量子効率が1.2％と低い理由は，光取り出し効率が10％以下と低く，また，電子注入効率が数十％と低いためだと考えられる。最近，

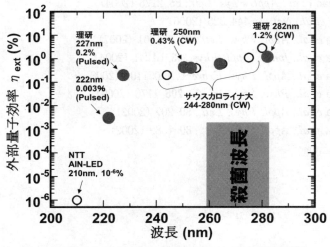

図9　AlGaN および InAlGaN 量子井戸 LED の外部量子効率

紫外 LED の高効率化に関して大きく進展しつつある。電子ブロック層を多重量子障壁（MQB）とすることで電子ブロック効果を高め，電子注入効率を 4 倍以上にする結果が報告されている。また，光取り出し効率の改善に関しても，高反射電極，フォトニック結晶の導入により実現の兆しが見えてきた。今後，紫外 LED の発光効率は，青色 LED と同様の歴史をたどり，近い将来数十％に向上すると期待される。

2.4 まとめ

AlGaN，InAlGaN をベースとした短波長紫外 LED の現状と今後の展望について概説した。高品質 AlN 結晶成長の開発とそれにより実現した 220～270 nm 帯 AlGaN 紫外 LED，および 280～350 nm 帯 InAlGaN 4 元混晶紫外 LED について紹介した。現在，260～280 nm で 10 mW 以上，240～260 nm で 1 mW 以上，220～240 nm でサブミリワットの LED 出力がシングルチップ LED で得られている。今後，光取り出し効率，電子注入効率の向上などにより，LED の高出力化と飛躍的な高効率化が可能であると考えられる。

文　献

1) 平山秀樹, オプトロニクス, 2007年10月号, pp. 110
2) H. Hirayama, *J. Appl. Phys.*, **97**, 091101-1 (2005)
3) 平山秀樹ほか, レーザー研究, **32**(6), 402 (2004)
4) V. Adivarahan *et al.*, *Appl. Phys. Lett.*, **85**, 2175 (2004)
5) Y. Taniyasu *et al.*, *Nature*, **444**, 325 (2006)
6) H. Hirayama *et al.*, *Appl. Phys. Lett.*, **91**, 071901 (2007)
7) H. Hirayama *et al.*, *Jpn. J. Appl. Phys.*, **43**, L1241 (2004)
8) H. Hirayama *et al.*, *Appl. Phys. Express.*, **1**, 051101 (2008)
9) H. Hirayama *et al.*, *Phys. Stat. Sol. (a)*, **206**, 1176 (2009)
10) H. Hirayama *et al.*, *Appl. Phys. Lett.*, **80**, 207 (2002)
11) H. Hirayama *et al.*, *Appl. Phys. Lett.*, **80**, 1589 (2002)

3 UV硬化におけるLED式紫外線照射器導入の効果

吉田健一[*]

3.1 はじめに

　以前から電子部品の紫外線接着や，紫外線インキの硬化，コーティング，殺菌や洗浄用途で，紫外線照射装置が広く利用されている。従来，この分野で用いられるランプ式の紫外線照射装置は，電源と紫外線を照射するファイバヘッドで構成されている。この構成の紫外線照射装置は多くの課題を抱えているが，代用できる光源が他にないため紫外線照射器として広く使われている。しかし数年前，紫外線硬化型樹脂を硬化させるのに十分な光強度を持つ紫外線LEDが開発され，当社では紫外線LED光源を搭載した紫外線照射器の開発に着手，上市している。本節では紫外線硬化樹脂の接着用途に使用される紫外線照射装置において，弊社のLED式照射器で活用している技術と，ランプ式紫外線照射装置との比較を元に，LED式紫外線照射器の導入効果を述べる。

3.2 オムロンのUV-LED照射器

　弊社は2005年からLED式の紫外線照射器を上市し，市場の要求に応えるべく紫外線LEDの照射パワーとエリア，照射コントローラを改良してきた。現在では業界最高クラスの照度8,100 mW/cm^{2}を達成し，スポット照射器の分野で業界トップのシェアをいただいている。弊社のLED式紫外線照射器には，弊社が過去からセンサやコントローラで積み重ねてきた技術が幾つか活かされている。弊社は古くから光電センサなどの光源には主に赤色LEDを使用しており，光電センサのレンズ集光技術やLED駆動制御技術が，LED式紫外線照射器のヘッド部分に採用している紫外線LED素子の制御技術を支えている。LED式紫外線照射器のコントローラ部では，電源，PLCなど制御機器メーカである弊社の，電源部の放熱や回路制御技術が，紫外線LEDの照度安定性を得るに至っている。

3.3 商品に活かされている技術

　弊社のLED式紫外線照射器には高出力タイプの紫外線LEDを使用しているが，紫外線LED素子の定格は順電流500 mAにおいて250～270 mW/cm^{2}程度である。前述のように照射ヘッドとして8,100 mW/cm^{2}にするためには，幾つかの工夫が必要である。まず，紫外線LEDに150 mA以上の電流を流す場合には紫外線LED素子が発する熱を放熱する必要がある。効率よく放熱しなければ，紫外線LEDの光出力は格段に低下してしまい，結果的に紫外線LEDの寿命の

---

[*] Kenichi Yoshida　オムロン㈱　ASC推進事業部　企画部　事業推進課　主事

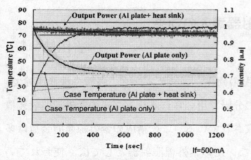

図1　紫外線LEDの温度と光出力の関係
日亜化学工業㈱データ

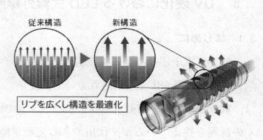

図2　紫外線照射ヘッドに用いている
スマートキャニオン構造

低下を引き起こす。図1にヒートシンクで紫外線LEDに放熱を施した場合と放熱を施していない場合の，温度と光出力の関係を示す。弊社は放熱に対して，紫外線LEDを実装する基板やヘッドの筐体の金属部それぞれに熱伝導率の高い材料を用いることで，強制空冷を行うことなく，自然空冷にて熱が滞留し温度が上昇し続けることがない工夫を行っている。さらにヘッド筐体では，図2にあるように，2008年からリブ構造を改良し，放熱対策とコスト削減の両方を実現するスマートキャニオン構造を採用している。ここにも過去から弊社が制御商品の開発で培ってきた，放熱シミュレーション技術，信頼性評価方法などが活かされている。

3.4　照射対象物の品質確保

電子部品の業界では製品の小型化，軽量化とコストダウンを狙い，使用部品の金属やガラスを樹脂に代替している。これらの部品を接着する場合，ランプ式紫外線照射装置は，照射対象物の樹脂部品に対して熱ダメージを与えるという課題を持っている。ランプ式紫外線照射装置は高圧水銀ランプやメタルハライドランプなどのランプを光源としており，一般的なランプ光源と比較のために弊社紫外線LEDが持つそれぞれの発光スペクトルを図3に示す。

図3のように，ランプ式には紫外線樹脂を硬化させる近紫外線領域と同時に，熱を持つ赤外線領域の光も同時に照射されており，図4のように対象物にダメージを与える。

ランプ式では，赤外線をカットするため，ランプ式紫外線照射装置のファイバ入射口に赤外線カットフィルタを入れる対策を施すが完全には熱をカットすることができていない。それに対し，LED式紫外線照射器は図3のとおり近紫外線領域の単一波長をピークに持ち，可視光や赤外付近に光強度のピークを持つことはない。つまりLED式紫外線照射器を導入することによって，図4のように樹脂部品のような熱により変形・収縮の可能性がある対象物に対してダメージを与えることなく接着できる。

第 2 章　LED 照射装置および硬化（乾燥）システムの開発動向

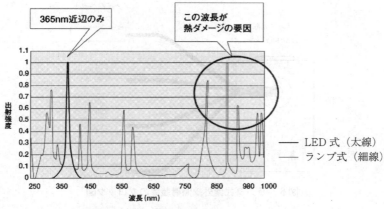

図3　ランプ式とLED式の光スペクトル

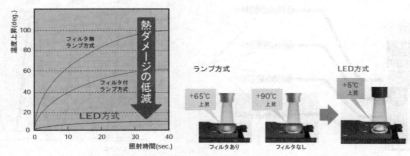

図4　ランプ式紫外線照射装置とLED式紫外線照射器による照射時の熱影響の比較

3.5　製品生産効率の向上

　電子部品やデジタル家電製品の需要や生産数量が拡大するにつれ，使用する部品に対するコストダウン要求が厳しくなってきている。そのため各メーカは生産工程におけるコストダウン検討を行っている。紫外線硬化工程において課題の1つとなっているのは硬化時の紫外線照射時間であり，この照射時間は紫外線硬化型樹脂の種類により数十秒から数分まで様々で，照射している間は接着以外の他の作業を行えない。よって各メーカの生産現場では，この照射時間を短縮することにより，ラインのタクトタイム短縮することを重視している。工場レベルではタクトタイムの短縮が，電子部品の一日あたりの生産数量の増加につながり，生産コストの低下につながることになる。紫外線硬化の硬化エネルギーは紫外線の照射時間と照度の積（＝仕事量）で決まるため，できるだけ照度を高くすれば照射時間が短くても硬化できることになる。代表的なランプ式紫外線照射装置の照度は4,000～5,000 mW/cm^2 である。ランプ式の場合，照射ヘッドはコントローラに内蔵されているランプ光源から光ファイバを通じて紫外線を導光させ，レンズで集光させたうえで対象物に紫外線を照射している。そのため1個の光源から複数箇所を同時照射する場

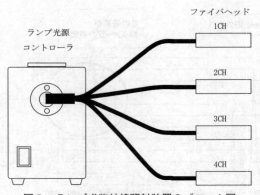

図5　ランプ式紫外線照射装置のブロック図

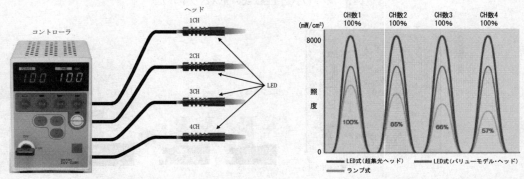

図6　LED式紫外線照射器のブロック図　　図7　ランプ式紫外線照射装置とLED式紫外線照射器の複数ヘッド使用時の照度比較

合，図5にあるように分岐された光ファイバを使うことになる。よって，分岐数が増えるほど図7のように照射ヘッドの照度は低下することとなる。ところがLED式紫外線照射器の場合，照度は6,000 mW/cm^2（図7バリューモデル・ヘッド使用のとき），または，8,100 mW/cm^2（図7超集光ヘッド使用のとき）となり，図6のように照射ヘッドそれぞれに紫外線LED光源が内蔵されているため照射ヘッドを増やしても図7のように照射ヘッドの照度は低下せずにランプ式紫外線照射装置の照度を大きく上回ることになる。つまりLED式紫外線照射器を導入することによって，紫外線硬化接着工程において大きな課題となっている硬化時の紫外線照射時間の短縮につながり，電子部品のタクトタイム短縮とコストダウンにつながることになる。

3.6　ランニングコストの削減

　電子部品やデジタル家電製品のメーカは生産工程におけるコストダウン検討の中で，工程の改善だけではなく消耗品のコスト削減にも積極的に取り組んでいる。紫外線硬化工程においてもラ

第2章　LED照射装置および硬化（乾燥）システムの開発動向

ンプ式紫外線照射装置の交換ランプの費用が大きな課題として取り上げられている。代表的なランプ式紫外線照射装置のランプ光源の推奨交換時間は図8に示すように125日，3,000時間とされており，24時間稼働している工場では年間約3回交換することになる。ただし，約80％の照度となった時点が交換の目安と言われている。ランプの交換費用が平均5万円くらいなので，ランプ式紫外線照射装置1台あたりの交換ランプの費用は年間約15万円となる。もしランプ式紫外線照射装置を工場内で100台使用した場合，年間約1,500万円の費用がかかるため電子部品メーカでは大きな課題と捉えている。それに対してLED式紫外線照射器の場合，図8のバリューヘッド・モデル連続点灯に示すように推奨交換時間は25,000時間，約3年（周囲環境25℃で使用した場合）となり約8.3倍の寿命を持つ。さらに超冷却ヘッドを使用した場合（周囲環境25℃で使用）は，40,000時間，約4.6年が交換の目安となり，ランプ式に比べて約13倍の寿命となる。また，ランプ光源は点灯後照度安定するまで時間がかかるため工程の稼働時間中は常に点灯しておくことが必要であり，消灯を機械シャッターによって制御するのに対し，紫外線LED光源は点灯後すぐに照度が安定するため点灯および消灯を電流駆動で制御することができる。そのため紫外線硬化に必要な時間だけ紫外線LED光源を点灯させ紫外線を照射することができ，照射が不要なときは紫外線LED光源を消灯することができる。仮に，紫外線硬化工程において照射時間（LED光源点灯時間）と設備稼働時間（照射時間の他に搬送時間，位置調整時間，組立時間などを含む）の比率を1：3として考えると推奨交換時間は120,000時間（周囲環境25℃で使用）となりランプ式の約40倍の寿命を持つことになり大幅な生産材料の削減に貢献することになる。

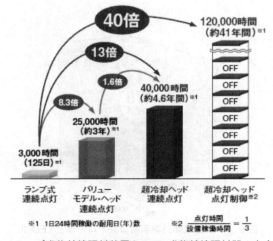

図8　ランプ式紫外線照射装置とLED式紫外線照射器の寿命比較

3.7 生産設備の設計自由度向上（小型化，ロボットケーブル）

電子部品やデジタル家電製品の工場では，少品種を大量生産するのに向いている全自動化ラインの導入が陰りを見せ，多品種で少量の製品を生産するのに適したセルラインの導入が進んでいる。このセルラインではセル数を増減することで生産の増減に対応するためセルのフットスペースが重要視されている。紫外線硬化工程においてもセルラインが導入されているが，そこでランプ式紫外線照射器のコントローラ筐体の大きさが課題となっている。ところがLED式紫外線照射器のコントローラ筐体の大きさは，光源である紫外線LEDがヘッドに内蔵されているためランプ式紫外線照射装置のように，ランプ光源を内蔵するスペースの必要がない。また光源冷却のため大型の冷却ファンをコントローラに内蔵するスペースや冷却空気の循環スペースも必要がない。そのため図9のようにコントローラ筐体の体積比1/8となり，セルラインにおけるフットスペースの削減に対して大きく貢献している。

ヘッド部においても，ランプ式の場合は照射ヘッドがコントローラに内蔵されているランプ光源から紫外線光を導光させ対象物に対して紫外線を照射する照射ファイバヘッドで構成されている。このファイバの材質は石英ガラスファイバが用いられ，耐屈曲性を上げるために細い径の石英ファイバを数十本〜数百本束ねたバンドル構造をとっている。しかし，細径ファイバにしてもガラスであることから屈曲性には限界がある。ところがLED式紫外線照射器の場合，紫外線LED光源がヘッドに内蔵されているため，コントローラ部とヘッド部をつないでいるのは電線ケーブルのみである。また，弊社はこのケーブルに屈曲性の高いロボットケーブルを採用しているためヘッド部の自由な引き回しが可能となる。また，ファイバでは長さに比例した光損失が生じるため導光部を長くできないという課題があったが，ケーブルであれば自由に連結，延長できるため様々な形態の生産設備に対応することができる。弊社では最大12mまでのケーブル延長

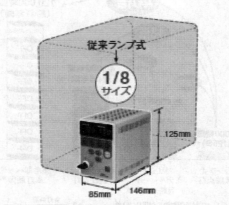

図9 ランプ式紫外線照射コントローラとLED式紫外線照射コントローラの外形比較

第2章　LED照射装置および硬化（乾燥）システムの開発動向

を実現している。

　また，ランプ式紫外線照射装置の場合，高圧水銀ランプやメタルハライドランプなどのランプ光源は，図3で示したとおり近紫外領域以外の低い波長の紫外線を照射するため，人体に対して有害なオゾンが発生する。そのため労働安全上排気ダクトを設置しなければならない。それに対してLED式紫外線照射器の場合，近紫外領域以外の紫外線しか照射していないためオゾンを発生させることがなくダクトの設置が必要ない。生産機種変更のためセルラインでは頻繁に行われるレイアウト変更にも柔軟に対応することができる。

3.8　設備の導入時のイニシャルコスト削減

　紫外線硬化工程において対象物の接着箇所が複数ある場合，複数のヘッドにて照射していた。ところが，携帯電話に搭載されているカメラモジュールをはじめ電子部品の小型化が進んでおり，複数の接着箇所に対して1つのヘッドで照射することができるようになった。そうすると設備の導入コストを下げるため，紫外線照射装置のコントローラ1台から複数のヘッドを出し，隣接する生産工程に対してそれぞれ紫外線照射の制御をしたいという要望が出てくるようになった。ところが，ランプ式紫外線照射装置の場合は，ランプ光源1個を内蔵したコントローラ，それに内蔵されているランプ光源から紫外線を導光させ対象物に対して紫外線を照射する照射ファイバヘッドで構成され，照射の制御はメカシャッターによって行われているため，あるヘッドから紫外線を照射してしまうと残りのヘッドからも紫外線が照射されてしまう。そうなると隣接する生産工程では，別々のタイミングで対象物が流れてくる可能性が高いため使用することができない。それに対してLED式紫外線照射器の場合，図6のように照射ヘッドそれぞれに紫外線LED光源が内蔵されているため，図10で示すとおり別々のタイミングで紫外線照射することができる。そのため4つのヘッド部を接続することができるコントローラを余すことなく活用できる。ランプ式紫外線照射器では複数台数必要な工程でも，LED式紫外線照射器1台でまかなう

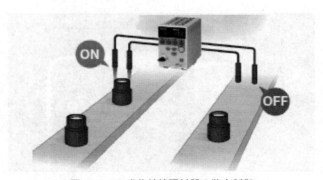

図10　LED式紫外線照射器の独立制御

ことができ，設備の導入コストを削減することができる。

3.9 サイドビューレンズの開発

電子部品業界やデジタル家電業界などでは，生産設備の省スペース化，低コスト化の要求に加え，多種多量生産による設計変更や設備転用などにも対応できる柔軟性の高い生産設備の構築が課題となっている。このため，現場では接着工程の設備の1つである紫外線照射器や照射ヘッドの設置柔軟性，低コストが重要なポイントとなってきている。今回，弊社は既存のLED式紫外線照射器に加え，サイドビューレンズユニットを追加発売した。サイドビューレンズとは，図11に示すとおり照射口がレンズユニットの側面にあるタイプで，光軸を90度曲げての照射が可能となり，照射ヘッドの設置自由度が高く，従来品の垂直照射のヘッドに比べて約1/7の省スペース化を実現できる。これにより，製造ラインでの新規設備の導入時だけでなく，既設装置の隙間への設置も可能となる。レンズは全5種類（φ3，φ4，φ6，φ8，φ10 mm）をラインナップし，ワークに最適なスポットで確実な紫外線接着を可能とし，特に精密部品や光学部品の小スポット接着に最適なスポット径を実現するφ3，φ4 mmは，サイドビュータイプのレンズでは業界初となる。

3.10 LED式紫外線照射器の課題

これまで述べてきたとおり，LED式紫外線照射器はランプ式紫外線照射装置に比べ，紫外線照射装置を使用する側や生産ラインにとって，電子部品業界やデジタル家電業界などで日々検討しているコストダウンに対して，大きく貢献することができる。LED式紫外線照射器が今後も市場への導入数量が増え，ランプ式紫外線照射装置を置き換えていくかどうかは，以下の3点が重要だと考えている。

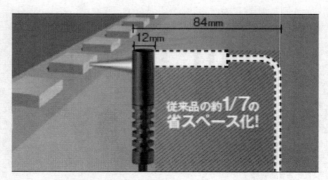

図11　サイドビューレンズによる省スペース化

第2章　LED照射装置および硬化（乾燥）システムの開発動向

3.10.1　紫外線LEDの短波長化

　紫外線硬化型接着剤は，主にラジカル重合タイプとカチオン（陽イオン）重合タイプに分けられる。ラジカル重合タイプを例にとると，ラジカル重合タイプの主成分は，アクリルオリゴマー，アクリルモノマーと光重合開始剤である。オリゴマーとは分子量の低いポリマーのことを指し，光重合開始剤は光，この場合は紫外線光を照射させることにより光重合開始剤から発生したラジカルが，アクリルオリゴマーやアクリルモノマーを重合させてポリマーへと変える。その主成分の1つである光重合開始剤が紫外線照射により分解してラジカルを発生するのには，波長200～400 nmの紫外線光を照射するのだが，紫外線LEDの持つ波長365 nmより低波長の方が分解を開始しやすい傾向にある。そのため各接着剤メーカは，昨今紫外線LEDの持つ波長365 nmにて，より迅速に光重合開始剤が分解を開始する接着剤を上市してきている。根本的には紫外線LED素子の波長が365 nmより低波長になればよいのだが，現状そのようなLEDは光出力が弱く，寿命も短い。紫外線照射装置として紫外線硬化型接着剤を硬化させるには，さらに短波長で，かつ光出力の高い紫外線LEDの開発が待たれるところである。

3.10.2　照射出力の高さ

　弊社は2005年にLED式紫外線照射器を発売してから毎年照射ヘッドの照射照度を高くする商品を開発し続けてきた。図12に照射スポットφ3 mmの照射ヘッドを例にその推移を示す。
　2007年の商品開発により，一般的なランプ式紫外線照射装置の照度の目安と言われる4,000～5,000 mW/cm^{2}の照度を超え，紫外線照射器としては十分に市場の要求に満足できる照度を得ることができている。しかし電子部品やデジタル家電製品の工場では主に生産品目のコストダウンを目的としてタクトタイムの短縮が日々検討されている。紫外線硬化型接着剤の硬化条件である仕事量は紫外線光の照射時間と照度の積で決まるため，照度が高くなれば，硬化時間を短縮させることができる。よって接着剤をライン状に塗布するなど，生産する製品に対して広い面積の接着剤を塗布する工程では，引き続き照度を高くする要求が強い傾向がある。今後もレン

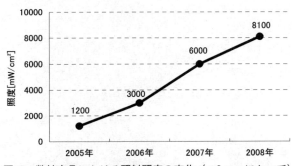

図12　弊社商品における照射照度の変化（φ3 mmにおいて）

ズの集光効率を増すなど,照度を高くする方向でLED式紫外線照射器の改良を行っていく必要があると考えている。

3.10.3 照射面積の拡大

ランプ式紫外線照射装置に比べ,LED式照射器はもっと照射面積を拡大する必要がある。主に紫外線LEDを用いた紫外線照射器はスポット照射器と呼ばれ,数m角の面積を一括照射する必要がある液晶パネルの生産工程ではランプ式紫外線照射装置を使用する事例が多い。1つの紫外線LED素子を光源に用いた場合,レンズ設計の工夫で照射する面積を拡大させることは可能であるが,照射面積と照度は相対する関係にあるため,照射する面積を拡大させるためには,照度が低くなってしまう。現在使用されている紫外線硬化型樹脂の接着工程では,少なくとも400 mW/cm^{2}以上の照度を必要とされる事例が多く,1,000 mW/cm^{2}以上の照度で,かつ照射面積がϕ15 mm以上という要望も多い。この場合は現在LED式紫外線照射器ではなく,ランプ式紫外線照射装置を導入する例が多いが,今後はLED式紫外線照射器の照射面積拡大によりランプ式紫外線照射装置から置き換わっていくものと思われる。しかし,ランプ式の利点である広い面積を一括で照射するLED式紫外線照射器を実現させるためには,光源である紫外線LEDを複数個配列させる必要がある。実装する紫外線LEDの数量にもよるが,紫外線LEDを複数並べると現状のような自然空冷ではなく,水冷や送風による強制空冷が必要で,結果的にランプ式と同じような電源,チラーなどを要する。現状のLED式紫外線照射器の利点である,照射装置が小型,付帯設備が不要などの利点を活かしつつ,大きな面積を一括で紫外線照射できる紫外線照射器を今後も開発し続ける必要があると感じている。

4 UV硬化用ランプとUV-LEDとの比較

木下　忍*

4.1 はじめに

　近年，照明分野でLED照明のニュースを聞かない日がないほど多くの開発が進められ商品化されている。このLED照明の立ち上がりは急速であり，価格も初期から比べれば急速に低下して市場に定着し始めている。LEDの普及の大きな要因に長寿命，省エネルギーなどのCO_2削減や水銀灯（高圧水銀灯や蛍光灯など）で使用している水銀を使用しないなどの環境保護につながることがあげられる。

　さて，そのような中，UV硬化におけるLEDの普及を見ると2008年に初めてリョービ㈱のオフセット印刷機にパナソニック電工㈱のUV-LED装置が搭載されたことが公表された。おそらく各社開発していたと思うが，UV用のパワーのあるLEDチップの価格が非常に高く装置としては高価となってしまうため商品化には課題があった。

　しかし，照明での普及が急速に進んでいることを考えるとUV硬化用LED光源もチップの低価格化やLED用UV硬化樹脂の開発により急速に普及することが予測される。その中でUV-LEDチップ数も少なくてよいスポット用UV光源やインクジェット用に搭載した装置は商品化されている。

　我々はUV硬化用ランプおよびUV-LEDのそれぞれの特徴を知り，用途に最適な光源を選択することが非常に重要であるので本節では各々の解説をする。比較するポイントとして，発光スペクトル，寿命，UV照度，被照射物に対する温度，価格などポイントとなる項目がわかるように紹介する。また，最後に大面積化を考えた場合の考察も行う。

4.2 UV硬化用ランプ

　UVを放射する光源の分類を図1に示した。その中でも表1に示したランプが一般的に使用されている。このランプは，石英ガラス製の発光管の中に金属やガスを封入して，蒸気状として外部エネルギーを加えて発光させる。発光させる金属やその蒸気圧によって種々の発光分光特性を持ったランプとなっている。この中から，樹脂の硬化に必要な（光吸収）スペクトルと合致度の高い発光分光特性を持つ光源を選定することがエネルギー効率向上につながる。

　このランプは外部エネルギーの加える方法により，有電極と無電極のランプがある。有電極ランプとしては身近な蛍光灯をイメージしていただきたい。このランプは電極から発生した電子を石英ガラス製の発光管内の原子に衝突させると，この原子はエネルギーを受け基底状態から不安

---

*　Shinobu Kinoshita　岩崎電気㈱　技術研究所　所長

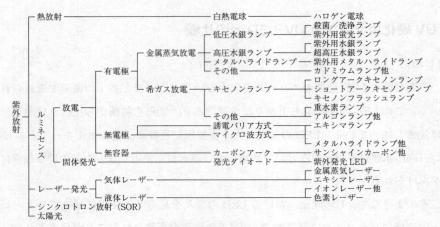

図1　紫外線光源の分類

定な励起状態になる。ところが励起状態は不安定なので自然に安定な基底状態に戻るが，この時に受けたエネルギーを放出（発光）する。

有電極ランプによる UV 硬化システムは図2[1)]のように構成されている。非常に重要なことは，ランプから有効な光を効率よく発光させるために，ランプ内添加物を最適な蒸気圧にするために，ランプ温度を制御する必要がある。そのために，空冷や水冷でそのコントロールを行うが大面積や広幅や高速処理などでは，空冷に大きなブロアー，水冷ではチラーが必要となる。

後者の無電極ランプはマイクロ波のエネルギーの制御でランプを発光させるもので，その構造は図3[2)]のとおりである。マグネトロンから発生するマイクロ波を，導波管を通して反射板を兼ねたキャビティ内のランプに吸収させる。同時に点火用ランプから光子（フォトン）を送るとランプ内の原子が励起され，有電極ランプと同様に，その後安定な基底状態に戻る時に発光する。

有電極ランプと無電極ランプは，発光させるエネルギーの違いから図4のとおりランプ形状も異なる。さらに表2に両者の違いを示したので参考にしていただきたい。

また，ランプのパワーを表す単位として，単位発光長当たりの入力電力（W/cm）で表し，80〜240 W/cm（メタルハライドランプは320 W/cm まで）の負荷のものが UV 硬化に一般的に使用されている。

4.3　UV-LED 光源

LED はランプとは異なり発光ダイオードと呼ばれ，半導体の pn 接合に順方向電流を流すと電子と正孔が注入され，再結合する際に持っていた過剰なエネルギーを光として放出する素子のことである。この素子は UV 発光には GaN 系の材料が使用されている。この素子のサイズも 1 mm 以下であり表面実装型と砲弾型 LED に分けられる。この砲弾型 LED 構造例を図5[3)]に示す

第2章　LED-UV照射装置および硬化（乾燥）システムの開発動向

表1　ランプの種類

ランプ名	特　徴	分光特性
高圧水銀ランプ	石英ガラス製の発光管の中に高純度の水銀（Hg）と少量の希ガスが封入されたもので，365 nmを主波長とし，254 nm，303 nm，313 nmの紫外線を効率よく放射する。他のランプよりも短波長紫外線の出力が高いのが特徴。	図中の実線はスタンダードタイプ，点線はオゾンレスタイプ
超高圧水銀ランプ	高圧水銀ランプと同様に水銀と希ガスが封入（ガス圧約1気圧）されているがガス圧が10気圧以上で作動させるのでスペクトルが線でなく連続スペクトルとなる。	
メタルハライドランプ	発光管の中に，水銀に加えて金属をハロゲン化物の形で封入したもので，200～450 nmまで広範囲にわたり紫外線スペクトルを放射している。水銀ランプに比べ，300～450 nmの長波長紫外線の出力が高いのが特徴。	図中の実線はスタンダードタイプ，点線はオゾンレスタイプ
ハイパワーメタルハライドランプ	メタルハライドランプとは異なった金属ハロゲン化物を封入しており，400～450 nmの出力が特に高いのが特徴。	
パルス発光キセノンランプ	UV領域からIR（赤外）領域まで連続発光。半値幅が100μ秒位でパルス発光するので瞬間的に低圧水銀ランプの1000倍以上の放射照度となる。パルス発光であるので基材温度上昇も少ない（ただし，多くの回数照射は温度上昇）。1回に多くの放射照度を得る場合は，電極などに負荷がかかるのでランプ寿命に注意が必要。	
低圧水銀ランプ	254 nmを主波長として発光していることから殺菌ランプとも呼ばれている。低圧ということから，入力（W）に限度があり，4W～1kW程度のランプとなる。つまり，殺菌に作用する放射照度も限度がある。また，高入力にするとランプ長が長くなり，全長を短くするU字型のランプもある。	ただし，石英製ランプは200nm以下も発光

47

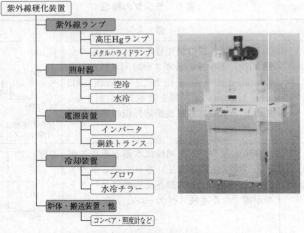

図2 紫外線硬化装置の構成

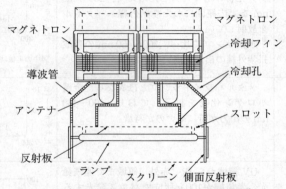

図3 無電極装置（240 W/cm）の断面図例[2]

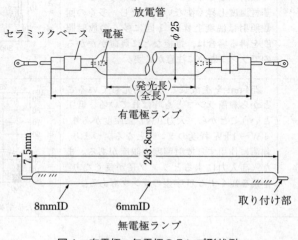

図4 有電極・無電極のランプ形状例

第2章　LED-UV照射装置および硬化（乾燥）システムの開発動向

表2　発光方式での比較

方式	照度	寿命	熱	長尺	コンベア停止対応
有電極タイプ	負荷（W/cm）を高くすることで照度アップする（80〜320 W/cm）。	初期照度より減光してくる。30%減光した時寿命とすることが一般的。	熱線カットフィルター，ダイクロミラーなどで赤外線カットによる熱対策。	1本の長尺ランプで対応	シャッター
無電極タイプ	ランプ管径が小さいので高いピーク照度が得やすい。	減光は少ないがマグネトロンの交換が必要になる。瞬断のため交換時間に注意。	ランプ管径が小さいので赤外線発生も小さい。	ユニットを組み合わせて対応	シャッターレス（ランプのON-OFF）

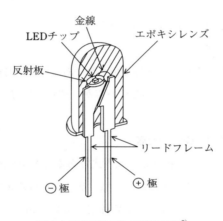

図5　砲弾型LEDの断面図例[3]

がUV-LED光源として5 mmφ程度のパッケージサイズであることから，UV硬化用光源として使用するには多灯により対応する。しかし，小型化，薄型化，軽量化などのメリットが出せる。

UV-LEDの発光スペクトルは，素子材料構成で決まるが，365 nm，380 nm，405 nmの波長の素子が主体に市販されている。その中の一例として365 nmの発光スペクトルを図6に示す。発光は単色光で発光帯幅も狭い。そのため，ランプでは硬化していた樹脂でも，LED光では硬化しないこともあり，UV-LED用樹脂の開発が進められている。

UV-LEDの特性から次のような特徴が挙げられる。

① 発光の強さは電流量にほぼ比例する。
② 熱に弱く80℃以上で素子の劣化が始まる。ただし，ダイヤモンド（C）は温度に強い。
③ 低格電流より大きい電流を流すと発光は強くなるが，温度も上がり寿命が極端に短くなる。高出力では素子冷却が必要。

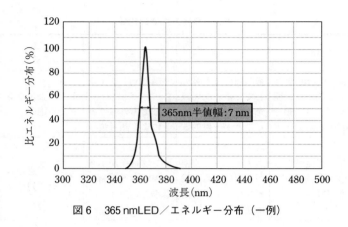

図6　365 nmLED／エネルギー分布（一例）

④　発光スペクトルは単色光でバンド幅も非常に狭い。
⑤　寿命は2万時間以上で非常に長い。
⑥　熱的・放電的発光でないため，予熱時間が不要であるので瞬時の点灯，消灯が可能である。
⑦　発光光源が小さいので多灯で行う必要があるが，逆に点灯方式に自由度がある。

4.4　UV硬化用ランプとUV-LEDとの比較

　上述したとおり，両者はまったく異なる発光方式であることから，表3に比較を行った。UV硬化用の樹脂はUV-LEDが登場するまでは，当然，ランプからの光で硬化する特性であったが，UV-LEDによる光は単色光で，現状は低いUV強度でもあるので，その条件でも硬化する樹脂開発も要求される。そのような中，UV-LED用の樹脂を使用することでUV硬化用ランプを使用するとパワーが低くて済むことから，問題となっていた大きなブロワーの必要性もなく，効率もアップするのでランプ本数も少なくできるので，UV-LEDの現状価格を考えるとランプとLED用樹脂の組み合わせも有効な手段の1つといえる。

4.5　大面積化・均一硬化について

　液晶基板の大型化に伴い，広幅のフィルムへの照射も含め，大面積の照射が要求されている。大面積への照射は，有電極ランプでは発光長の長いランプにて対応する。また，無電極ランプではユニットを組み合わせて対応することになる。この時に要求される均一照射については，近年，シミュレーション技術が発達していることから，シミュレーションのソフト（ライトツールやZ・マックスなど）により，必要均斉度に合わせた反射板設計，ランプ配置などを絞り込み，最終的には実装して確認を行う。

　UV-LEDの場合は，LEDを照射したい面積に配置していくことになるが，ランプと同様にシ

第2章　LED-UV照射装置および硬化（乾燥）システムの開発動向

表3　LEDとランプ方式との概略比較

特性	UV-LED		UVランプ		備考
波長	△	単色	○	複数	単色の方がよい場合もあり。
寿命	◎	約20,000時間	△	1,000～2,000時間	LEDはランプの10～20倍。
UV照度	△	電流量に比例。	○	—	LEDは照度アップが進められている。
ワークへの温泉	◎	赤外放射なし。	○	赤外放射もあり，温度対策要ダイクロミラー，熱線カットフィルター使用。	LEDは単色光で温度上昇小。
立ち上がり特性	◎	瞬時	△	シャッター使用。	無電極ランプは，再点灯時間が短い。
処理幅	△	チップ個数で決定。	○	長尺までの対応可。	処理面積や必要線量によってはLEDが有利。
価格	△	365 nm用チップの単価が高価。使用個数による。ただし，寿命は長い。	○	—	必要UV線量で異なる。

ミュレーションのソフトを活用して，要求される被照射面のUV照度や均一性に対応した素子選定と配置と個数を予測する。大面積と均一性の対応は，LEDの個数で対応可能であるが，現状ではUV-LED素子の価格が高いことから，高額な装置となってしまう課題が残っている。また，高出力と多灯ということから，温度対策も必要である。

今後の大面積化，均一性には，それらの課題が解消されればUV-LEDは非常に簡易で有効な方法となる。

4.6　おわりに

UV-LEDは非常に有効な光源と考えられるが，現状では高出力を得ようとすると価格面で実用化が難しい状況である。しかし，近年の開発技術と市場の必要性から素子の高出力化と低価格化は照明の分野と同じように近い将来には実現すると思う。

また，UV-LEDの特徴である単色光で発光帯幅も狭い発光でも硬化する樹脂の開発も必要不可欠であり，樹脂メーカの開発力にも期待されるところである。

最後に，UV硬化自体が無溶剤で環境にやさしい技術であるが，さらに熱硬化のためのエネルギーと比較しても投入エネルギー（10%以下）も小さいので省エネルギーとなる。また，多彩なシミュレーション技術を利用した光学設計技術を導入して，最適な光源選定および光学（反射板，

レンズなど）設計が行われることで利用効率も向上することから，CO_2削減にも大きく寄与すると考えられる。以上の理由から今後のUVによる大面積の照射や均一照射分野において益々の躍進が期待される。

文　　　献

1)　アイグラフィックス，カタログ（2002）
2)　瀬尾直行，ラドテック研究会　第9回表面加工入門講座（1999）
3)　照明ハンドブック，**127**，㈱オーム社（2006）

5 UV-LED照射パネルを用いた大面積の均一照射技術

中宗憲一*

5.1 はじめに

近年，紫外線硬化樹脂の進歩と共に多種多様な工業製品に紫外線硬化樹脂が利用展開されるところであり，脱溶剤化，品質レベルの向上，生産性のスピードアップなどの目的に使用量が拡大し続けている。その中で，環境問題，省エネルギーの観点から進歩のめざましい高強度UV-LEDを使用し広範囲を均一照射できるUV-LEDパネルについて以下に述べる。

5.2 長所

近年LEDの進歩についてもめざましいものがあるが，紫外線硬化樹脂の硬化に使える高強度UV-LEDの開発も進み，大面積を均一照射できるパネルも出現しつつある。紫外線硬化にLEDを使うメリットは以下の通りである。

5.2.1 省コスト

高い消費電力と都度発生する水銀ランプの交換，破棄が大きな課題であるが，LEDでは交換の必要がなく，低電力，CO_2排出量の削減にも大きく寄与する。

5.2.2 長寿命

一般に推定値発光量30％減まで36000 Hr（日亜 NCSU033A）と長寿命（図1）であり，メンテナンスフリーと言える。

5.2.3 照射面に熱放射がない

図2(a)に示すように単一波長のために，長波長側の熱放射もなく，発光量が電流量に比例するので照射エネルギーが電流量で簡単に調整可能であり，点灯，消灯が瞬時にできる特徴がある。図2(b)はLEDチップの放射特性を示すものであり，60°の角度での放射エネルギー量も60％程度に減少することがわかる。均一照射を実現するためには，LEDの適正配置と照射距離の関係およびレンズなどにより均一光を実現する技術が必要になる。また照射面には熱が出ないが，光源部本体の熱放射が大きく，光源部を冷却する技術の確立を各社が競っているのが現状である。

5.2.4 省スペース（薄く作れる）

水冷（図3），空冷の差にもよるが，LED自体が厚み3～5mm程度のチップであるために放熱部分を入れても50 mmt程度に厚みを抑えることができる。そのために新たなスペースを設けることなく，既存装置の設備改造を最小限に抑え隙間などに設置が可能である。

---

* Kenichi Nakamune ㈱センテック 取締役

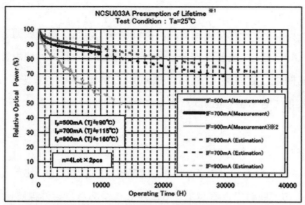

図1　UV-LED の寿命

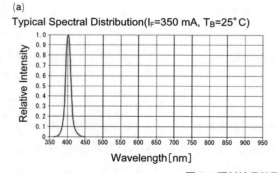
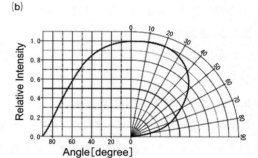

図2　照射波長範囲(a)と照射範囲(b)

図3　大面積照射パネル（水冷式）

第2章　LED-UV照射装置および硬化（乾燥）システムの開発動向

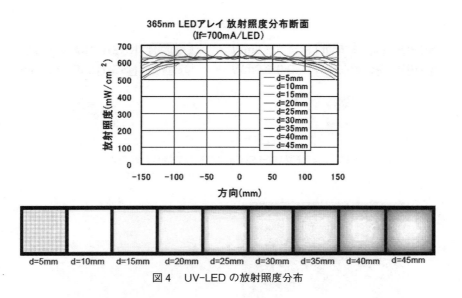

図4　UV-LEDの放射照度分布

5.2.5　放射エネルギーが簡単に調整できる

順電流に対して相対放射束特性がリニアに変化するために，容易に発光量が連続可変できる。また温度に対してもその変化量が小さいために，高速度での点滅も可能である。

5.2.6　均一照射が可能

LEDは図4に示すようにd＝5mmでは図の一番上のように波打ち，放射強度に格子状のムラができる。dが大きくなると，図中の下の線に移り，d＝10～25mmではほぼ均一になる。それ以上距離が大きくなると，端の方が若干照射強度は低くなる。一般的なＵＶランプに比べて，放射照度のムラが少ないために照射面と発光面の距離を小さくできる特徴がある。

5.3　設計上の注意点

5.3.1　照射角度

広範囲均一照射を目的とする中で指向性設計は考慮しなければならない事柄の1つである。例えば，小出力LEDである砲弾型（図5）は指向性特性が小さいために，照射角度を一定にしたい時に有効である。またキャップ型LEDは指向性が大きいために，高密度実装と共に均一照射に向く。

現状のUV-LEDのラインアップの中で高出力タイプはキャップ型のみであり，指向性は約70°であるために指向性が必要な場合にはレンズの外付けなどの工夫が必要になる（図6）。

5.3.2　放熱設計

UV-LEDの大面積化における設計の中で一番重要なのが放熱設計である。LEDは発熱の影響

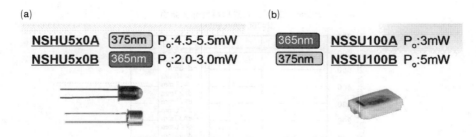

図5　砲弾型UV-LED(a)とキャップ型UV-LED(b)

図6　日亜化学製高出力UV-LED(a)とパーキンエルマー製高出力UV-LED(b)

で光出力が低下する。よって接合部温度を超えない放熱設計をすることが不可欠になる。例えば日亜化学製のNCSU03xAでは絶対最大定格が130℃となっている。したがって，信頼性を考えて設計する時，動作範囲を120℃以下に抑えることが必要でありそのための注意点を以下に述べる。まずLED取付基板の材質をどうするか？

例えば材質をアルミ（3.5% Mg含有）とすると熱伝導率は127（W/m.k），銅（t＝0.5 mm）であるならば355（W/m.k），またエポキシ樹脂ならば$2.0×10^{-1}$（W/m.k）というように大きく違ってくる。その次に実装基板と放熱板との間の密着性能を向上させるために各種の部材がある。熱伝導性のシリコンラバー，伝熱グリース，グラファイトシートなどの材料を適時選ぶ必要がある。以下に実際の計算例を記す（図7）。

LEDの取付ピッチを10 mm，LEDの発熱をVF＝3.5V，IF＝500 mA，光出力250 mAとすると1個あたりの発熱量（P）は

$$P = (3.5 × 0.5) - 0.25 = 1.5\,W$$

以下計算式に当てはめて計算すると$\Delta T_1 = 9$℃，発光部T_gとLEDケースとの熱抵抗6℃/W，

第2章　LED-UV照射装置および硬化（乾燥）システムの開発動向

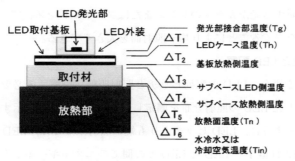

図7　放熱積算

$\Delta T_2 = 10\,\text{℃}$，基板SEM-3(t=1.0 mm) $\alpha = 0.15\,\text{W/cm}^2\text{.K}$，$\Delta T_3 = 2.5\,\text{℃}$，$\Delta T_4 = 0.8\,\text{℃}$，$\Delta T_3 = 2.5\,\text{℃}$，アルミニウムの厚みを10 tとすると$2\,\text{W/cm}^2\text{.K}$として，放熱部の温度差は$1.5\,\text{W/cm}^2$にて

$$\Delta T_{1\sim 4} = \Delta T_1 + \Delta T_2 + \Delta T_3 + \Delta T_4 = 25\,\text{℃となる。}$$

上記結果からもわかるようにパネル設計の方針として

① 信頼性を考慮したT_gの設定

② 実装LEDの数による合計発熱量

③ 設置場所などの制約上，可能な冷却方法の選択

が必要となる。

5.3.3　照射光の特性とUV-LEDの配置（図8）

① 大面積での照射において均一照射部における照射エネルギー密度は，その取付面積で取付けられたLEDの全放射エネルギーを割った値になる。

② LED取付ピッチに対して被照射面積の距離を小さくすると照射エネルギーの凹凸は大きくなる。

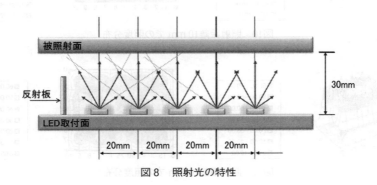

図8　照射光の特性

③ 浅い角度で入射する光がガラスのレンズまたはフレネルレンズにて照射角度を調整する。
④ 周囲に反射板を立てることにより均一照射面を大きくできる。

5.3.4 照射光の特性とLED配置

次に均一照射をする場合，LEDの配列ピッチと照射距離に配慮する必要がある。一例として30 mmピッチで配列したLEDの照射分布を測定した結果を図9～14に示す。

グラフからもわかるように，LEDピッチよりも短い照射距離では，LED直下が最も照射エネルギーが強くなり，LED直下とLEDとLEDとの間でのエネルギー差が大きくなりムラとして

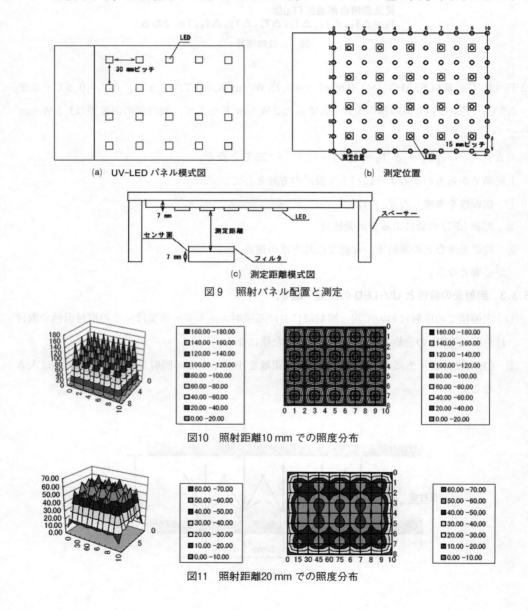

(a) UV-LEDパネル模式図　　(b) 測定位置

(c) 測定距離模式図

図9　照射パネル配置と測定

図10　照射距離10 mmでの照度分布

図11　照射距離20 mmでの照度分布

第2章 LED-UV照射装置および硬化（乾燥）システムの開発動向

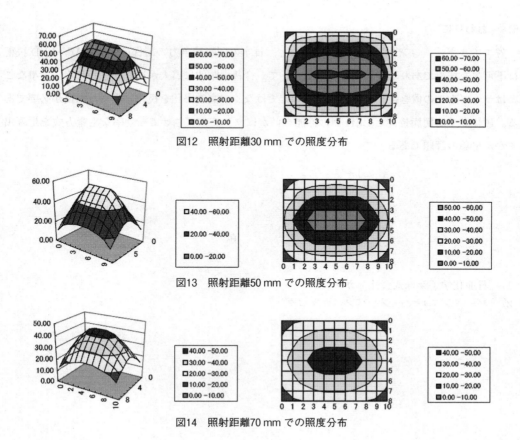

図12　照射距離30 mm での照度分布

図13　照射距離50 mm での照度分布

図14　照射距離70 mm での照度分布

現れる。次に LED ピッチと照射距離とが同等になって初めて均一照射となり，パネル中心部での照射エネルギー量が一番大きくなる。距離を離すにつれ均一照射になるが照射エネルギーは落ちていく。LED パネルを設計するにはこの LED ピッチと LED から照射面までの距離との関係が非常に重要になる。あまり強い照射エネルギーを必要としない場合は拡散板などを置いて，均一照射を作り出す方法があるが，エネルギーロスがあり，LED の能力を最大限引き出す方法としては得策とは言えない。以下に大面積照射についてまとめる。

① 均一照射部における照射エネルギー密度は，その取付面積で取付られた LED の全放射エネルギーを割った値。
② LED 取り付けピッチに対して，被照射面の距離を小さくすると，照射エネルギーの凹凸は大きくなる。
③ 浅い角度で入射する光が不都合な場合は，ガラスレンズまたはプラスチックフレネルレンズにて照射角度を小さくする。
④ 周囲に反射板を立てることにより，均一照射面を大きくできる。

5.4 おわりに

省エネルギー,コンパクト,CO_2削減など,日本の国際競争力の確保のためにUV-LED技術は不可欠な技術であり環境に優しい技術として,今後飛躍的に導入が進むと思われる。大事なことはランプからの置き換えという単純な考えではなく,高効率化を視野に入れた転換が必要である。硬化させる樹脂性能とLED側の性能をいかにマッチングさせて高効率な生産方式を生み出すかが早急の課題である。

文　　献

1) 日亜化学工業株式会社　カタログ
2) パーキンエルマージャパン　カタログ

6 LED-UV乾燥システムの枚葉印刷機への適用

藤本信一[*]

6.1 はじめに

オフセット枚葉印刷機は，予め断裁された広い範囲の用紙が扱え，大がかりな設備にならない点で，投資のしやすさからも，印刷業界で最も広く使われている。半日放置で乾燥装置も不要な油性インキが主流の色材であるので，市場で流通する印刷品質の評価ベースにもなっている。したがって，LED-UV乾燥システムも，油性インキを使うシステムと比べられるが，メリットが圧倒的に多く，油性印刷の課題の多くを解決できる。本節では，LED-UV乾燥システムを枚葉印刷機へ実装適用する際の技術的な課題を中心に解説する。

6.2 印刷市場ニーズとLED-UV乾燥システムの係わり

市場ニーズとLED-UV乾燥システムが解決できる課題に関しまとめる。

6.2.1 二極化するビジネスモデル

あらゆる業界を取り巻く環境は大きく変化し，従来通りの仕事のやり方では，利益確保が難しくなってきている。しかし，景況に係わらず，他社との差別化を進め，業績を伸ばしている印刷会社もある。2つ例を挙げる。1つは，インターネット受注・入稿で製造標準化を進めて短納期で格安価格の提案を行う会社。地域密着・業界取引の枠を取り払い，印刷会社と取引経験のない不特定多数の一般消費者からも，広く仕事を集めるやり方である。もう1つは，印刷発注者が困っていることに対する解決案を提案し，価格以外の相手の無理を聞くことで，他社との差別化を図るやり方である。この場合，品質要求と納期が従来に比べ，厳しくなる傾向にある。製造現場の対応として共通するのは，短納期でも製造効率を上げて仕損を出さないことがポイントとなる。

6.2.2 枚葉印刷機の特徴とボトルネック

産業用印刷システムは原画像から写真製版により4色（黒，青，赤，黄の順番）に色分解された刷版のイメージを印刷用紙に色材を重ね刷りすることで，原画像を高速複製するものである。本節で説明する，枚葉印刷機に関し基本的な装置構成を図1に示す。

冒頭に記載したように，枚葉オフセット印刷機の色材は油性インキで，印刷直後は乾燥しておらず，排紙部へ運ぶ途中に，重ねられる用紙と用紙の間に，粉が散布されてインキの裏着きを防ぐ。乾燥は，インキ樹脂の酸化重合反応で8時間を要するが，放置しておけば乾燥が完了する。枚葉印刷機が印刷システムとして優れている点は，多くの紙種へ特殊な表面加工をせず印刷がで

---

[*] Shinichi Fujimoto 三菱重工業㈱ 紙・印刷機械事業部 印刷機械技術部 部長

LED-UV 硬化技術と硬化材料の現状と展望

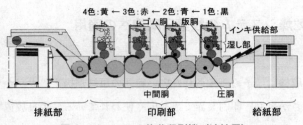

図1　オフセット枚葉印刷機（油性用）

きることである。わかりやすい例として，一見簡便に見えるインクジェット印刷は，用紙表面の性質の違いでインキ授与性能・品質・乾燥性などが大きく影響されるので，用紙への前処理剤の塗布・乾燥が必要となる。方式として定義される「印刷システム」を考えた場合，「色材・インキ」と「乾燥・定着装置」が必ず一対であるが，特別な装置を必要としないのが枚葉油性印刷の特徴である。しかしながら，市場ニーズである，短納期化に対し，インキの乾燥時間が半日を要することは，大きなハンディキャップとなる。

6.2.3　LED-UV 硬化型印刷機械により改善できること

枚葉印刷機では，油性インキの乾燥に加え，高圧水銀ランプなど HID 方式の乾燥装置の適用が30年以上も前から行われてきている。従来方式と違った，専用のインキと乾燥装置を必要とするが，LED-UV 硬化システムにより改善が期待される項目は数多く列挙できる。

① 瞬時にインキが乾燥する。
② 消費電力が少ないので，経済的で，CO_2 低減にも貢献する。
③ 付帯設備がコンパクトである。
④ オゾンが発生しないため，排気ダクトが不要である。
⑤ 瞬時に点灯・消灯が可能である。
⑥ 発熱が少ない。
⑦ 寿命が長い。

従来 UV 印刷方式・LED-UV 方式ともに，①に挙げた「瞬時インキ乾燥」が，油性印刷方式のボトルネックである，乾燥にまつわる印刷トラブルを防ぐことができる。次に，対象とする印刷製品分野の違いによる特徴に関し掘り下げてみる。

6.2.4　適用分野による効果の違い

枚葉オフセット印刷機では，扱う印刷物の違いにより機械構成が異なる。大きくは，商業印刷分野および，厚紙パッケージ分野に分けられ，印刷会社が実際の日常業務でボトルネックと認識している事象が違う。

第2章　LED-UV照射装置および硬化（乾燥）システムの開発動向

(1) 商業印刷分野

　薄紙（目安として，0.06～0.3 mm）に印刷を行い，製品としては，出版物・カタログ・広告など多岐に亘る。この分野のオフセット枚葉機は印刷後，半日かけて酸化重合で乾燥する油性インキを用い乾燥装置を持たない印刷方法が主流である。乾燥は，印刷物を放置しておけば完了するので，それ自身には費用が発生しない。別の見方をすれば，この分野はコスト競争が非常に激烈であり，すぐに乾燥ができるUV印刷は製造に余分なコストが発生するので，耐摩耗性などが要求される特殊な用途に限定されて使われてきた。ところが，6.2.1項で説明した通りで，小ロット化・価格競争激化から，厳しい納期で仕事を請け負わざるを得ない状況が増えている。その影響で印刷現場では，十分な乾燥時間が取れないことによる後加工での裏写りや，インキのコスレ落ちの事故などが発生している。これにより顧客からのクレームで余分の刷り直しや検品を行うことによる仕損コストが発生する。6.2.3項で示した従来UVランプ方式に対するLED-UV方式（図2）のメリットの多くは，油性印刷が主流の商業印刷分野へのシステム導入のハードルが相当低くなることを意味している。例えば，従来UV装置と比較して，機械の補器がほとんど増えず，大がかりな排気ダクト工事も不要になれば，人口密集地で印刷業を営む小規模な印刷会社にとっても導入しやすくなる。この瞬時乾燥を武器に従来の価格よりも高値で受注できる可能性もあり，短納期・小ロット対応を顧客に対する新サービスとして，会社の業態変革を模索している印刷会社も現れている。つまり，メリットの部分を積極的に活用し，デメリットであるコストアップを吸収しようとする取り組みがなされている。

(2) 厚紙・パッケージ分野

　厚紙（目安として，0.2～0.8 mm）を用いた美粧ケースの多くは，コスト的に優位な，酸化重合インキの印刷の上に，インラインで水性クリアーニスコートを行い，赤外線乾燥装置（IR装置）にて熱乾燥を行う方式で行われている。この場合，IR装置で乾燥されるのは，一番上のクリアーニスである。一方で，厚紙で，耐摩擦性や防水性が要求される食品パッケージや，商品が外部から見えるプラスチックケースなどの印刷はUVランプ方式で印刷が行われてきた（図3）。従来UVインキを乾燥させるためには，複数の高出力UVランプ照射のため，ランプ自身の冷却，雰囲気の廃熱，活性酸素・オゾンの排気に多数のブロアーを使うことが必要とされている。

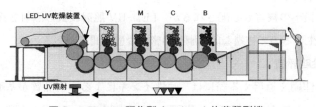

図2　LED-UV硬化型オフセット枚葉印刷機

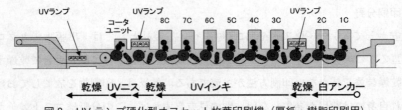
図3 UVランプ硬化型オフセット枚葉印刷機（厚紙・樹脂印刷用）

また，乾燥は出力を上げれば良いが，装置からの熱で，樹脂原反は変形しやすく品質上の問題を起こす．つまり，UVランプ方式をLED-UV方式へ置き換えることにより，期待される効果は，消費電力低減などの経済効果と，原反の変形が防げることによる高印刷品質化である．

6.3 LED-UV乾燥システムの実機による性能試験

LED-UV乾燥システムを印刷機に装着し，印刷試験を行った結果を，商業印刷に要求される実用性能の観点から解説する．検証は ①乾燥性評価，②光沢値の性能評価，③両面機への適応評価を行った．

6.3.1 乾燥性の評価

6.2.2項で説明したように，オフセットカラー印刷は4原色を刷り重ねることで行われる．色の濃淡は絵柄を網点の大きさを変化させて表現する．原絵柄を色分解した版は1色あたり0～100％の網点の集合体であるので，理論上は4色重ねると0～400％の絵柄ができることになる．インキの重なり具合を変化させる版を作成し，乾燥試験を行った結果を示す．印刷速度とLED装置の紙面からの距離を変化させて試験を行った．

結果を図4に示す．LED照射装置の設置位置を紙面から15 mmにすれば，毎時16000枚の枚葉機としては高速の印刷速度でも，絵柄面積率400％乾燥が可能であることがわかった．反対に，遠ざけると絵柄面積率の高い絵柄は高速では乾燥しないことがわかる．紙面から照射装置を15 mmで設置した場合，印刷用紙の厚みが0.3 mmを越えると，紙の剛性が増し，印刷中に照射装置に接触し，インキが乾燥する前に印刷イメージがダメージを受け商品にならない．厚紙をLED-UV乾燥システムで印刷するには，用紙を制御する機械的な技術が必要となる．後述するが，照射装置を印刷胴の表面に近づけることは一見効果がありそうだが，万一の用紙搬送事故が発生した時の印刷機への被害も心配されるが，LED-UV照射装置の照射2次元性が保たれなくなり，乾燥ムラが生じるので極端な印刷胴への密着設置は問題がある．

6.3.2 光沢値の性能評価

商業印刷へUV印刷を適用する際には，油性インキによる印刷品質が基準となる．UV印刷は，乾燥が印刷プロセスの中で行われ，表面のインキがなじんでいない段階で，乾燥が行われ，

第2章　LED-UV照射装置および硬化（乾燥）システムの開発動向

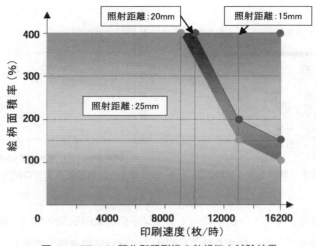

図4　LED-UV硬化型印刷機の乾燥能力試験結果

表面にインキの細かい凸凹が残ったままになる。これが，表面で乱反射を起こすので，光沢の無い刷り上がりとなる。光沢が高級感を与えるので商業印刷では，大きな問題になる。

(1) UV印刷で光沢が出ないメカニズム

光沢がなくなるメカニズムを簡単に示す。図5はローラ間の出口のインキの流動状況の可視化写真である。インキは，剪断破壊がさらに進み伸長流動からインキがフィラメント状に伸びてローラ上ではこのフィラメントの残骸が凸凹になって残る。このような現象は，紙面でも同様に起こっており，UV照射が行われることにより，インキが固化し凸凹の状態が保存される。油性印刷では，印刷直後インキが乾燥しておらず，乾燥のための酸化重合に8時間かかるので，このような凸凹が保存されにくい。

(2) 光沢を確保する機械的な条件

光沢を確保するためには，積極的な方法とは言えないが，印刷終了後乾燥までの時間を置く方

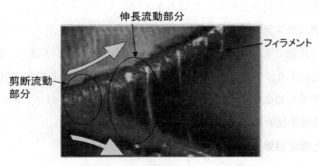

図5　ローラ間出口のインキの流動

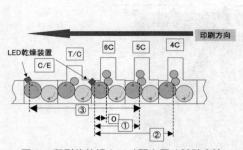
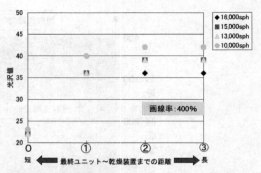

図6　印刷後乾燥まで時間を置く試験方法　　　図7　印刷後乾燥までの時間と光沢との関係

法が容易に考えられる。そこで，図6に示すように多色枚葉印刷機を使い，乾燥時間を1ユニットごと遠ざける試験を行った。結果を図7に示す。試験は印刷速度も変更し行った。用いた通常コート紙の光沢値は50〜55程度である。印刷速度を上げると同じユニット間隔を置く条件でも光沢が落ちる傾向にある。乾燥まで0と1ユニットでの光沢の改善率が著しい。その後，ユニットを増やしても，光沢の改善率は鈍ってくる。単に用紙を搬送するユニットを増やすことは，機械の価格が上がり，設置スペースが増えることを意味するので1ユニット分の時間を置くことを設計基準にしている。図1と図2を比べてみるとわかるが，LED-UV硬化型印刷機では最終印刷が終了してからシリンダーを2個追設する排紙部の構造変更で，設置スペースを従来機と同じにできて，光沢も確保できている。毎時16200枚の印刷速度で，最終印刷点から照射装置までの時間は，0，①，②，③までそれぞれ，0.1秒，0.6秒，1.0秒，1.4秒である。

6.3.3　両面機への適用評価

　枚葉印刷機は，乾燥に時間を要する油性インキを使うので，片面ごとに印刷を行う機械構成が主流であるが，油性インキを使っても両面印刷が1パスでできる両面機が開発されている。枚葉印刷機の両面機は，ダブルデッカータイプ，反転方式，タンデム方式の3つの方式[1]があるが，油性インキを使う場合，機構上，先刷り面には，圧胴セラミックスジャケットの痕が残るのと，排紙部の搬送中の傷入りが問題となることがある。

(1)　機械構成の例（タンデム方式）

　両面を刷る際に，片面ごとに印刷が完結する反転方式，タンデム方式へ，LED-UV乾燥システムを導入することにより，このジャケット痕と傷入りのリスクから開放される。セラミックスジャケットの交換費用も発生せず，印刷完了後，即後加工が可能なので，オンデマンド性が向上する。その，機械構成を図8に示す。

(2)　技術的課題と検証結果

　両面機へUVシステムを導入する際に最も重要となる技術課題は，裏面を刷る際の圧胴面の

第2章　LED-UV照射装置および硬化（乾燥）システムの開発動向

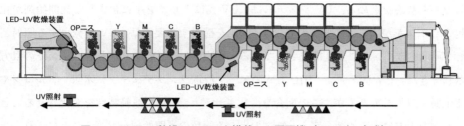

図8　LED-UV乾燥システムを搭載した両面機（タンデム方式）

インキ残りである。一見したところ，UV照射でインキは"瞬時"に乾燥したように見えるが，化学反応は完了し停止していないようで，UVインキの専門家の間では，"アフターキュア（事後乾燥）"という言葉が存在する。このようなインキの特性がある限り，機械メーカとしては，高速印刷においても，物理的に先刷り面の絵柄履歴が，後刷りユニットの圧胴面に残り，印刷障害を起こさないことを確認する必要がある。LED-UVシステムを搭載して1パスでの，後刷り上の圧胴面の絵柄の残りを6.3.1項と同じ要領で検証したが，圧胴面には薄いフィルム状の絵柄履歴は残るが，10000枚のロングラン印刷でも履歴が成長することなく問題ないことを確認できた。また，従来UV乾燥システムでは，照射により用紙の温度が上がるので，紙の水分が抜けて用紙の風合い変化や，静電気などの問題が起こることがあるが，LED-UVシステムでは6.2.3項で記載したように，原反温度が上がらないので，この問題は起こらないことを確認している。

6.4　厚紙・特殊印刷への適用

厚紙・特殊印刷では，クリアーニスのコーティングが必要になる。現状は，インキメーカが開発を進めている段階で，実用化には至っていない。樹脂印刷用のLED-UV硬化型のインキは，あるメーカでは既に商品化されており，資材の改善は非常に早いテンポで行われている。一方でハード面では，6.3.1項で述べたように，厚紙を印刷する場合，印刷用紙が照射装置に接触するので，照射装置を離すためには，LED-UV装置のパワーアップか，用紙を制御する技術が必要となる。前者は，照射エネルギーは距離の2～3乗に反比例するので，改善は難しいと思われる。用紙の制御技術は印刷機械メーカが解決しなければならない技術分野で，現段階では説明できるまでには至っていないが，印刷機を今まで開発製造してきた経験から，従来ある機械要素技術のいくつかの技術の組み合わせで可能性があると考えている。

6.5　LED-UV乾燥システムの乾燥性能に影響を及ぼす条件

これまで行った，実機適用な観点から少し離れ，若干要素的な解説を加えていく。LED-UV乾燥システムの理解の一助とするため，従来UVランプ方式の乾燥に影響を及ぼす機械緒量と

比較しながら解説を進める。UV システムは，UV 光によりインキに含まれる光開始剤が化学反応を起こしインキが固まる。すなわち，UV 印刷を構成する要素は，UV を発生する照射装置と UV 光で硬化するインキにより構成されている。歴史的に，UV ランプと UV インキの双方が最適化されてきた。UV ランプは，HID 方式のアーク放電ランプチューブに水銀，アルゴンやハロゲン化金属を封入してあるが，この配合を変化させると，UV の波長特性を変化させることができる。インキの方は光開始剤を変え，特性の異なる複数の光開始剤を混ぜることにより，光開始剤の吸収周波数特性を変化させることができる。このような，ケミカル的なミクロな乾燥メカニズムは他節で詳述されているので，本節では，マクロな乾燥（乾く／乾かない）の性能に影響を及ぼす事象に関し解説を行う。

6.5.1 乾燥要素試験によるマクロな乾燥能力の把握

印刷機では，固定された UV 光源の下を，高速で通り抜ける紙面上のインキを乾燥させる必要がある。UV 照射を乾燥性能の定量評価と結びつけるために，照射される UV エネルギーの最大値強度と総エネルギー量が議論されてきた。つまり，乾燥性能は，照射される紙面の最大照度と積算光量に左右される。この特性値に影響する機械緒量を図9に示す要素試験装置で調べた結果を説明する。検証したパラメータは，用紙速度，照射装置と紙面との距離，光源の強さ，ランプ周波数などである。

(1) 最大照度と積算光量

① 従来 UV ランプ式の基本特性試験

図9の装置で，紙面からのランプまでの距離を変化させた時の出力特性を UV 照度計で計測した結果を示したのが図10である。最大照度は，UV エネルギーの単位面積当たりのパワーの密度（mW/cm^2）のことで，通常ランプ直下で最大になる。積算光量とは，ランプの下を用紙が通過する間に用紙が単位面積当たりに受ける UV エネルギーの総和（mJ/cm^2）である。値の大小は，用紙速度に反比例する。

図11に示すように，ミラー集光した光の紙面での光エネルギー分布はガウス分布に近くなる。積算光量は，光が当たる領域の面積平均値的な物理量で，エネルギー分布の面積に比例している。図10に示すように，ランプを紙面から遠ざけると最大照度は距離の3乗に比例して弱くなる。これは，熱輻射エネルギーが保存されると考えると距離の2乗に比例して弱くなるが，ミラーの集光効率の影響が大きいと考えられる。ただ，積算光量は，ランプと紙面との距離を変化させてもほとんど変化しない。これは，照射距離を離すと，光量は減るが，照射範囲が広がるので，積分値としてはほとんど変化しないことを示している。

② LED-UV 乾燥システム

図11の従来型，UV ランプ方式は，光源の UV 管の大きさやミラー集光方式を使う関係上，紙

第2章 LED-UV 照射装置および硬化（乾燥）システムの開発動向

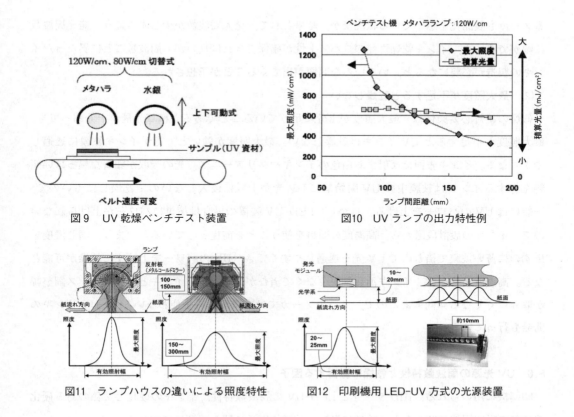

図9 UV 乾燥ベンチテスト装置

図10 UV ランプの出力特性例

図11 ランプハウスの違いによる照度特性

図12 印刷機用 LED-UV 方式の光源装置

面から装置下端まで，100〜150 mm で通常取り付けられ，UV 光の有効照射幅は，150〜300 mm になる。

一方で，オフセット印刷機で実用化されている LED-UV 光源は，高出力が必要であるため，基板に数個発光素子が埋め込まれているマルチチップ方式を基本素子としている[2]。さらに，図12に示すように，この素子を，約10 mm 角に数個埋め込んだものが発光モジュールになっている。このモジュールを一列に隙間なく並べたものが印刷機用として実用化されている装置である。1つのモジュールから照射されるエネルギーは外縁部で小さくなる。幅方向（用紙走行方向と直角）で照射強さのムラが出ないように，隣同士がエネルギー補間するようにレンズの組み合わせを工夫した光学設計がされている。LED-UV 装置は，ランプ方式に比べると光源照度が弱いので，最大照度を上げるために装置を紙面へ近づける必要があるが，上述のように，板状の LED 発光体とレンズの光学設計で，これを可能にしたコンパクトな装置になっている。詳しくは触れないが，高出力の LED 素子を製造できるメーカは限定されており，製品の発光周波数，出力，値段は様々である。高出力の LED は高価であるが，出力がハイエンドでない低価格の LED を密に並べる方式を取るベンチャー系のメーカも現れており，従来 UV 装置を製造してい

るメーカも製品化を急いでいる状況だが，結果として，発光周波数が少しずつ違う。発光周波数に幅ができても，インキ乾燥性能のロバスト性が確保できれば良いが，周波数ごとに異なったインキの製造が必要になると，いろいろな問題が出てくることが予想される。

(2) 最大照度が不足すると乾燥しない

乾燥の絶対必要条件は，最大照度が十分に足りていることである。積算光量が十分あっても，最大照度が不足するとUVインキは乾燥しない。最大照度が強いと，光がインキ被膜に透過しやすくなる。インキ表面で反射する白色のインキやクリアーニス，光の吸収が顕著な黒っぽい顔料を有するインキは被膜中のUV開始剤にUV光が十分に侵入しないので乾燥しにくいので，一般にはUVのパワーを上げる。しかし，LED-UV装置の場合は簡単にパワーが上げられないので，インキの設計段階から，高濃度の顔料を使うことを前提としている。つまり，同じ濃度を出すのに薄い被膜で済むのでUV光を透過しやすくでき，UVのパワーを上げずに乾燥が可能となる。高濃度インキは，インキ消費量が少なくて済むが，機上でのインキと水のバランス調整幅が取りにくくなる傾向もあるので，インキメーカでは高濃度顔料を使わないLED-UVインキの開発も行っている。

6.6 UV光源の周波数特性と乾燥に影響する因子

印刷機に用いられる，HIDランプとLED-UVの周波数特性，インキの硬化と関係のある硬化開始剤の吸収周波数特性など，乾燥に影響を及ぼす因子に関して簡単に触れる。

6.6.1 UV光源の周波数特性

代表的な，従来ランプ式のHID光源とLED光源の周波数特性を示す。HID光源は，アーク放電で，電子と水銀電子が衝突し，励起した水銀が紫外線を発する。この原理から，封入されているガスや金属の元素ごとに発光周波数が異なるので，図13，14に示すように，ランプの光を分光すると多くの波長に分かれる。一方で，LEDは原理的に，半導体の蒸着膜内の電子の移動で光が発せられるので，分光特性は図15に示すように，単一波数である。現在実用化されているものは波長が385 nmのものである。

6.6.2 乾燥の効率に影響する因子

従来UVランプは，図13，14に示したが，非常に広い周波数でエネルギーが出ている。このうちUV乾燥に役に立つ光エネルギーは，周波数成分がUV開始剤の反応周波数と一致した部分のみである。

図16に示すように，顔料を必要とするインキで最もよく使われる，イルガキュア907（チバガイギ社）の吸収特性強度は，開始剤を十分に含有させれば，UVの波長が400 nm付近まで非常に強い反応を示している。この開始剤には，メタハライドランプの方が水銀ランプよりも，反応

第2章　LED-UV照射装置および硬化（乾燥）システムの開発動向

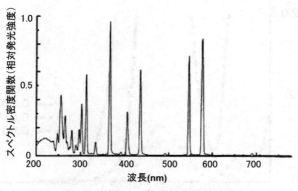

図13　水銀ランプの発光周波数特性

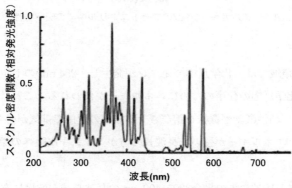

図14　メタハライドランプの発光周波数特性

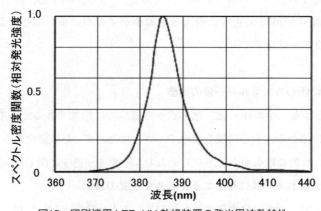

図15　印刷機用 LED-UV 乾燥装置の発光周波数特性

感度が高く，よく乾燥する。つまり，UV 光源の周波数が，インキ・ニスに含まれる UV 開始剤の感度にマッチしている配合が乾燥の善し悪しを決める最も重要なファクターである。また，UV の開始剤の反応に影響する要素がいくつかある。

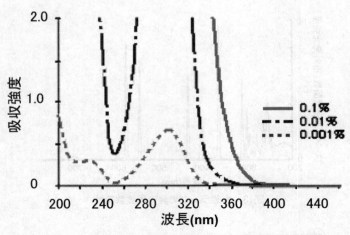

図16 イルガキュア907のアセトニトリル中での吸収特性

① 200 nm 以下の領域では，化学反応でオゾンが発生し，254 nm の UV と反応し活性酸素が発生する。この化学反応の仕事のためにエネルギーが使われる。これは乾燥にはロスである（オゾンの臭気や，活性酸素が機械を錆びさせるなどの理由で排気が必要となる）。
② 短波長の方が，エネルギーが強い。長波長の方が，インキ皮膜への深部までの浸透率が高くなる。

総合的に見て，従来 UV インキの場合320〜400 nm の長波長域が乾燥に有効[3]と言われている。これは，開始剤反応が長波長側に寄ると鈍ってくるが，UV 光の深部浸透性が高まるのと，UVインキに使われる顔料が365 nm 近くに最大透過率を示すものが多いことによる。このように，乾燥に関するファクターは数多くある。

6.7 UV 硬化反応に係わるエネルギー量の推察

UV 架橋反応に要するエネルギーは，化学式から理論的に類推できるであろうが，ここでは，これまで UV 硬化に係わる因子を解説したので，さらに進めて，UV 硬化のみに寄与するエネルギーを導出し，マクロ的な観点から乾燥システムのエネルギー効率に関し検定してみる。

6.7.1 UV 光源に含まれる乾燥に寄与するエネルギー式の導出

例えば，図13などで，光源の分光スペクトルのエネルギー分布 $E(\lambda)$ に対し，全光エネルギー E_0 はその面積に相当する。これは，光の電磁波としての，全周波数の波動振動エネルギーに他ならない。縦軸のスペクトル密度関数を $S(\lambda)$ と置くと，この E_0 で無次元化したものである。つまり，次の関係で表すことができる[4]。

第2章　LED-UV照射装置および硬化（乾燥）システムの開発動向

$$S(\lambda) = E(\lambda)/E_0 \tag{1}$$

ここに，$E_0 = \int E(\lambda)d\lambda$，積分範囲は，0〜∞で良い。

次に，乾燥だけに寄与するエネルギーとして，積算光量と消費電力を評価してみる。

① **最大照度からの積算光量と硬化エネルギーを推定**

UV光源の最大照度から，乾燥の反応だけに寄与しているエネルギーは，UV開始剤の感度域，UV反応の様々な効率係数を波長λの重み関数とすると，次の形で表すことができる。

　反応に有効な積算光量：$J_0(mJ/cm^2)$

　反応に使われる消費電力：$Ux(kW)$

　印刷速度：$v(cm/S)$

　最大照度：$Wm(mW/cm^2)$

　有効照射幅（紙流れ方向）：$L(cm)$

　照射装置幅（紙流れ直角方向）：$H(cm)$

　光源のスペクトル密度関数：$E(\lambda)$

　UV開始剤の反応特性（基準を定め，正規化した値）：$r(\lambda)$

　UV反応の効率係数（いろいろなファクターがある）：$\eta_n(\lambda)$

$$J_0 = Wm \cdot L/(v \cdot E_0) \cdot \int E(\lambda) \cdot r(\lambda) \cdot \{\eta_1(\lambda) \cdot \eta_2(\lambda) \cdots\cdots \eta_k(\lambda)\} d\lambda \tag{2}$$

($k=1,2\cdots\cdots, n$)，ここに，$E_0 = \int E(\lambda)d\lambda$，積分範囲は，0〜∞で良い。

また，反応に使われる消費電力は，同じ考えで，照度分布の効率をξとおくと次式で推算できる。

$$Ux = \xi \cdot Wm \cdot L \cdot H \cdot 10^{-6}/E_0 \cdot \int E(\lambda) \cdot r(\lambda) \cdot \{\eta_1(\lambda) \cdot \eta_2(\lambda) \cdots\cdots \eta_k(\lambda)\} d\lambda \tag{3}$$

② **装置の公称消費電力と光変換効率からの推定**

別の見方として，乾燥に寄与する消費電力は，照射装置の公称消費電力がわかっているので，一般に報告されているLED照明とHID照明の光変換効率と，①で解説した周波数分析の重み配分の考えで推算できる。

$$Ux' = \zeta \cdot P_0 / E_0 \cdot \int E(\lambda) \cdot r(\lambda) \cdot \{\eta_1(\lambda) \cdot \eta_2(\lambda) \cdots\cdots \eta_k(\lambda)\} d\lambda \tag{4}$$

UVシステムの消費電力：P_0(kW)

照明の光変換効率：ζ

6.7.2 計算結果と考察

① 計算条件と計算結果

以上より，実際の印刷条件や装置条件を入れて計算した結果を示すと以下のようになる。主な計算条件と，計算結果を表1～3に示す。計算は毎時16000枚印刷できる菊全の枚葉機（サイズが1020×720）を想定している。

② 考察

表2，3の計算結果より，硬化反応エネルギーはLED方式の方が硬化に寄与する電力比率は高いので，電力を効率よくインキの硬化に使っていることになる。表2より，装置の最大照度から推定した装置から出るUV成分のうち硬化に寄与するのは僅かで，装置に入力される電力の5％以下である。表3からは，20％以下だが，表3は装置の電気設備を行う際にメーカより指示される余裕をもった電力設備の最大KVAに，係数を掛けているので，高目の値が出ている。何

表1　UV反応の消費電力の計算条件

	灯数	出力公称値	消費電力	紙速度	最大照度	設置距離	有効照射幅
	n		P	v	Wm	d	L
単位	個	W/cm	kW	cm/s	mW/cm^2	cm	cm
LED-UV	1	—	11.0	400.0	4000.0	2.0	2.0
UVランプ式	3	160	50.0	400.0	600.0	12.5	30.0

表2　最大照度より硬化反応エネルギーを計算

	硬化反応に寄与するエネルギー			
	積算光量	消費電力	電力Pとの比率	電力比率（対LED）
単位	mJ/cm^2	kW	％	—
LED-UV	10.0	0.4	3.7	1.0
UVランプ式	22.5	0.9	1.8	2.3

表3　装置消費電力と光変換効率より硬化反応エネルギーを計算

	硬化反応に寄与するエネルギー			
	光変換効率[5]	乾燥UV出力	電力Pとの比率	電力比率（対LED）
単位	—	kW	％	—
LED-UV	15～20％	1.9	17.5	1.0
UVランプ式	30～40％	5.8	11.7	3.0

第2章　LED-UV照射装置および硬化（乾燥）システムの開発動向

れにしても装置を駆動する電力のうち，純粋に硬化に使われる比率は非常に小さいことがわかる。LEDは電子素子としては，歴史のあるものであり，屋内照明などで省エネの切り札とされ，研究開発がなされている。したがって，LED-UV乾燥装置の光源としての光変換効率の改善も，何れは進むであろうと期待される。

6.8 おわりに

　油性インキによるオフセット印刷は，特別な装置・エネルギーを使わないので，経済性・環境性に優れた印刷システムであるが，短納期対応は不得意である。実用化段階に入った，LED-UV乾燥システムを搭載した枚葉印刷機は低エネルギーで瞬時乾燥が可能であるので，使い方しだいでは，印刷会社が抱える課題の解決や新たなビジネスモデルの構築が可能となる。この先，多くの印刷会社で使って利益が出る印刷システムにしていくには，照射装置，インキ，さらには印刷機においても，性能やコストの改良を継続して進める必要がある。技術動向を印刷機械の立場から解説してきたが，紙面の関係で表面的な説明になった部分はご容赦願い，さらなる解説は別の機会に譲りたい。

文　　献

1)　藤本信一，日本印刷学会誌，**45**(5)，p.58，日本印刷学会（2008）
2)　田口常正，白色LED照明技術のすべて，p.59，工業調査会（2009）
3)　市村國宏，UV・EB硬化技術Ⅳ，p.51，シーエムシー出版（2007）
4)　日野幹雄，スペクトル解析，朝倉書店（1977）
5)　谷腰欣司，トコトンやさしい発光ダイオードの本，第2章，日刊工業新聞社（2008）

7 省エネルギーで環境にやさしい「LED-UV印刷システム」

池田秀樹[*1], 柴田信義[*2]

7.1 はじめに

　LEDは長寿命・コンパクト・省電力・低発熱の特徴を持ち，さまざまな分野に拡がりを見せている。装飾用イルミネーション，屋内外の照明，公共機関の案内板，液晶ディスプレイのバックライト，自動車のストップランプなどあらゆる場所でLED光源が採用されている。LEDは視認性が高く，交換頻度が少なくてすむため，信号機など屋外での照明，表示用途に適している。これら照明用途の他，紫外線を照射するタイプが紫外線硬化技術を利用した分野での採用が進んでいる。電子部品，光学部品の接着剤硬化や歯科治療に用いる樹脂の硬化，身近なところではネイルアートのマニキュア硬化などで使用されている。この硬化用LED光源を採用したUV硬化装置を世界で初めて枚葉オフセット印刷機に搭載した「LED-UV印刷システム」について紹介する。

7.2 オフセット印刷とUV硬化技術

　オフセット印刷は印刷技術の1つで，刷版上のインキを中間胴に巻かれたゴム製ブランケットに転写した後，用紙などの被印刷体に印刷する方式である。被印刷体上のインキはすばやく乾燥することが望ましいが，従来の溶剤系インキでは酸化重合と用紙への浸透により促進される乾燥時間が必要である。乾燥が不十分だと印刷後に裏移りと呼ばれる汚れなどの問題を引き起こす。裏移り防止策として植物の澱粉を主体としたパウダーの散布が一般的に用いられている。パウダーは用紙の表面に滞留し，用紙間に空気の層を設けることで乾燥していないインキによる裏移りを防止する。しかしながらパウダーによる作業環境への影響，印刷後加工時への影響など多くの弊害があり，パウダーの削減が求められている。

　一方ではプラスチックシートやアルミ蒸着紙などへの高付加価値印刷の需要が高まってきており，これらの被印刷体には溶剤系インキでは時間をかけても用紙のようなインキの乾燥が期待できないという問題がある。

　これらの課題を解決する技術として紫外線によりインキを硬化させるUV硬化技術が注目されている。UV硬化技術を用いたインキではUV光を照射した後，コンマ数秒で硬化するため，

[*1] Hideki Ikeda　リョービ㈱　グラフィックシステム本部　技術部　技術開発課
　　　　エキスパート

[*2] Nobuyoshi Shibata　リョービ㈱　グラフィックシステム本部　営業部　企画開発課
　　　　課長

第2章　LED-UV照射装置および硬化（乾燥）システムの開発動向

　裏移りの心配がなくパウダーの散布が不要となる。また，被印刷体の表面で硬化するため，用紙以外の浸透作用のない被印刷体への印刷が可能である。さらにUVインキはVOC（揮発性有機化合物：Volatile Organic Compounds）成分が極めて少なく大気環境保全に優れた環境対応型インキでもある。

　印刷業界においてUV製品（全印刷方式のUVインキ，また多用途UVコーティング剤，UV接着剤も含む）の世界市場は，年率6％伸びると予測されていた。特にUVインキ，UVニス，UVクリヤー市場は，景気が減速する前の2008年前半では，日本を含む先進国で年率5％の伸び，新興国で年率10％の伸びを示していた。

　UV印刷はパッケージ用途（紙器，意匠性重視の高級パッケージ，プラスチック包装など）やシール・ラベルなどが主たる印刷対象であり，速乾性を活かした短納期対応での一般商業印刷用途は全体から見ると極小であった。

7.3　開発の背景

　リョービ㈱においても従来からの直管型ランプ方式のUV硬化装置を搭載したオフセット印刷機を市場導入していた。UV硬化技術を用いた印刷のメリットである高付加価値印刷への対応が可能となり，印刷完了後，次工程へすぐに回せて乾燥待ちの印刷物を置くスペースが不要，パウダーを必要としないため工場内の作業環境が良好であるなど，オフセット印刷機にはUV硬化装置の進化が不可欠であるという認識を持っていた。

　一方ではUV硬化装置を搭載したオフセット印刷機の導入先および見込み先より装置に必要な電力量の問い合わせが多いこと，また排熱や脱臭のためのダクト工事などの設備工事への経費が導入先へ大きな負担を強いていることなどが課題と考えていた。

　そこでドイツのデュッセルドルフで開催された世界最大の総合印刷機材展示会drupa 2004の終了後に，次回4年後のdrupa 2008に向けて取り組むべき課題を検討した結果，「印刷工場の経費削減を目的に，電気料金を半分にできるような省エネタイプのUV硬化装置」を開発テーマとして掲げ，2005年にLED-UV方式の可能性に着目した。

　LED-UV印刷システムの共同開発のパートナーであるパナソニック電工㈱では当時，UV光源にLEDを用いてUV硬化型接着剤を硬化させる装置を既に商品化していた。DVDの光ピックアップやデジタルカメラ用レンズに代表される超小型・高精度の部品は，UV硬化型接着剤により組み立てられているが，従来の直管型ランプを光源としたUV光では照射光の中に紫外線と同時に赤外線も含まれており，部品の熱膨張による精度低下を引き起こすことが課題であった。その作業をLED-UV硬化装置に置き換えたことで，従来では困難なレベルの組み立て精度を実現させ，同時に省エネルギー性やメンテナンス性にも優れた装置であった。

この接着用途の LED-UV による硬化技術を印刷インキの乾燥（硬化）用途に応用できないか，ということをパナソニック電工㈱に要請し開発が始まった。パナソニック電工㈱では前述の LED 方式 SPOT 型紫外線硬化装置をベースに高出力 LED 方式ライン型 UV インク硬化装置の開発を進めた。

開発の過程において十分な実用性を得るためには LED-UV に対応した専用インキが欠かせないと判断し，東洋インキ製造㈱に協力を要請，LED-UV 光で硬化する専用インキの開発を依頼した。開発当初，接着剤用途の LED-UV 光では光量不足で十分な硬化が得られなかったが，装置の改良を重ね，印刷機への設置位置の工夫，専用インキの性能向上と合わせ実用化することができた。完成したシステムをリョービ㈱では「LED-UV 印刷システム」と呼んでいる。

7.4 LED-UV 印刷システムのメリット

① LED 光源の寿命は直管型ランプ方式に比べ約15倍と長寿命なシステムであり，光源の交換頻度を大幅に減らすことができる。

② 消費電力が従来の直管型ランプ方式に比べ76％[注1]減少させることができ，省エネルギーなシステムである（CO_2 換算で約14.3トン/年[注2]，杉の木で約1,021本[注3]の環境負荷の軽減に相当）。

③ LED 光源は瞬時に点灯，消灯でき，直管型ランプ方式のシステムに必要とされたアイドリング時間が発生しないシステムである。

④ 用紙幅に合わせた照射幅の制御が可能で，LED 光源の効率的な運用が行えるシステムである。

⑤ LED 光源は赤外線を含まないので印刷資材や印刷機への熱影響が抑えられるシステムである。

⑥ コンパクトな制御キャビネットで省スペース設置が図れるシステムである。

⑦ LED 光源にはオゾンを発生させる波長を含んでいないため，オゾン臭を排気するためのダクト工事が不要である。

⑧ LED 光源の直下でも常温を維持しており，安全性が高いシステムである。

表1に LED-UV 方式と直管型ランプ方式の比較を示す。

注1　年間で削減される消費電力は3,000枚の印刷を1日10台，月に24日稼動した場合の RYOBI 750シリーズ搭載水銀ランプ2灯式との比較試算。

注2　CO_2 排出係数　東京電力の0.000339 tCO_2/kWh で算出（出所：環境省報道発表資料「平成18年度の電気事業者別排出係数の公表について」）。

注3　杉の木の年間 CO_2 吸収量14 kg/本（出所：林野庁ホームページ）。

第2章　LED-UV照射装置および硬化（乾燥）システムの開発動向

表1　直管型ランプ方式との比較

	LED-UV方式	直管型ランプ方式[*1]
①光源の寿命	約15,000時間	約1,000時間[*2]
②消費電力[*3]	12.3 kWh	47 kWh
③準備時間	瞬時に点灯／消灯　アイドリング時間が不要	ウォームアップ約1分　クールダウン約4分
④照射範囲の制御	用紙サイズに合わせて照射幅の制御が可能	常に全幅点灯
⑤発熱	赤外線を含まないので発熱が少ない（印刷資材，印刷機への熱影響を抑制）	赤外線を含む（印刷物や，機械への熱対策が必要）
⑥周辺機器の設置スペース	$0.68\,m^2$，コンパクトな制御キャビネットと冷却装置を採用	$3.19\,m^2$
⑦オゾンの発生	オゾンレス，臭い，錆び発生を抑制，排気ダクト不要	有り，熱・オゾンを排出する排気ダクトの工事が必要
⑧安全性	発熱が少ない	ランプの直下では高温

[*1]　RYOBI 750シリーズの排紙部に採用の水銀ランプ2灯方式の例。
[*2]　点灯／消灯頻度などの使用条件によって寿命が異なる。
[*3]　照射時の消費電力。

7.4.1　消費電力の削減と長寿命

　LED-UV印刷システムでは，直管型ランプ方式に比べて電力消費量の70～80％が削減できるうえ，光源の寿命が約15倍あるなど，印刷会社にとって経費削減効果が期待できる。一般的に照明用途においてLED光源は蛍光灯などと比べると価格が割高ではあるが，長期間にわたり使い続けると，交換の手間や消費電力の点で，結果的にはコストダウンにつながると言われている。それらと同様にLED-UV印刷システムの価格は，通常の直管型ランプ方式のシステムよりは割高であるが，トータルでメリットを出せると考えている。

7.4.2　高い生産性と効率的な照射制御

　生産性の点で直管型ランプ方式のシステムは点灯後光源の出力が安定するまで約1分のウォーミングアップ時間を要し，ランプを消灯する際も高熱となったランプを冷却するため消灯後約4分のクールダウン時間が必要である。LED-UV印刷システムは点灯／消灯のON/OFFが瞬時に行われるため，システムに依存するアイドリングタイムは溶剤系インキでの印刷作業と同様に不要であり，直管型ランプ方式のシステムに比べて，生産効率が高い。図1，図2に作業中の点灯時間の比較を示す。これらの図は導入先の稼動実績から作成したもので，この稼動状況を年数換算すると光源が持つ点灯寿命15,000時間では，10年間以上光源の交換が不要という結果が得られ，長寿命の効果がさらに高まる。

　さらにLED-UV印刷システムは各々のLED素子の点灯制御および出力制御が可能で，用紙

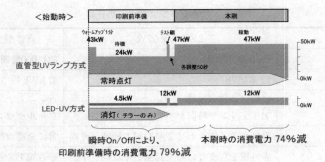

図1 作業中の点灯時間の比較

直管型ランプ方式では，ジョブチェンジ時も常時点灯。
UV印刷システム部のみの消費電力を比較。印刷機，周辺装置などの消費電力は含まない。

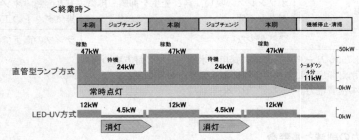

図2 作業中の点灯時間の比較

直管型ランプ方式では，ジョブチェンジ時も常時点灯。
UV印刷システム部のみの消費電力を比較。印刷機，周辺装置などの消費電力は含まない。

サイズや画像サイズなど必要に応じて照射範囲や光量を可変することができる。常に全幅点灯状態となる直管型ランプ方式に比べ，無駄な電力を極力抑えた効率的な制御が可能である。

7.4.3 少ない付帯設備と高い安全性

　システムを稼動させるために必要な付帯装置が直管型ランプ方式に比べて少なく，かつコンパクトな設計となっており，通常の印刷機と同等のスペースでの設置が可能で，機械立ち上げにかかる時間も少ない。図3に設置スペースの比較を示す。

　システム導入時に必要な印刷工場の設備については，直管型ランプ方式ではシステムから発生する熱を冷やすためのエアコンや大掛かりな電源工事が印刷工場に必要となる。しかしLED-UV印刷システムは光源に赤外線を含まないため熱の発生が少なく，そのための空調工事，ダクト工事が不要である。光源からの熱の発生が少ないことは印刷資材や印刷機械各部への熱による影響がなく印刷品質の向上や印刷機械の安定稼動にも貢献する。またLED-UV光源の直下でも常温を維持できるため安全性の高いシステムとなっている。図4にサーモグラフィーでの測定結果を示す。

第2章　LED-UV 照射装置および硬化（乾燥）システムの開発動向

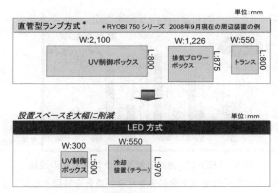

図3　周辺装置設置スペースの比較

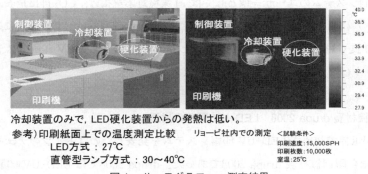

図4　サーモグラフィー測定結果

　直管型ランプ方式のシステムでは光源が発生するオゾンを排出するためのダクト工事をしなければならない。排気ダクトがあっても「オゾンの臭いがきつい。」という声が印刷現場からは起きることがある。LED-UV印刷システムはオゾンを発生させる領域を含まない単波長光源であるのでオゾン臭の発生がない。図5にLED-UV方式と直管型ランプ方式の波長を示す。
　また，直管型ランプ方式に比べるとインキなどの資材の臭いをより強める熱の発生が圧倒的に少ないので，印刷工場の労働環境改善が可能となる。さらに都心部では印刷工場から臭いが発生すると，印刷工場を郊外へ移転せざるを得なくなる場合があるため，臭気が少ないシステムは工場周辺住民への配慮となり，設備しやすくクライアントに近いところで工場を操業することが可能となる。これらは印刷会社が設備投資に掛ける経費を削減できるという大きなメリットになる。
　印刷作業環境だけでなく，LED-UV印刷システムで印刷した印刷物自体の臭いも直管型ランプ方式のシステムで印刷した物に比べかなり少なくなっている。これは臭気を助長する熱の発生が少ないことと，LED-UV印刷システム専用インキが持つ高感度な反応性により残存モノマーが少ないことが奏功している。

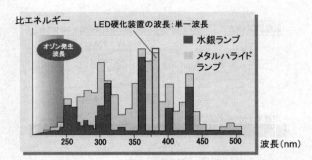

図5　LED-UV方式と直管型ランプ方式の波長
LED-UV方式はオゾンを発生させない波長を特徴としている。

　LED-UV印刷システムのユーザー像としては，「環境対応を掲げ，CO_2排出量表示（カーボンフットプリント）に関心の高いクライアントを持ち，必要な部数だけ，必要な時に，4色プロセス印刷で小回り良く短納期対応する印刷会社」と考えている。LED-UV印刷システムが持つさまざまなメリットはこういったユーザーに最適である。

7.5　総合印刷機材展 drupa 2008　LED-UV関連の出展

　リョービ㈱が世界で初めてLED-UV印刷システムを発表したのはドイツのデュッセルドルフで開催された総合印刷機材展 drupa 2008であった。drupa 2008ではLED-UV印刷システムをショートラン印刷で欧州での評判が高い菊四裁寸延び高速オフセット5色印刷機 RYOBI 525GXに搭載して技術展示を行った。図6に525GXの構造図を示す。乾燥待ち時間なしで次工程に回せるショートラン印刷を低消費電力のLED-UV印刷システムで提案し，環境負荷軽減を訴求した結果，環境意識の高い欧州ではdrupa展の技術トピックスとして報道された。また，同展示会にはインクジェット装置用のLED-UV乾燥装置やLED-UV露光方式CTP（Computer to Plate）も登場した。これら多分野への展開を見ても，今後LED-UV光源によるさまざまな装置が開発されていくことは容易に予測される。

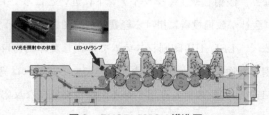

図6　RYOBI 525GX 構造図

第 2 章　LED-UV 照射装置および硬化（乾燥）システムの開発動向

7.6　2009年商品展開

　2009年2月に開催したリョービ㈱の内覧会では，LED-UV 印刷システムを搭載した新商品を 2 機種並べて展示し，印刷デモンストレーションを行った。その 1 つが，コンパクト・省エネルギー設計の A 全サイズ 4 色印刷機 RYOBI 924 と LED-UV 印刷システムの組合せである。排紙部は従来の印刷機と同じコンパクトな機構を持ち，排気ダクトを設置することなく，省スペースな LED-UV の制御装置を備え，通常の印刷機と同じ外観・寸法の印刷機として仕上がっている。実機デモでは A 全用紙300枚に対して，片面印刷直後に上り面の印刷を行う両面速乾印刷の実演を行った。来場者は刷り上がり直後の印刷物のベタ部に触れて，乾燥性を実感していた。図7に RYOBI 924の構造図を示す。

　もう 1 機種はシナノケンシ㈱と共同開発した「LED-UV 封筒印刷システム」である。紙封筒の仕事に着目し，実用的なインキ裏移り防止，省エネルギー，環境対応，ダクト配管不要の設置容易性を訴求した装置として出展を行った。来場者の評判が良く，参考出品であったが展示会後に商品化を決定した。図8に LED-UV 封筒印刷システムの外観を示す。

7.7　導入実績

　リョービ㈱では LED-UV 印刷システムの販売を2008年10月から開始した。2009年11月現在，このシステムは日本国内で8台稼動している。それらのユーザーは短納期で両面印刷需要増加という市場ニーズの変化，環境負荷の低減などに対応するため，このシステムを導入された。導入後は省スペースな設置面積，短納期対応への実現，後加工時のトラブル減少など LED-UV 印刷システムのメリットを活かされ，クライアントからの高い評価をいただいている。稼動実績から光源の寿命を直管型ランプ方式と比較すると年数換算で約25倍の10年間以上交換不要という算出結果が得られた。このことは消費電力の低減と合わせ，印刷会社の経費削減につながる。

　印刷物については導入当初は用紙専用で運用されていたが，合成紙やフィルム，アルミ蒸着紙といった高付加価値が得られる被印刷体への印刷も実施され，成果を上げられている。市場で使用されている被印刷体の中にはまだ LED-UV 印刷システムでは十分な印刷品質が得られない物

図7　RYOBI 924 構造図
LED-UV 硬化装置を排紙部にそのまま取り付け可能。

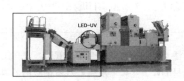

図8　LED-UV 封筒印刷システム
A3 判縦通しオフセット印刷機
RYOBI 3300シリーズ（2色・4色機向け）

もあるが，インキメーカーの協力により対応範囲は確実に拡がっている。

　印刷業界でのLED-UV印刷システムに対する注目度は高く，環境へ配慮した印刷への意識が高いユーザーに導入が進むものと期待している。LED-UV印刷システムはそのコンセプトと実績から日刊工業新聞社が主催する第39回機械工業デザイン賞において「日本力（にっぽんぶらんど）賞」[注4]を受賞した。

7.8　今後の展開

　リョービ㈱ではLED-UV印刷システムで対応可能な印刷物を増やすことが市場の拡大に欠かせないと考えているため，搭載可能な印刷機の機種拡充を進めている。また，LED-UV照射装置の搭載位置の自由度を高め，一台の印刷機に複数のLED-UV照射装置を搭載するシステムの開発を進めている。一方ではLED-UV照射装置メーカーにLED光源の光量を増大させる装置の開発を依頼している。

　LED-UV印刷システムで対応可能な印刷物を増やすためにはインキなど資材の開発が不可欠である。LED-UV印刷システムでは専用インキを使用する。現在，LED-UV専用インキはシステムに合わせたC，M，Y，Kの4色プロセスインキで，ISO規格にのっとり日本国内の標準色として設定されたジャパンカラーに準拠している。これら4色プロセスインキにとどまらず，各資材メーカーの協力により特色インキ，金銀インキ，OPニス，クリヤーニスとバリエーションが増加してきている。

7.9　おわりに

　リョービ㈱はLED光源を用いたUV硬化装置を世界で初めてオフセット印刷機に搭載し実用化に成功した。現在，リョービ㈱が製造する枚葉オフセット印刷機に搭載して世界中に販売を行っている。

　このLED-UV印刷システムはVOC削減とCO_2削減という環境への配慮を実現でき，国内・海外を問わず市場からの関心が高い。UV印刷はシール，ラベル，パッケージ印刷への用途が多く，高付加価値を追求するフィルムやアルミ蒸着紙などの非吸収素材に対する印刷需要が高まっており，フィルム印刷やクリヤーニスへの問い合わせを多く受けている。さまざまな被印刷体に

　注4　機械工業デザイン賞は，日刊工業新聞社が経済産業省後援のもと，工業製品のデザイン振興と発展を目的に，年に一度行われる権威あるコンペティションで，審査は製品の性能・品質・安全性・造形面・人間工学面・環境への対応性・社会性・経済性・市場性など，あらゆる角度から総合的に評価される。日本力（にっぽんぶらんど）賞は最優秀賞の「経済産業大臣賞」に次ぐ重要な位置づけにあり，独創的な技術開発で日本の将来をリードするような製品に贈られるものである。

第2章　LED-UV 照射装置および硬化（乾燥）システムの開発動向

LED-UV 印刷システムを対応させるためには資材メーカーの協力が不可欠である。海外市場ではインキは地産地消が基本で，海外の資材メーカーにも協力を要請していく必要がある。世界規模での印刷業界の発展を目指し，環境に配慮した印刷システムの開発を今後も推し進めていく。

文　　献

1) リョービ，印刷界，**4**，P. 42～46（2009）
2) 福田敦男，印刷雑誌，**92**，P. 23～27（2009）
3) オフセット印刷技術（作業手順と知識），日本印刷技術協会（2005）
4) パナソニック電工，LED 方式 SPOT 型紫外線硬化装置
   http://panasonic-denko.co.jp/ac/j/fasys/uv/led/uj20/index.jsp
5) パナソニック電工，LED 方式ライン型紫外線硬化装置 Aicure UD80
   http://panasonic-denko.co.jp/ac/j/fasys/uv/led/ud80/index.jsp
6) 東洋インキ製造，LED 硬化型インキ新製品の発売
   http://www.toyoink.co.jp/news/2009/09041301.html
7) 日刊工業新聞，第39回機械工業デザイン賞　日本（にっぽんぶらんど）賞
   http://www.nikkan.co.jp/cop/prize/priz09103.html

8 LED-UV硬化インクジェットプリンタの特長とその可能性

大西　勝*

8.1 はじめに

UV硬化型インキの塗料としての使用は1960年代の木材塗装用塗料から始まり，1990年頃以降に主に建材分野で，塗料としての使用が本格化した。その多くは表面保護のためのクリアコート塗料として使用されていた。

印刷用インクとしても，即乾性や被膜性能および揮発性有機化合物（VOC）を出さないなどの環境適合性に優れていることから，1990年代以降UVインクの使用が広がっている。

本節で紹介するUV硬化インクジェットプリンタ（以下UVIJプリンタ）への応用は，2001年頃から本格化した新しい技術である。産業用途を中心にUVIJプリンタの使用が広がってきた理由は，前述の即乾性や被膜性能および環境適合性に加えて，プリントできるメディアの選択の幅が広い利点による。

本節では，UVIJプリンタの特長をまず紹介し，続いて最新の技術であるUVインクの硬化手段として従来のメタルハライドランプに換えて，UVLEDを使うUV硬化インクジェットプリンタ（以下LED-UV硬化インクジェットプリンタ）を紹介する。さらに，UV硬化プリンタの特長と応用および今後の発展の可能性につき述べる。

8.2 UV硬化インクジェットプリンタの特長

UVIJプリンタの使用が広がってきた背景には，次のようなUVIJプリンタの特長からである。

① 優れたメディア適正

各種プラスチックから金属やガラスなどの多様なメディアに受像層を形成することなしに，直接プリントできる。

② 機能分離型インク

ヘッドにおいて，UV硬化前は低粘度に保たれており吐出性が確保でき，メディア上ではUV光照射により直ちに高粘度あるいは固体化するので，受像層のないメディアに直接滲みなしにプリントすることができる。ヘッドでの吐出に必要な低粘度の要求とメディア到達後の滲み防止に必要な高粘度の相反する要求を，UV光照射により満たすことのできる機能分離型インクである。

③ 強い高分子被膜の形成

インクの状態では低分子量のモノマーであるが，メディア上に到達後のUV照射により重合反応を生じ，堅牢な高分子被膜を形成できる。水性インクやソルベントインクでは通常は単に乾

---

* Masaru Ohnishi　㈱ミマキエンジニアリング　技術本部　技術顧問

第2章　LED-UV照射装置および硬化（乾燥）システムの開発動向

燥するだけであり重合反応を伴わないために，インクに入れた水溶性やソルベント溶解性の性質を持った樹脂の特徴をそのままプリント物が引き継いでいる。このために，プリント後の成果物も溶解性のある樹脂のままであり，水溶性やソルベント溶解性を持つ欠点がある。

また，重合するモノマーの選択により，柔らかい被膜から高質の被膜までや接着性や離形性などのいろいろな性質を持つ被膜の形成が可能となる特長がある。

④　環境や作業者にやさしい

揮発性の溶剤を含まないために，VOC規制などに対する環境適応性や蒸気吸引による作業者に対する健康被害の問題がなくなる。ただし，UV硬化前の未反応モノマーに直接触れるとアレルギー症状の出ることがあるので注意が必要である。

特に，①の特長は様々なメディアにプリントすることを求められる産業用途向けのインクジェットプリンタにとって重要な項目である。

UV硬化型インクを使うUVプリンタの以上のような特長に着目し，ミマキエンジニアリングにおいては，紫外線硬化手段として従来のメタルハライドランプを使うUJF-605シリーズのUVインクジェットプリンタを2004年に上市して以降，各種のUVIJプリンタを相次いで開発・製品化してきた。

さらに2008年には，従来のメタルハライドランプに換えてUVLEDを硬化光源として用いる新しいUVIJプリンタを市場に投入した。本節では，新しく市場に登場したLED-UV硬化インクジェットプリンタの特長と将来性を中心に紹介する。

8.3　LED-UV硬化インクジェットプリンタの開発

ドイツ・デュッセルドルフで開催されたDRUPA2008（5月29日〜6月11日開催）において，UVLEDを硬化光源[1]とする世界最初の実用機であるワイドフォーマットLED-UV硬化インクジェットプリンタUJV-160がミマキエンジニアリングより製品発表された。

LED-UV硬化インクジェットプリンタの開発にいたる技術に着目して2003年頃から開発に着手していた[1]。開発当時は，UVLEDの高出力化が始まったばかりで，かつ価格もUV出力1W当たりに換算して50万円程度になり，UVLEDでUV硬化インクを定着することには疑問視されるような時期であった。また，UV硬化インクに多く用いられているラジカル重合タイプのインクは，弱いUV光でゆっくり硬化させると酸素阻害の影響で，硬化不良になりやすいために，当時のUVLEDのような弱い光ではインクを硬化させることは難しいと思われていた。

しかし，この時期にUVLEDを使用することにより新しいUVインクジェットプリンタの価値を創出できると考え開発に着手したのは次のような点であった。

① 半導体プロセスで生産でき，今後大出力や量産化による低価格化の余地が多い。
② 大幅に省エネ（電力）が可能である。
③ 小型化できる。
④ 長寿命である。
⑤ ON/OFF 制御が自由にできる。
⑥ 光量が自由に変化できる。
⑦ UVLED に適した高感度インクの開発できる可能性が高い。

これらの当時着目した点は，次項以下で説明するように，その後に開発された LED-UV 硬化インクジェットプリンタで実証することができた。

LED-UV 硬化インクジェットプリンタの実現は，その後に開発された次の2つの主要技術に支えられている。1つは，UVLED 自体の高出力化であり，もう1つは，UVLED で硬化可能な高感度インクの開発である。

第1の UVLED の高出力化については，開発当初に1チップ当たりの最高出力が数～数十 mW であったものが，現在では空冷でも数百 mW／チップ程度以上の出力が得られるまでになっており，さらに高出力化の可能性がある。また，複数のチップを搭載したモジュールでは2W／モジュール程度以上の高出力が容易に得られるまでになり，UVLED により瞬時に UV インクを硬化することが可能になった。

第2のインクの高感度化もまた，極めて重要な開発課題であった。メタルハライドランプで硬化してきた従来の UV 硬化インクをそのまま使って365～390 nm 程度に中心発光波長を有する UVLED で硬化させようとすると，完全硬化に必要な光エネルギーは数千 mJ/cm^2 かそれ以上のオーダになる。最近の高出力 UVLED モジュールを使っても，UV 照射時間が数秒から数十秒間必要となる。これは，UV インクの吸収波長が UVLED の発光波長と合っていないためである。新たに開発した UVLED 用の UV 硬化インクにより初めて UVLED 光でインクの硬化が可能となった。

以上のこの2つの主要技術の開発により，UVLED で硬化させるインクジェットプリンタの実用化に成功したものである。

また，UVLED の低価格化も，非常に重要であり，当初はコストの点で採用が危惧されていた。しかし，現在では，UVLED のコストダウンも進み，UVLED はコストの面でもメタルハライドランプに十分対抗できる技術となっている。

8.4 LED-UV 硬化インクジェットプリンタの特長

UV 硬化インクの一般的特長は既に述べたので，ここでは従来のメタルハライドランプを使用

第2章　LED-UV照射装置および硬化（乾燥）システムの開発動向

したプリンタと比較したLED-UV硬化インクジェットプリンタの特長につき説明する。

8.4.1　省電力性

現在，UVIJプリンタでUVインクを硬化するのに必要なUVLEDのエネルギーは，インクにより異なるが，概ね150～300 mJ/cm^{2}程度である。

UJV-160ではUVLEDだけで60 W程度の電力をUVLEDモジュールに投入している。冷却ファンや出力制御回路などで他に20 W程度を消費しており，UVLEDユニット全体の定格消費電力は80 W程度である。この時UVLEDユニットから出力されるUV光の定格総出力光エネルギーは10 W程度である。投入総エネルギーの約12.5%程度がUV光として出力されている。また，ユニットの照射幅は約6 cmであるので，単位長さ当たり約1.7 W/cmのUV出力が得られる。

このユニットで，上記のインクの硬化に必要な150～300 mJ/cm^{2}のUV光エネルギーを得るには，0.09～0.18 secの時間照射すればインクの完全硬化が可能である。この照射時間の確保は，図1に示した構成の通常のインクジェットプリンタの速度なら，ユニットが2つあること，および同一箇所を通常8～16回程度繰り返しマルチスキャンすることから，容易に実現できる。

一方，従来のメタルハライドランプは，総消費電力が1.2 kW／灯程度であり露光系全体ではUVLEDユニットの15倍程度の電力を消費している。

また，UVLEDは瞬時点灯と瞬時消灯が可能なために，インクジェットヘッドと一体化されたタイプのシリアルプリント方式IJプリンタでは，実際にプリントしている時間と場所のみを照射するON/OFF制御が可能である。次のように実際の稼動状態を考えると，UVLEDユニットの平均消費電力はさらに小さくなる。

メタルハライドランプは一旦消灯するとランプが冷めるまで再点灯できないために，一般にプリントしていない時間も連続点灯して使用される。このため，両者の実際の消費電力はさらに，差が広がる。50%の稼働率なら，メタルハライドランプ系の方がUVLEDユニットより30倍程度以上平均消費電力が大きくなる。

また，連続プリント時でも，インクジェットプリンタの両側では反転のために加減速しオーバーランするための非印字領域が存在している。UVLEDではプリント領域を越すと，直ちにUVLEDを消灯できるために，さらに両者の平均電力消費量には差が出る。

なお，この値はUV照射手段だけの電力比較であり，モーターやインクジェットの駆動回路などの共通部分があるので，プリンタとしての総消費電力はメタルハライドランプ方式UVプリンタの数分の1程度の差になっている。

8.4.2　小型化

メタルハライドランプはエネルギー消費量が多いために，放熱のために強力な放熱ファンや放熱フィンが必要であり，またランプの指向性がないために反射板などを設ける必要がありランプ

ハウスが大型化する。また，点灯電源も大型化する。対して，UVLED は短波長の UV 光が存在しないためにオゾンの発生がなく，インクの硬化時の臭気対策のためには必要であるが，軽換気でよくなるので換気設備を小型化できる。

以上のような特長から，UVLED を硬化光源として使うと，メタルハライドランプ使用のものに比べて，全体として大幅に小型化が可能となる。

8.4.3 長寿命

メタルハライドランプの点灯寿命は，30%減光までの時間で定義すると通常1,000時間程度と考えられている。インクジェットプリンタに使用する場合はランプのバラツキや装置の放熱条件などを考慮すると定着不良を回避するためにはさらに保証寿命は短くなる。例えば，500時間の寿命の場合，1日8時間稼働させると63日（月20日稼働で，約3カ月）でランプの交換が必要となる。

一方，UVLED は放熱条件によるがチップ単体での寿命は10,000時間程度である。同じく8時間稼働させると寿命10,000時間の場合には，1,250日（1年250日稼働で約5年）は無交換とできる。さらに，稼働時間の非プリント時間には，UVLED は消灯しているために，実際の寿命はさらに長くなる。UVLED を使用するプリンタでは，ランプの交換が実質的に不要となる可能性が強い。

仮に，両者のランプと電源などのトータルコストが一緒だとしても，UVLED は大幅にランプに関係する保守費を安くできるメリットがある。

8.4.4 光量が自由に変化できる

メタルハライドランプなどの放電管では放電を維持するために電流値を一定値以上に保つ必要があるために，余り大幅な調光はできない。一般には，シャッターやフィルターなどを設け，調光する。

しかし，実際のインクジェットプリンタではプリントモードにより，2倍や4倍以上の速度差が簡単に生じる。プリントモードによらず硬化度を一定にするためには何らかの調光手段が必要となる。プリント解像度の高い低速のモードに合わせて光量を決定しておくと，低速モードでは電力が無駄に消費されるのに加え，照射光が過剰になる。先にプリントされた UV インクが完硬化状態になると，次に重ねてプリントされるインクを弾く現象が起こり，色調のブレやインクの層間での剥離が発生する原因となる。

UVLED では光量が0から最大定格出力までの間を連続的に，電流値や発光パルス幅で制御可能であり，プリントモードに応じ最適の照射光量を設定できるメリットがある。

8.4.5 メディアの過熱がない

従来のメタルハライドランプでは，UV 光だけでなく余分な可視光やランプのガラス表面が高

第2章　LED-UV照射装置および硬化（乾燥）システムの開発動向

温になる頃から赤外線や遠赤外線を出している。この赤外光や遠赤外光成分などの余分な光が原因となり，メディアが加熱される。塩ビなどのガラス転移点の低いメディアでは，過熱によりメディアが伸びて浮き上がったり，腰がなくなったりするためにメディアを搬送できなくなり，ついにはメディアを焦がすなどのトラブルを生じることがある。

UVLEDでは，UVLEDチップ自体の温度はほとんど温度が上がらない状態にあり，かつ，365〜390 nmにピークを持つUV光のみを放射するために，メディアの過熱は生じない。このため，熱に弱いメディアに対しても安定してプリントできるメリットがある。

8.4.6　オゾンレス

UVLEDではオゾン発生の原因であるUV-Cに属する280 nm以下の波長成分の光を含まないために，オゾンの発生がない。このために，オゾンのための特別な換気は不要となる。今後より広くLED-UV硬化インクジェットプリンタが普及していくために，この特長は重要である。

これらの特長を持つ，LED-UV硬化インクジェットプリンタの製品化事例を以下で報告する。

8.5　LED-UV硬化インクジェットプリンタの主要技術

8.5.1　LED-UVプリンタの構成

図1にミマキエンジニアリング製品のUV-160プリンタのベースになっているLED-UV硬化インクジェットプリンタの基本構成を示す。往復プリントに対応できるよう，UVLEDユニットはY軸上を左右に摺動するインクジェットヘッドの両側に各1つずつ配置されている。

ラジカル重合型のインクのように，反応速度の速いインクの硬化についてはこの配置が適している。また，このインクジェットで最も一般的に使われるヘッドとUV硬化手段の配置は，小型化・軽量化が可能なUVLED照射ユニットの特長が活かせる構成でもある。

メディアの送りは紙面の下方向（X軸方向）に行われる。以後の説明は，この構成のプリンタを前提としている。

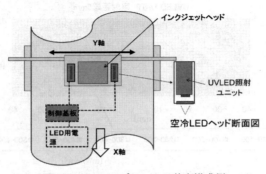

図1　LED-UVプリンタの基本構成例

8.5.2 UVLED ユニット

図2はUVLEDユニットの構造図である。(a)がプリンタの正面から見た断面図である。(b)は側面図であり，ユニットの片側には冷却用のファンが設置されている。

図3はユニット直下5 mmの位置での，UV光強度の分布を示している。約60 mmの幅で，300ないし400 mW/cm^{2}の照射強度が得られている。この幅は，約2インチのプリント幅のインクジェットヘッドをカバーしている。冷却方式は，ファンによる強制空冷である。

8.5.3 LED-UV用高感度インク

通常のUVLEDの発光の中心波長は360〜400 nm程度にある。インクにはUVLEDの発光波長に合う増感剤の添加が必要でありUVLEDの発光波長に合わせ，350〜390 nm程度に吸収を持つ増感剤を添加している。400 nmより長波長側では吸収がなく室内光では直ちには硬化しないような増感剤を使用している。また，長波長側に吸収を有するインクは，地色が着色し，カラーの彩度の低下を生じ，特に白インクなどでは地色がつく問題が生じるので避ける必要がある。

さらに，高感度で表面だけでなく内部まで十分硬化させるためには，インクに添加する色材顔料による吸収が，できるだけ少ない波長にUVLEDの発光波長を選ぶのが望ましい。

以上のようなコンセプトにより開発したLED-UV用インクは，150〜200 mJ/cm^{2}の積算光量でUVLED光照射により完全硬化することができる。

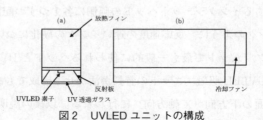

図2　UVLEDユニットの構成
(a) 正面断面図，(b) 側面図

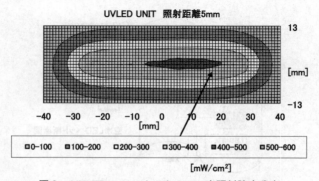

図3　UVLEDユニットからのUV光照射強度分布

第 2 章　LED-UV 照射装置および硬化（乾燥）システムの開発動向

8.6　実用化例
8.6.1　UJF-3042

図 4 に 2010 年 2 月に発売開始された UJF-3042 の外観図を示す。UJF-3042 はフラットベッドタイプのインクジェットプリンタである。その主要仕様は表 1 に示した。ピエゾ方式のヘッドが使用されている。混色を防ぐために同時にプリントできない白インクやクリアインクのプリント

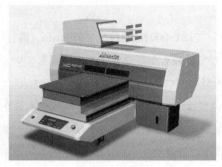

図 4　UJF-3042 の外観図

表 1　UJF-3042 の主要仕様

項　目	仕　様
ヘッド	オンデマンド ピエゾヘッド
UV 装置	UVLED ランプ
インク	硬質 UV インク　LH-100
インクセット	4 色（YMCK）+ 白 + クリア
インク容量	各色 220 ml／カートリッジ方式
作図分解能	Y：720 dpi, 1,440 dpi X：600 dpi, 1,200 dpi
プリント速度	300×420 mm（最大サイズ）の印字時間 　4 分（1.9 m^2/h）　720×600 dpi 　8.5 分（0.9 m^2/h）　1,440×1,200 dpi ※カラー・白 同時（重ね）プリント時も同じ速度
プリント可能サイズ	幅：300 mm　送り方向：420 mm（テーブル移動） （セット可能サイズ　幅：364 mm　送り方向：463 mm） 厚さ　50 mm 以下　重量　5 kg 以下
メディア吸着	バキュームによる吸着固定 ※吸着テーブルが不要な場合は外しての使用も可能
ヘッド衝突防止装置	障害物センサーでヘッド衝突を防止
電源	AC 100 V（3.5 A）使用
外形寸法	1,200 mm（W）× 970 mm（D）× 770 mm（H）以下
重量	プリンタ本体　120 kg 以下

用に,白やクリアインク用のヘッドはカラーインクをプリントし同時硬化後に,引き続いてリアルタイムでプリントできるように,X軸方向（図1）にずらしてスタガー配置されている。

最大プリントサイズは幅300 mm×テーブル移動方向420 mmである。最大厚み50 mm,最大重量5 kgまでのメディアがセットできる。

このプリンタは,現時点でUVLEDを使うUVインクジェットプリンタの3つの特長を最も具現化できた製品である。UVLED採用による特長の1つ目は小型であり,2つ目は省電力,3つ目は低価格である。

第1の特長の小型化については1,200 mm（幅）×970 mm（奥行）×770 mm（高さ）で,UVインクジェットプリンタとしては最も小さなサイズを実現している。小型化の達成はUVLEDの低発熱と低消費電力の特長が大きく寄与している。

第2の特長の省電力については,前述のようにメタルハライドランプに比べてUVLEDの消費電力は15分の1程度まで低減できる。UJF-3042では本体のモーターや駆動回路などの全てを入れた総電力で350 W程度以下に低減できており,100 Vコンセントでそのまま使用できるまでになっている。

第3の特長の低価格については,小型化や電源容量の低減が寄与しており,標準定価で330万円まで低価格化が進んでいる。UJF-3042は今後の小型,低価格UVインクジェットプリンタの先駆けとしての役割を果たすことになると思われる。

8.6.2 UJF-160

UVLEDを搭載した最初のLED-UV硬化インクジェットプリンタであるUJF-160はロールとリジッドメディアの双方に対応できるハイブリット型のUVIJプリンタである。このプリンタはサイングラフィクス用途やメンブレムスイッチフィルムや一体成形用の加飾フィルムプリント分野での使用を想定して開発したプリンタである。

図5に,その外観図を示す。同図(a)はロールメディア対応に,(b)はディスプレイボードなどのリジッドメディア対応に各々セットした状態を示す。最大1,620 mm幅のロールメディアに対応しており,塩ビフィルム,透明PET,ガラス用フィルム,タイベック,合成紙,和紙などの各

図5　ロールメディア(a)と板状リジッドメディア(b)にプリント可能なUVLEDで硬化するUJV-160プリンタ

第2章　LED-UV照射装置および硬化（乾燥）システムの開発動向

種素材へのプリントが可能である。

　また，最大幅1,620 mm，最大厚さ10 mm，重量12 kgまでのリジッドメディアに対応可能である。成形加飾フィルムのように柔軟性の必要なものとリジッドメディア用インク対応の，軟質（LFインク）と硬質（LHインク）の2種類のインクを使用できるようにしている。アルミ複合板，アクリル板，スチレンボード，ダンボール，プラスチックダンボールなどに直接プリント可能である。ただし，安定した接着力を得るにはメディアの表面処理やプライマーの塗布が必要なことがあるので注意が必要である。表2にUJV-160の主要仕様を示す。

　図6に示したように，中間調の再現力を高めるために，大（L），中（M），小（S）のドット

表2　UJV-160の主要仕様

UJV-160		内　容
ヘッド		オンデマンド　ピエゾヘッド
印刷分解能		600 dpi，1,200 dpi
インク	種類	UV硬化型柔軟インク（C,M,Y,K,Wの5色）（W7月末リリース予定）
		UV硬化型硬質インク（C,M,Y,K,Wの5色）（W6月末リリース予定）
	容量	1,200 cc（600 cc×2カートリッジ）／色　4色時
最大プリント幅		ロール：1,610 mm　リジッド：1,600 mm
最小プリント幅		ロール：210 mm
メディア仕様	最大セット可能幅	1,620 mm
	厚さ	最大10 mm
	重量	ロール：25 kg以下　リジッド：12 kg以下
	紙管内径／ロール外径	2インチ・3インチ／Φ180 mm以下
メディア裁断		操作者による手動カット
UV装置		UVLEDランプ装置　2灯標準実装
メディアヒーター		プリヒーター，プリントヒーター
巻き取り装置		自動巻き取り装置　内巻／外巻　2インチ・3インチ紙管
インターフェイス		USB 2.0
適合規格		VCCIクラスA，UL60950-1，FCCIクラスA，CEマーキング（EMC指令，低電圧指令），CBレポート，RoHS指令適合
電源・消費電力		AC 100～120 V，200～240 V±10%，50・60 Hz±1 Hz，1.68 KVA以下
動作環境		15～30℃，35～65% Rh（結露しないこと）
外形寸法（W×D×H）	本体	W：3,300 mm×D：780 mm×H：1,290 mm
	本体+支持台	W：3,300 mm×D：4,300 mm×H：1,290 mm（支持台のサポートワイヤを伸ばした時の最大長）
重量		本体　260 kg 支持台　50 kg以下×2台

により4値（4階調）のバリアブルドットで多値ディザの手法を使い中間調再現性を高め，1,200 dpi，600 dpiの最高解像度プリントと合わせて高画質化を実現している。

8.6.3　JFX-1631

図7にJFX-1631の外観図を示す。最大プリント幅1,602 mm，送り方向長さ3,100 mm，最大厚み50 mmまでの大きなメディアにプリント可能な大判UVLEDIJプリンタである。UVLEDの使用により，従来のメタルハライドランプを使ったJF機に比べ，プリント速度は2倍程度になったにもかかわらず1/3程度の消費電力低減を達成している。

また，透明フィルムメディアなどに使用される裏打ち用の高濃度白インクも搭載可能である。

また，ドットサイズを7段階の大きさに打ち分ける最小6 plのバリアブルドットにより階調性の豊かな4色モードでも粒状感のない高画質プリントを実現している。

リジッドメディアだけでなく，ロールメディアもロールオプションの追加によりページ送り方式で対応できる。プリントできるページの最大サイズは1,602×3,100 mmである。ロールメディアはプリント中には移動させず，（Yバーが移動）非接触で印刷をするために，グリップローラー送り方式のロールフィルムプリントで問題になっているスリップや蛇行・送りシワが発生せず，高精度に印刷することが可能である。また表面にキズが入りやすいメディアなど，通常のロール搬送方式の場合で発生するグリップローラーの傷跡が残る問題を解決することができる。

表3にJFX-1631の主要仕様を示す。

8.7　おわりに

本節で紹介したUVインクの硬化光源としてUVLEDを使うUVインクジェットプリンタは2008年から実用化が始まった新しい技術である。低消費電力の特長はもとより，超型，安全性（熱とオゾン），光量の自由制御などの特長を活かし，今後LED-UV硬化インクジェットプリンタの実用化が加速されるだろう。

特に，ラジカル重合系のUVインクのように，照射強度を強くするほど硬化感度が上がるタイプのインクには，集光性に優れたUVLEDは優れた適正を示す。

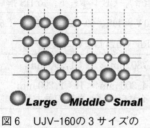
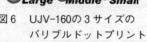

図6　UJV-160の3サイズのバリブルドットプリント

図7　JFX-1631の外観図

第2章　LED-UV照射装置および硬化（乾燥）システムの開発動向

表3　JFX-1631の主要仕様

項　目	内　容
ヘッド	オンデマンド ピエゾヘッド
印刷分解能	600 dpi，1,200 dpi
最大プリントサイズ	幅：1,602 mm　送り方向：3,100 mm
最大セット可能メディア	幅：1,694 mm　送り方向：3,194 mm　厚さ：50 mm 以下
ヘッド衝突検出	左右：接触式ジャム検出センサ
ヘッドギャップ	電動によりヘッドギャップ調整（キャリッジ部が上下）
UV装置	UV照射器具　4台
インターフェース	USB 2.0
コマンド	MRL-ⅡB
安全規格	VCCI クラス A，CE マーク，CB レポート，米国安全規格　UL
入力電源	単相 AC 200～240 V　50/60 Hz，2.0 VA 以下
消費電力	2.0 VA 以下
設置環境	使用可能温度：15～30℃ 相対湿度　　：35～65% Rh 精度保証温度：18～25℃ 温度勾配　　：±10℃/h 以下 粉塵　　　　：一般事務所相当 電源供給　　：本体　単相200～240 V（100 V 系不可）
重量	プリンタ本体：1,600 kg（Y バー部300 kg，テーブル部1,300 kg）
外形寸法	4,200 × 4,300 × 1,600 mm（D，W，H）

しかし，UVLEDの本格的な実用化に向けて，さらに次のような技術の開発が必要だと考える。

① 目的に合ったLED-UV硬化インクの品揃え：UVLEDで硬化するように開発されたインクの種類はまだ数少ない。産業用途では各種プラスチックや金属やゴム，ガラスなどの多種多様のメディアが使用される。これらのメディアに安定してプリントできるインクが必要である。また，硬いメディアにプリントする硬く強いインクから，フィルム成型に使える程度の柔らかいインクなどの目的に応じた柔軟性のインク，白インク，クリアインクや特色インクなどのインクの品揃えが必要である。

さらには，食品包装や玩具に安心してプリントできる，より安全性の高いインクも必要である。これらのインクの開発の輪が今後広がることを期待している。

② 高速プリンタ用のさらに高出力のUVLEDユニットの開発

③ UVLEDの一層の低価格化

このような，主要技術の充実により，メタルハライドランプから，UVLEDへの切り替えは一層促進されてゆくと思われる。

またさらに，UVLED技術の応用はワイドフォーマットのUVインクジェットプリンタにとどまらず，小型化，省電力，環境適合性，光量制御適正，長寿命，低価格などの特長を活かし，デスクトップ型などの超小型から1パスの超高速プリンタまでその応用が広がってゆくと思われる。

文　　献

1) 国際特許出願，国際公開番号 WO2004/108417 A1

9 UV接着とUV-LED照射光源の特徴

杉本晴彦*

9.1 はじめに

近年，UV硬化型の接着剤が，従来の熱硬化型や自然硬化型の接着剤に換わって，多く使用されている。ここでは，UV接着の概要とそれに使用され始めたUV-LED光源の特徴について紹介する。

9.2 紫外線と紫外線の作用

光は，電磁波の一部であり，おおむね10〜400 nmの波長域が紫外線と呼ばれている。一般的に紫外線は，波長域によって，表1に示すUV-A，UV-B，UV-Cに分類される。また，200 nmより短い波長域の紫外線は，酸素の影響で大気中は透過しないため，真空紫外線と呼ばれている。

ここで紹介するUV接着（硬化）には，主に365 nmの波長の紫外線が利用されている。

9.2.1 UV硬化の原理

UV接着剤（硬化剤）は，高分子化学反応によって硬化し，接合機能を発揮する。紫外線を照射することによって，初めて連鎖的な光重合反応が起こり，液相→固相変化に基づく接合が行われる。UV硬化樹脂の基本的な成分を図1[1)]に示す。プレポリマーは，光重合性オリゴマーで，硬化物の基本物性を与えるものである。モノマーは，反応性希釈剤で，プレポリマーの粘度の調

表1 紫外線の分類

	波長（nm）	作用
UV-A	315〜380	太陽光線の内約5.6%。皮膚の真皮層に作用しタンパク質を変性させる。細胞の機能を活性させ，UV-Bによって生成されたメラニン色素を酸化させて褐色に変化させる。
UV-B	280〜315	太陽光線の内約0.5%。色素細胞が，メラニンを生成し，防御反応（日焼け）をする。発がん性も指摘される。
UV-C	200〜280	オゾン層で守られて，地表には到達しない。強い殺菌作用があり，生体に対する破壊性が強い。

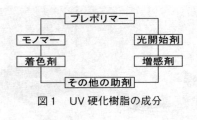

図1　UV硬化樹脂の成分

---

* Haruhiko Sugimoto　浜松ホトニクス㈱　電子管営業部　営業技術　主任部員

整をし，光開始剤の溶媒ともなる。光開始剤は，紫外線を吸収してラジカルを生成し，硬化反応の引き金となる。

UV 接着剤（硬化剤）は，モノマーで希釈されるため，有機溶剤がほとんど使われていない。近年の環境問題に対しても，有効な工業材料であると考えられている。また，外部制御に対応した UV 光源を使用することで，接着工程と接着装置の運転管理も容易となる。

9.2.2 UV 硬化の用途

UV 硬化の用途としては，主に次のものが挙げられる。

① 接着：特に微小部品の精密接着など
② コーティング：LCD フレキシブル基板の保護など
③ 印刷：UV インキの乾燥など
④ その他

9.3 LED とは

LED（Light Emitting Diode）は，PN 接合と呼ばれる二極の構造を持った半導体である。電極から半導体に注入された電子と正孔は，異なったエネルギー帯を越えて再結合する。この再結合の際に，ほぼバンドギャップに相当するエネルギーが，光として放出される。

9.3.1 浜松ホトニクスの UV-LED 光源

浜松ホトニクスでは，新しいコンセプトの UV-LED 光源 LC-L2（写真 1）を提供している。LC-L2 は，駆動回路内蔵のモジュール構造を採用し，スペースや場所を気にせず自由自在にレイアウトすることができる。また，LED ドライバーハーネスを使用するため，従来の延長ケーブルが不要となり，低コスト化も実現した。モジュール構造のドライバーは，外部制御にマニュアル・オート照射，UV 照度設定の入力，照射中信号やエラー信号の出力などを搭載しているため，PLC（プログラマブルロジックコントローラ）との接続で，自由に制御することができる。図 2 に LC-L2 の基本構成とオプションを示す。

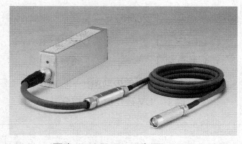

写真 1　UV-LED 光源 LC-L2

第2章　LED-UV照射装置および硬化（乾燥）システムの開発動向

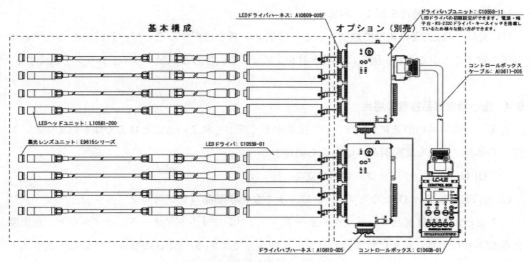

図2　LC-L2の基本構成とオプション

9.3.2　LC-L2の特徴

① 超小型：当社のランプ式光源（LC-8）と比較して，体積が約1/100，設置面積が約1/18である。設置場所を選ばず，複数ヘッドを使っても，楽に設置することができる。

② 長寿命：UV-LED光源の寿命は，20,000時間程度と考えられる。寿命は，UV-LEDの点灯時間の積算時間である。例えばデューティー比50：50で使用するならば，使用時間は延べ40,000時間相当となり，メンテナンスコストが低減される。

③ 高出力：高集光タイプのレンズを使用すれば，7,500 mW/cm^{2}の極めて高い光量を得ることができる。

④ 低消費電力：UV-LEDモジュールの1ヘッド当たりの消費電力は最大8Wであり，ランニングコストは非常に低い。

⑤ ファンレス：LC-L2は，冷却用のファンがないため，クリーンルーム内でも安心して使用できる。

⑥ 積算タイマー付：UV-LEDの点灯時間の積算タイマーが付いているので，ヘッドの時間管理が可能であり，生産ラインを移設しても，ヘッド毎の管理が容易にできる。

⑦ 瞬時立ち上がり：UV-LED素子のライズタイムは約28 ns，フォールタイムは約25 nsと早いため，ONした瞬間から，UV光を使用することができる。ランプ式光源のような，安定するまでの待機時間が不要である。

⑧ 低温光：UV-LED光源は単色光（365 nmを中心に半値幅で10 nm：図3）なため，ランプ式光源に比べて，照射面の温度上昇を軽減できる。

LED-UV 硬化技術と硬化材料の現状と展望

UV-LED の配光特性を図 4 に示す。

UV 光は，約 120 度の角度で放射される。照射レンズを選択することで，目的にあった照射エリアを得ることができる。図 5 に各種照射レンズによる，多彩な照射バリエーションを紹介する。

9.4 微小精密部品接着の用途

近年，工業製品の製造において，UV 接着が多く採用されていることはよく知られている。次に，具体的に身近な工業製品への用途を紹介する。

(1) OPU（光ピックアップ）の組み立て

CD/DVD/Blu-Ray Disk などの OPU は，小さな光学部品（レンズ，フィルター，ミラー，プリズムなど）と電気部品（レーザダイオード，シリコンフォトダイオード，コイルなど）を実際に駆動させながら，精密に位置合わせをして組み立てている。OPU の組み立てには，光を当てれば直ぐに硬化する UV 接着が，大変有用となっている。

(2) HDD（ハードディスクドライブ）ユニットの製造

HDD ユニットも，年々記憶容量が大きくなっていて，磁気ヘッドも GMR/TMR など高密度記録化が進んでいる。HDD ユニットの製造にも，多くの UV 接着が使用されている。

(3) デジタルカメラレンズモジュール

デジタルカメラのレンズモジュールの組み立ても，精密に短時間で接着させるために，従来の熱硬化型接着剤から，UV 接着剤に換わってきている。

(4) 携帯電話および携帯電話カメラモジュールの製造

最近の携帯電話の製造には，UV 接着剤が多く使われている。特に，携帯電話のカメラモジュールは，近年高画素化が進んでいて，精密組み立てに UV 接着が用いられている。

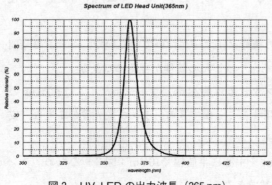

図 3　UV-LED の出力波長（365 nm）

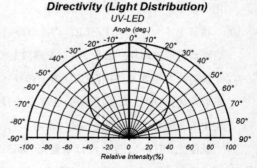

図 4　UV-LED の配光特性

第2章 LED-UV照射装置および硬化(乾燥)システムの開発動向

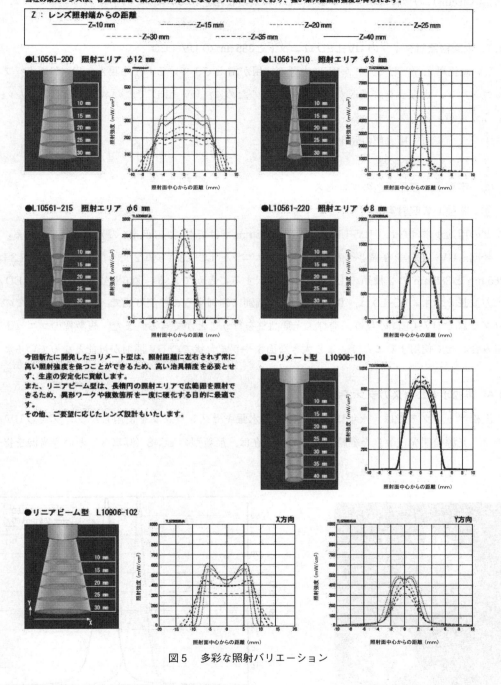

図5 多彩な照射バリエーション

(5) 液晶パネルの組み立て

液晶パネルの組み立てでも,メインシール,エンドシールの封止,電極とFPC(Flexible

Print Circuit）の接合部の保護などで，UV 接着が使用されている。

9.5 大面積照射タイプの UV-LED ユニットと385 nm の UV-LED

UV 硬化用光源として，UV-LED 光源の採用が増えてきているが，市場からは，UV オーブンやコンベア，大型ランプ光源からの置き換えのために，UV-LED で広いエリアを照射したいという要求が，多くなっている。

① 大面積 UV 接着剤の硬化
② UV インキの乾燥
③ 半導体，液晶製造のプロセス
④ 各種 UV 照射実験

などの用途が挙げられ，UV-LED の波長も365 nm だけでなく，385 nm の光源の要求もある。

今回，UV-LED を9個並べた，UV-LED ユニット LC-L3（写真2）を開発した。LC-L3 は，365 nm と385 nm の2種類の UV-LED を選択することができる。図6に2種類の UV-LED の出力波長を示す。LC-L3 は，9個の LED を個別に制御することが可能で，16ステップまでのプログラムで UV-LED の点灯，消灯，光量調整を行うことができる。また，複数個のユニットを組み合わせて使用することで，より大きな面積やライン状での UV 照射が可能となっている。

9.6 浜松ホトニクスのランプ式光源

浜松ホトニクスでは，永年に渡って高安定水銀キセノンランプを使用したランプ式の UV スポット光源の開発・改良を継続している。現在は，最新型の LC-8（写真3）という光源を提供

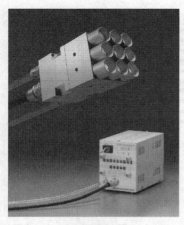

写真2　UV-LED ユニット LC-L3

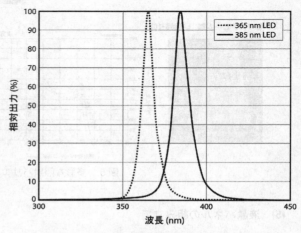

図6　UV-LED の出力波長（365 nm，385 nm）

第2章　LED-UV照射装置および硬化（乾燥）システムの開発動向

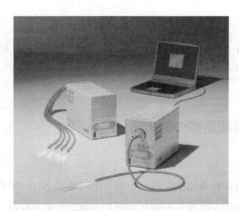

写真3　ランプ式UVスポット光源LC-8

している。高安定水銀キセノンランプは，特にUV域での光量が高く，光出力が安定し，寿命が長いことを特徴としている。

　UV-LED光源では，まだ硬化しにくい樹脂も存在するため，ランプ式光源でなくてはならない工程も存在する。これは，UV-LED光源が単色光であるのに比べて，ランプ式光源では，250〜400 nmの広い範囲で紫外光を照射することができるからである。

9.7　おわりに

　UV接着用のUV光源においても，従来のランプ式光源から，光源の固体化（半導体化）が急速に進んできている。特に，紫外線の高出力なUV-LED光源は，十分実用段階に入っている。大面積を照射したいという要求についても，UV-LEDを複数個配列することで，柔軟に対応することができる。また，波長も365 nmだけでなく385 nmのUV-LED光源も選択することが可能である。

　したがって，ランプ式光源とUV-LED光源を用途に応じて使用することにより，工業製品の接着工程をより効率的に行うことが可能となる。UV接着の手段が増えたことで，UV接着が，今後益々広く採用されていくと考える。

文　　献

1) 加藤清視, 光放射線硬化技術, 大成社, p.8 (1985)

第3章　LED-UV硬化用開始剤

1　LED-UV硬化用開始剤の選択法

倉　久稔*

1.1　はじめに

　光硬化は光によって開始される化学反応を利用した技術であり，省資源，省エネルギー，高生産性，環境保全などの実用的な観点から優れており，塗料，製版材料，印刷インキ，接着剤などの用途で広く利用されてきた。最近ではホログラム材料，プリント配線板をはじめとする電子材料，液晶ディスプレイやプラズマディスプレイのようなフラットパネルディスプレイの製造にも用いられている。

　光硬化に用いられる感光性組成物は少なくとも光によって活性種を発生する光硬化開始剤と発生した活性種によって重合可能なモノマーあるいはオリゴマーとからなっており，用いられる光硬化開始剤が光硬化および最終生成物の特性を決定する大きな要因の1つとなっている。光硬化が光硬化開始剤の光吸収から始まることから硬化を開始する活性種の生成量は光硬化開始剤の吸収光量に依存し，使用する露光光源の発光と光硬化開始剤の吸収との関係が重要である。これまで，水銀ランプやメタルハライドランプのような広い波長範囲に発光を持つような光源が使用されてきた。最近では発光波長領域の狭い高出力のUV-LED露光機も使用されるようになってきた。UV-LED光源を用いる場合，その特徴の1つである狭い発光波長領域にあった適切な光重合開始剤の選択と配合条件の最適化が必要である。

　本節では，一般的な光開始剤の特徴とUV-LED光源の発光のあるUVA，特に350〜400 nmの光に感光するラジカル型およびカチオン型光開始剤を紹介する。

1.2　光硬化反応と光硬化組成物

　光硬化反応としては，主にラジカル重合あるいはカチオン重合が利用される。特に，ラジカル重合を用いた感光性材料は高効率で反応速度が非常に速く，露光後の熱硬化の必要がないため実用上有効な反応系である。また，材料の選択肢が広く組成物の設計もしやすいことから広く用いられている。ラジカル硬化型光開始剤としては光照射によって活性なラジカル種を発生する化合

---

　*　Hisatoshi Kura　BASFジャパン㈱　特殊化学品本部　ディスパージョン＆ピグメント開発グループ　マネージャー　アジアパシフィック

第3章 LED-UV 硬化用開始剤

物が使用される。モノマーあるいはオリゴマーとしては炭素—炭素2重結合を持つアクリレートやメタクリレートを用いることが多い。光ラジカル重合の問題点は酸素によって硬化阻害を受けることである。一方，カチオン硬化系では，酸素による硬化阻害が無い，硬化収縮が小さい，基板との密着性が高いといったラジカル硬化系に無い特徴を利用した光硬化系の設計が可能である。カチオン硬化の場合，開始種は強酸であり，光でブレンステッド酸あるいはルイス酸を生成する化合物が使用される。カチオン重合性のモノマーとしてはエポキシやオキセタンのような環状エーテル類やビニルエーテルが用いられる。材料面での選択肢はラジカル重合ほど多くはない。

現在使用されている感光性材料の多くはラジカル硬化型であるがカチオン硬化型を利用した組成物も実用化されている[1,2]。

1.3 光硬化開始剤への要求特性

光硬化開始剤を選定する時に考慮すべき点を示す。

① 光源のスペクトルと光硬化開始剤の感光波長域の重なり
② 組成物（顔料など）の吸収帯と光硬化開始剤の吸収帯との位置関係
③ 活性種（ラジカル，酸）を生成する能力（量子効率，モル吸光係数）
④ 生成した活性種の反応性
⑤ 阻害の受け難さ（ラジカル重合：酸素阻害，カチオン重合：塩基，水分による阻害）
⑥ モノマー，オリゴマーとの相溶性
⑦ 貯蔵安定性，暗反応の有無
⑧ 黄変特性

生成する活性種の量は光開始剤の光吸収量に依存するため，光源の発光波長領域に有効な吸収を持たなければならない。UV-LED のような単色光で発光波長範囲の狭い光源を使用する場合，光開始剤選択の自由度はあまり高くない。現在光硬化に使用されている LED の発光波長は 350～400 nm の領域にあり，LED 光源に対してはこの領域に有効な吸収を持つ光開始剤を選択しなければならない。また，顔料のような着色剤を含有し，その吸収が LED 光源の発光波長と重なる場合には，有効な吸収を持つ開始剤であっても十分な光を吸収することはできない。そのような場合には，より活性の高い開始種を効率よく生成する開始剤を選択する必要がある。

一方，⑥～⑧は光硬化開始剤の2次的特性に関わることである。光開始剤は光硬化においてその硬化過程だけでなく硬化物の特性に影響を与える。例えば，透明な光硬化系では硬化後の塗膜に残存する開始剤や光生成物による黄変がないこと，長期間光や熱によって色が発生しないことが要求される。

これらの点を総合的に考慮して，最適な光硬化開始剤を選択しなければならない。

1.4 光硬化開始剤の種類と特徴およびUV-LED露光機への適用
1.4.1 ラジカル型光硬化開始剤
(1) アセトフェノン系光硬化開始剤の種類と特徴およびLEDへの適用

光によって活性種を生成する機構としては単分子での反応を利用したもの（タイプⅠ）と分子間の反応を利用したもの（タイプⅡ）に大きく分類される。最もよく知られた単分子光反応の1つはアセトフェノンのような芳香族カルボニル化合物のNorrishⅠ型 α 開裂反応であり，実用化されているラジカル型光硬化開始剤の多くはこのタイプである。

アセトフェノン類は光吸収によって生成する $n\pi^*$ 最低励起三重項状態からその励起エネルギーより小さな結合エネルギーを持つカルボニルと α 炭素間の結合がラジカル的に切れ（α 開裂），ベンゾイルラジカルとアルキルラジカルを生成する（図1）。アセトフェノン型光硬化開始剤においてはその発色団の構造によって吸収特性は大きく変わる。ベンゼン環に適当な置換基を導入することで吸収波長を変えることが可能である。上市されている開始剤の中では，比較的長波長まで吸収を有するものはLED露光機に対しても有効である。

広く光硬化に使用されている代表的なアセトフェノン型光硬化開始剤は図2に示すベンジルジメチルケタール1，α-ヒドロキシアセトフェノン2～6およびα-アミノアセトフェノン7～9である。

ベンジルジメチルケタール1は非常に高い光開裂効率（$\Phi\alpha=0.5$）[3]を持ち，α開裂によってベンゾイルラジカルとともに生成するジメトキシベンジルラジカルからは，引き続き起こる熱的な開裂反応によって活性なメチルラジカルを生成するため重合開始能力も非常に高い[4]。また，α-ヒドロキシアセトフェノン類も光反応性が高く，露光条件の最適化によって優れた表面硬化性を実現できる。さらに，光による黄変は非常に低く，特に透明感光材料に適している。しかしながら，市販されているベンジルジメチルケタールやα-ヒドロキシアセトフェノン類は，図3に示すように300 nm以上の吸光係数が小さく，UVAに対する硬化特性は高くないため，350～400 nmに発光を持つUV-LED光源を使用する光硬化においてはあまり優れた特性は期待できない。300 nm以上に吸収を持つ成分を含有しないような透明感光材料であれば添加量を最適化することである程度の硬化は可能であるが，特に顔料のような着色剤や比較的長波長に吸収

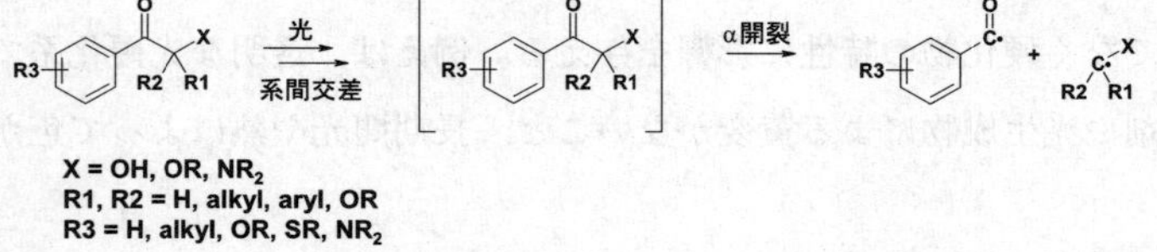

X = OH, OR, NR$_2$
R1, R2 = H, alkyl, aryl, OR
R3 = H, alkyl, OR, SR, NR$_2$

図1 アセトフェノンの光反応

第3章 LED-UV硬化用開始剤

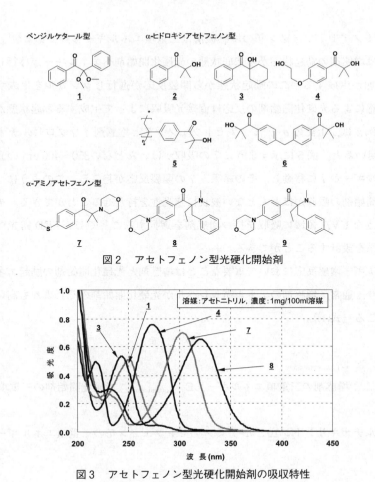

図2 アセトフェノン型光硬化開始剤

図3 アセトフェノン型光硬化開始剤の吸収特性

を持つような樹脂成分を含有する感光性組成物の光硬化には適さない。このような弱点を克服する開始剤として知られているアセトフェノン型開始剤がα-アミノアセトフェノン系開始剤である。α-アミノアセトフェノン系開始剤においてはベンゼン環にアルキルチオ基やアミノ基を導入することで光反応性を落とすことなく吸収の長波長化が達成された[5]。特に8や9はその吸収末端が400 nmまで達するため、UV-LED光源の発光波長である350 nm以上の光に対して優れた硬化特性を示す。開始剤8では用途によっては組成物への溶解性が低く、十分な添加量を達成できないことがある。そのような場合には、高い溶解度を持つ基本構造が同じ開始剤9が推奨される。

(2) α-アミノアセトフェノン類の分光増感反応の利用

α-アミノアセトフェノンはチオキサントン、アミノベンゾフェノンやケトクマリンによる分光増感を受けることが知られている[6~8]。分光増感剤の構造を図4に示す。

通常，α-アミノアセトフェノン類の増感機構は三重項エネルギー移動である[6,7]。エネルギー移動型増感では増感剤の励起状態から基底状態の光硬化開始剤へエネルギーが移行し，光硬化開始剤の励起状態が生成する。この励起状態から開裂反応が進行しラジカルを生成する。エネルギー移動型増感による光硬化開始剤の反応は直接光吸収によって生成する励起状態からの反応と同じである。例えば，上記のα-アミノアセトフェノン7と増感剤イソプロピルチオキサントン10（ITX）を用いると，図5に示すように7の吸収がほとんどない350～400 nmの光を10は吸収し，そのエネルギーが7に移動し，その結果，7の開裂反応が起こる。このように，増感剤を併用することで開始剤の吸収がほとんどない波長に感光性を持たせることができる。チオキサントン誘導体のようなUVA領域に吸収を持つ増感剤を選択することでUV-LED露光機に対しても有効な開始剤系を設計することができる。

　三重項エネルギー増感反応において重要なことは増感剤と光硬化開始剤の励起エネルギーレベルの関係であり，通常，増感剤のエネルギーレベルが光硬化開始剤のそれよりも高い場合に効率よく反応が起こる（式(1)）。

$$E_{T(sensitizer)} > E_{T(photoinitiator)} \quad (1)$$

$E_{T(sensitizer)}$：増感剤の三重項エネルギー，$E_{T(photoinitiator)}$：光硬化開始剤の三重項エネルギー

　イソプロピルチオキサントン10とα-アミノアセトフェノン7の三重項エネルギーは，それぞ

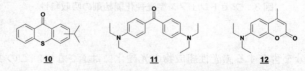

図4　α-アミノアセトフェノン型光硬化開始剤用分光増感剤

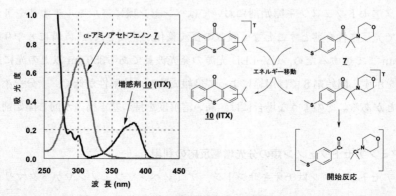

図5　α-アミノアセトフェノン型光硬化開始剤の増感反応—吸収スペクトルと増感機構

第3章 LED-UV 硬化用開始剤

れ61.4 kcal/mol と61.0 kcal/mol であり，式(1)の条件を満たし，効率よく増感反応が進行する。一方，ベンジルジメチルケタール1やα-ヒドロキシアセトフェノン3の場合，三重項エネルギーはそれぞれ66.2 kcal/mol と67 kcal/mol であり，イソプロピルチオキサントンのような三重項エネルギーの低い増感剤では増感できない[6]。

(3) その他のタイプⅠ光硬化開始剤の特徴と UV-LED 光源への適応

① アシルフォスフィンオキサイド系光硬化開始剤

アセトフェノン構造を持たないα開裂型開始剤として，アシルフォスフィンオキサイド系光硬化開始剤が知られている。アシルフォスフィンオキサイド系光硬化開始剤の特徴は紫外線領域だけでなく，400 nm 以上の可視光領域に吸収を持つことであり，400 nm 付近に発光を有するLED 光源にも対応できることである。

市販されている開始剤としては1つまたは2つのアシル基（R-C=O）を持つタイプがあり，それぞれモノアシルフォスフィンオキサイド（MAPO, 13），ビスアシルフォスフィンオキサイド（BAPO, 14）と呼ばれる。それらの構造と吸収スペクトルを図6に示す。図7に示すように光によるラジカル発生の機構はアセトフェノン類と同様にα開裂反応であり，ベンゾイルラジカルとフォスフィノイルラジカルを発生する[9]。上述のように，これらの開始剤は350 nm 以上の波長領域にも比較的大きな吸収を持ち，化合物14ではその吸収端は450 nm に達する。この吸収のおかげで，LED 光源の365 nm やアセトフェノン系開始剤では十分な吸収の得られない400 nm 付近の光に対しても感光性がある。さらに，光照射によって徐々に吸収帯が消失（フォトブ

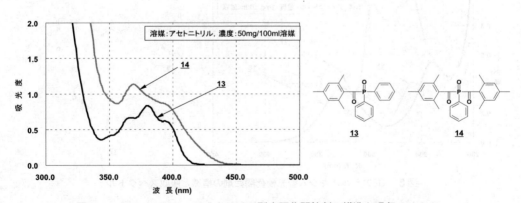

図6 アシルフォスフィンオキサイド型光硬化開始剤の構造と吸収スペクトル

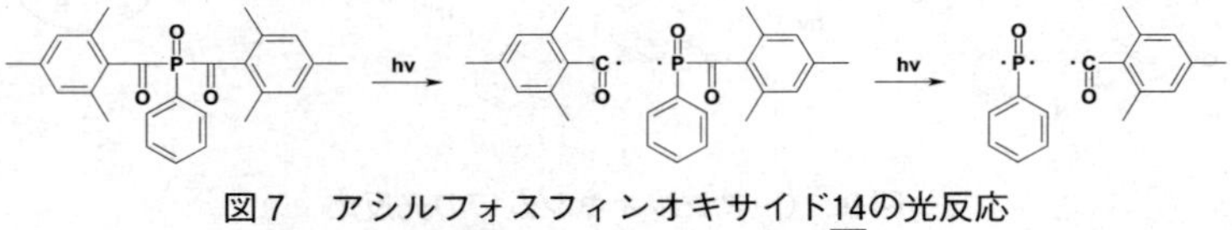

図7 アシルフォスフィンオキサイド14の光反応

リーチ）するため，照射量の増加とともに光はより内部まで到達できるようになり，内部硬化が促進され厚膜硬化の用途にも適用できる[10]。しかしながら，酸素阻害を受けやすいため，用途によっては表面硬化性が問題となることがあり[11,12]，何らかの改善策が必要になる場合がある。

② O-アシルオキシム系光硬化開始剤

O-アシルオキシム類は光分解によって非常に高い効率で活性なラジカルを生成することは以前から知られていたが[13,14]，例えば，1-フェニル-1,2-プロパンジオンの誘導体であるアシルオキシム15のような旧来のアシルオキシムは300 nm以上のUV領域の吸収が弱く，着色感光性材料の光硬化のように長波長露光光源を使用した用途へ適用するには十分でなかった。最近，顔料分散感光性レジスト用高感度光硬化開始剤として新しいO-アシルオキシム16および17が開発された[15〜17]。図8にその構造と吸収スペクトルを示す。O-アシルオキシム16，17は350 nm以上の長波長領域に有効な吸収を持ち，UVA，特に365 nmの光に感光性がある。図9に示すように17は光照射によって非常に活性の高いメチルラジカルを高効率で生成することで，非常に高い光硬化特性を示す。一方，16はフォトブリーチする開始剤であり，光や熱による黄変などの着色がほとんどない。

③ チタノセン型光硬化開始剤

チタノセン型光硬化開始剤18は現在市販されている光硬化開始剤の中で最も感光波長領域の広い開始剤の1つである。図10に示すようにチタノセン18は紫外線領域から550 nmまで比較的大

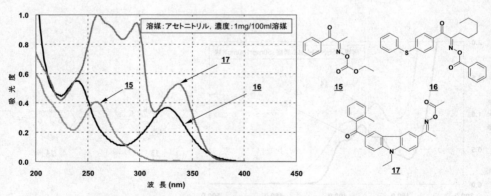

図8　O-アシルオキシム型光硬化開始剤の構造と吸収スペクトル

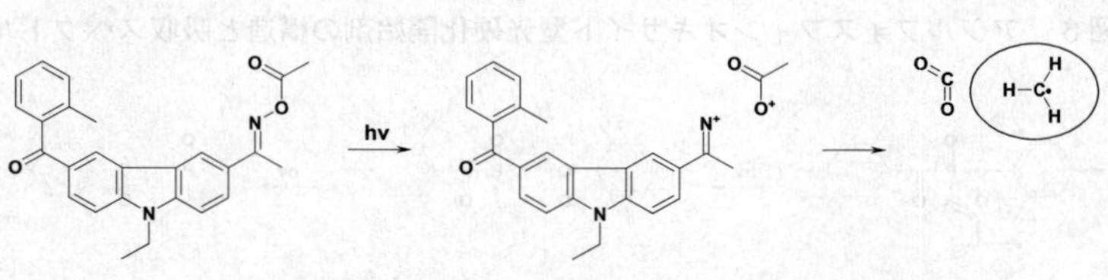

図9　O-アシルオキシム17の光反応

第3章　LED-UV硬化用開始剤

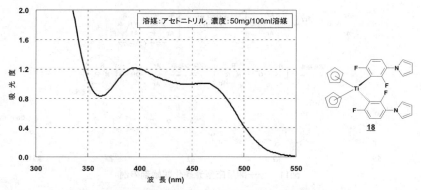

図10　チタノセン型光硬化開始剤18の構造と吸収スペクトル

きな吸収を持ち，各種光源に対応できる。通常，この吸収特性を利用した可視光硬化の用途に適用されることが多いが，紫外線領域にも有効な吸収を持ち光開始能が高いためUV-LEDの発光波長の365 nmあるいはそれ以上の波長の光においても高い光硬化特性を示す。欠点としては比較的酸素阻害を受けやすいことと，可視光に感度があるため取り扱いの難しさがある。

(4)　2分子反応型光硬化開始剤

　分子間反応を利用した開始剤系にはいくつかあるが，代表的な2分子反応型開始剤としてはベンゾフェノンのような芳香族カルボニル化合物と水素供与体間の水素引き抜き反応あるいは電子移動／プロトン移動を利用したラジカル開始系がある[18]。カルボニル化合物としてはベンゾフェノン以外にもチオキサントン19やケトクマリン20が用いられる。これらの芳香族カルボニル化合物の吸収によって感光波長が決まるため，チオキサントンやケトクマリンのような350 nm以上に強い吸収を有する化合物を選択することでLED光源に対して有効な光開始系を設計することが可能である。図11に示すように水素供与体として三級アミンを用いる場合，実際に起こる反応はアミンから励起三重項状態のカルボニル化合物への電子移動に続くプロトン移動であるが結果的にはカルボニル化合物が水素を引き抜いた形のケチルラジカルとアミノアルキルラジカルが生成する。アルキルアミンから生成するアミノアルキルラジカルがアクリル酸エステルのようなモノマーの重合を開始する。典型的なアルキルアミン化合物としては図11に示すようなN,N-ジアルキルアニリン構造を持つジメチルアミノ安息香酸のアルキルエステル21，22やビス（ジエチルアミノ）ベンゾフェノン11のような化合物が用いられる。その他のアミン化合物としては三級のアルキルアミンでトリエタノールアミン，メチルジエタノールアミン23や安息香酸のジメチルアミノエチルエステルなどがある。

　2分子開始系として，光誘起電子移動型増感を利用したラジカル生成系が数多く報告されている。それらの多くは，開始剤が光励起された増感剤から電子を受け取るかあるいは増感剤に電子

113

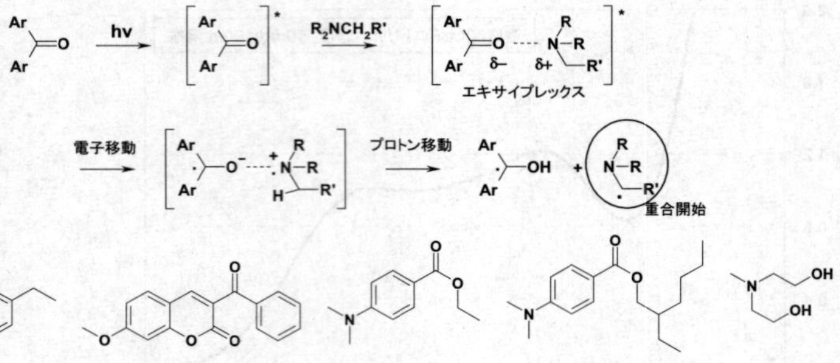

図11 分子間反応型光硬化開始剤の例

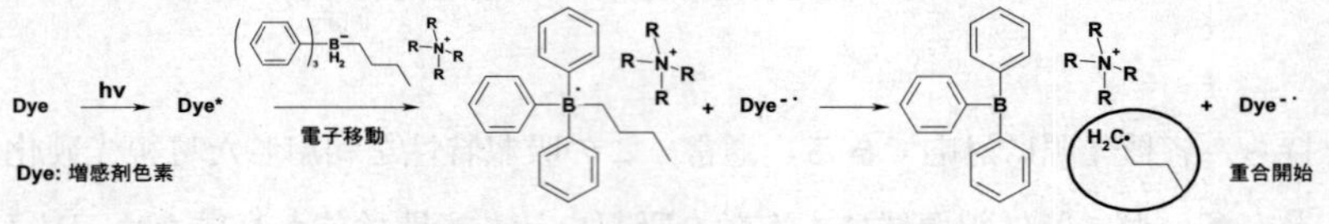

図12 ボレート／色素系光硬化開始剤

を与えることでできる中間体から2次反応によってラジカル生成し，モノマーの重合を開始する。増感剤として上述のチオキサントンやその誘導体あるいは種々の色素を使用することが可能であり，LED光源の発光波長に合わせて最適な吸収をUVA領域に有する増感剤を使用することでLED硬化に対応できる。

例えば，図12に示すようにボレート系化合物は増感剤として電子受容性の高い色素と組み合わせることで光照射によって効率よくラジカルを生成することが報告されている[19]。ボレートアニオンから光吸収によって生成する活性な増感剤へ電子が移動することによって生成するホウ素ラジカルからアルキルラジカルが生成する。

増感剤を用いた他の電子移動型開始系としてはクマリン系色素とオニウム塩[20]，クマリン系色素，チオキサンテン系色素，シアニン系色素やポルフィリンとトリクロロメチル-S-トリアジン[21]，ベンジリデンケトン系色素とヘキサアリールビイミダゾール（HABI）[22]，ケトクマリンやチオキサンテン系色素とN-フェニルグリシン[23]，チアジン系色素あるいはシアニン系色素と錫やアルミの有機金属化合物[24]，（ケト）クマリン系色素，ピリリウム塩系あるいはチオキサンテン系色素と過酸化物（BTTB）[25~27]の反応もある。オニウム塩，トリアジン，HABIやBTTBに対しては，色素増感剤は電子供与体として，N-フェニルグリシンや有機錫化合物に対しては電子受容体として働く。詳細は各参考文献を参照して頂きたい。

1.4.2 カチオン型光硬化開始剤

(1) 光カチオン硬化開始剤の種類と特徴

エポキシ，オキセタンあるいはビニルエーテルのカチオン型光硬化に利用される光によって強

第3章 LED-UV 硬化用開始剤

酸を発生する光開始剤としては,主にオニウム塩系の化合物が使用される。特に,ジアリールヨードニウム塩あるいはトリアリールスルフォニウム塩が実用的には広く使用されている。代表的なオニウム塩系カチオン硬化剤を図13に示す。従来の無置換のベンゼン環を持つ光カチオン硬化開始剤では,光分解生成物としてベンゼンを発生する。また,対アニオンとしてアンチモンや砒素のような有害な元素を含むといった実用的な観点からいくつかの問題があった。最近ではヨードニウム塩24のように,それらの問題のない新しいカチオン光重合開始剤が上市されている[28]。24は2つのベンゼン環にアルキル置換基を持ち,対アニオンは PF_6^- である。

ジフェニルヨードニウム塩の直接励起による反応機構を図14に示す[29]。反応はベンゼン環炭素とヨウ素の結合のイオン的あるいはラジカル的開裂から始まり,ブレンステッド酸(プロトン酸)を生成する。生成した酸によってエポキシあるいはオキセタンのようなモノマーの重合を開始する。スルフォニウム塩も同様の反応機構で酸を発生する。

オニウム塩の光分解反応の速度はヨードニウムあるいはスルフォニウムカチオンの構造で決まり,対アニオンにはほとんど影響を受けない[30]。一方,モノマーの重合速度は生成する酸の特性によって決まるため,対アニオンに依存する。通常,生成する酸の強度が強いほど,言い換えれば,対アニオンの求核性が低いほど硬化速度は速い[31]。

(2) オニウム塩の LED への適用

図15にオニウム塩24と28の吸収スペクトルを示す。現在上市されているオニウム塩の多くは 350 nm 以上の領域にほとんど吸収を持たない。そのため,UV-LED のような UVA 領域に発光を持つ光源を使用する場合,単独では十分な光硬化ができない。そこで,実用的に重要な手法として増感剤を併用する方法がある。この場合,増感剤の吸収によって感光波長を調整することが

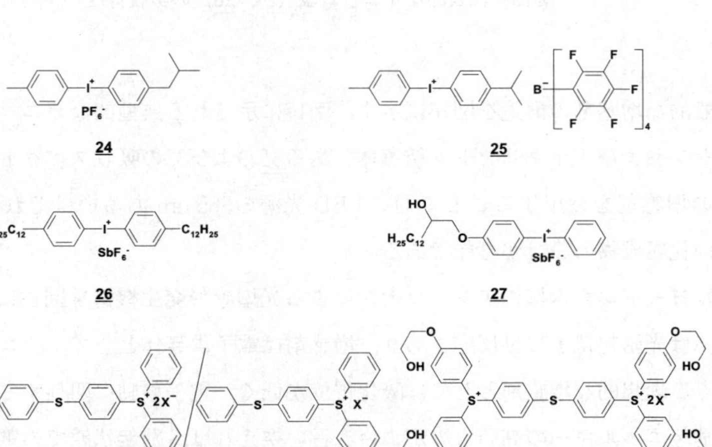

図13 カチオン型光硬化開始剤

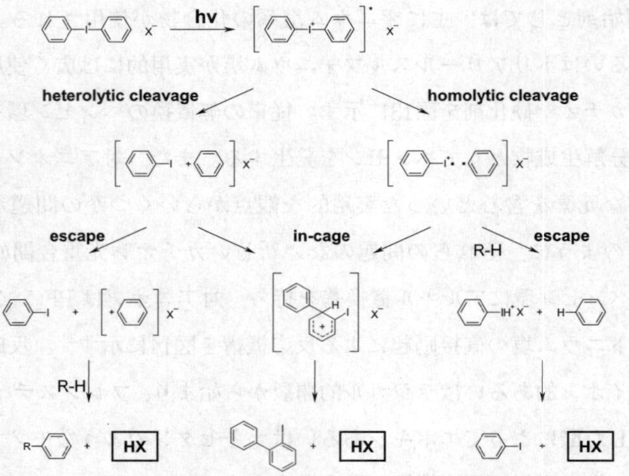

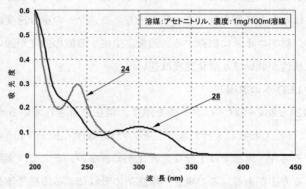

図14 ジフェニルヨードニウム塩の光酸発生機構

図15 代表的なオニウム塩（24, 28）の吸収特性

できる。一般的な増感剤の構造を図16に示す。図17に示される典型的なオニウム塩の増感剤であるアントラセンおよびチオキサントン誘導体である31および33の吸収スペクトルからわかるように，これらの増感剤を使用することでUV-LED光源の365 nmあるいはそれ以上の波長の発光に最適な光硬化組成物の設計が可能である。

ジフェニルヨードニウム塩のアントラセンによる光増感酸発生機構を図18に示す[32]。オニウム塩の増感反応は光誘起電子移動反応であり，増感剤は電子供与体として，オニウム塩は電子受容体として働く。理想的な増感剤としては酸化電位が低く，電子移動に関与する一重項あるいは三重項状態の励起エネルギーの高いものがよい。言い換えれば，励起状態での電子供与性の高い増感剤が有効である。一般的にスルフォニウム塩はヨードニウム塩よりも電子受容性が低い。そのため，スルフォニウム塩にはアントラセン30，ペリレン34あるいはフェノチアジン35のような電

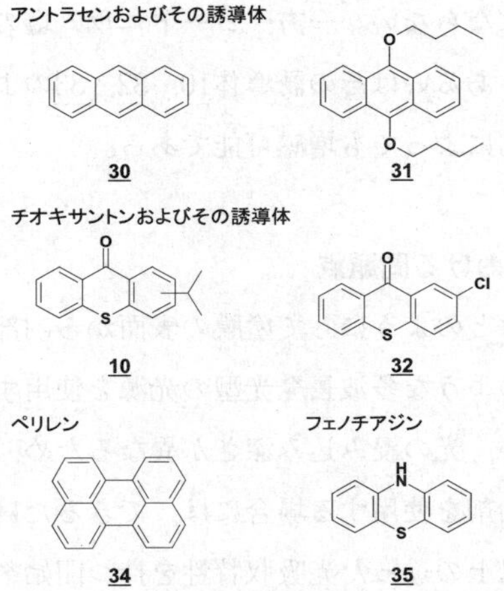

第3章 LED-UV硬化用開始剤

アントラセンおよびその誘導体

30　　**31**

チオキサントンおよびその誘導体

10　　**32**　　**33**

ペリレン　　フェノチアジン

34　　**35**

図16　代表的なオニウム塩の増感剤

図17　アントラセンおよびチオキサントン誘導体の吸収特性

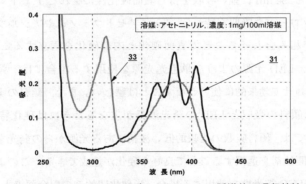

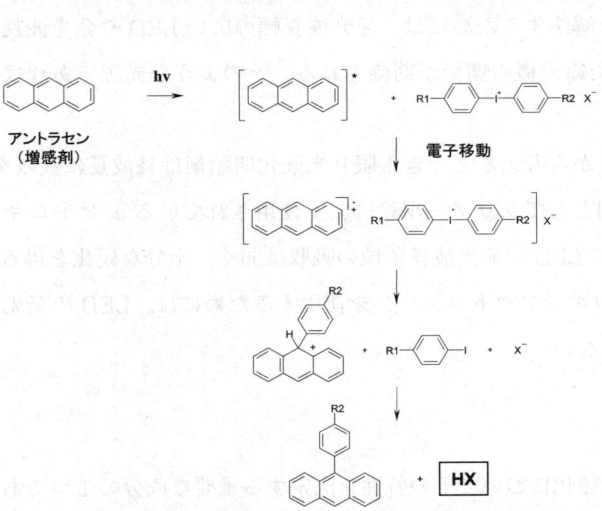

図18　ジフェニルヨードニウム塩の光増感酸発生機構

子供与性の高い増感剤を使用しなければならない。一方，ヨードニウム塩の場合にはスルフォニウム塩には使用できないチオキサントンあるいはその誘導体10, 32, 33のようなアントラセンやペリレンよりも電子供与性が低い増感剤によっても増感可能である。

1.5 UV-LED光源を使用した光硬化における問題点

　光硬化において配合面で苦労するのはどのようにして塗膜の表面から内部まで効率よく硬化できるかということである。水銀ランプのような多波長発光型の光源を使用する場合には，波長によって光開始剤の吸収の吸光係数が違い，光の浸み込み深さが異なるため，表面から内部まである程度制御して硬化できる。単一の開始剤を使用する場合には，できるだけ広い波長範囲に吸収を持つ開始剤を選択することや，2つ以上の違った光吸収特性を持つ開始剤を組み合わせることで相乗効果が見られ，表面硬化と内部硬化を両立することができる場合がある。例えば水銀ランプの輝線の1つである254 nmに強い吸収を持ち表面硬化性に優れたα-ヒドロキシアセトフェノンと350 nm以上にブロードな吸収を持つα-アミノアセトフェノンやアシルフォスフィンオキサイドとを最適濃度で組み合わせることで表面硬化と内部硬化を両立することが報告されている[33]。しかしながら，LED光源のような単色光光源を使用する場合には，異なる吸収特性を有する開始剤を組み合わせて効果的に使いこなすことは難しい。また，顔料のような着色剤を含有する硬化組成物では顔料の吸収とLEDの発光波長が重なるときには硬化特性が極端に悪くなる。通常の露光光源では，顔料吸収の比較的低い波長にある光源からの発光を利用し，その波長に感度の高い光重合開始剤を選択することで良好な硬化が達成できる。このように，光源の発光波長範囲が狭いUV-LED露光機を使用する場合，光硬化開始剤の配合面で大きな制約を受ける。

　このような問題を解決するためには，発光波長幅の広いLEDや発光波長の異なる2つ以上のLEDを組み合わせた露光機の開発が期待される。そのような光源であれば，光硬化開始剤配合の自由度が高くなる。

　黄変などの色特性から考えるとできる限り光硬化開始剤は長波長に吸収を持たない方がよい。黄変しにくい開始剤としてクリアー用途に広く使用されているα-ヒドロキシアセトフェノンの場合，350 nm以上のLEDの発光波長領域の吸収は弱く，十分な硬化を得ることができない。黄変の少ないα-ヒドロキシアセトフェノンを使用するためには，LEDの発光波長のさらなる短波長化が必要かもしれない。

1.6 おわりに

　光硬化開始剤は光硬化においてその特性を決定する重要な成分の1つである。用途ごとに開始剤に要求される特性が違うため，それぞれの条件にあった開始剤を選択し，適切に使用しなけれ

第3章 LED-UV 硬化用開始剤

ばならない。これまで既に種々の用途で各種開始剤が使用されており，過去の経験からある程度それぞれの用途に適した開始剤を選択することは可能である。

　UV-LED を光源として使用する場合，その発光波長をもとに，最適な吸収特性を持つ開始剤を選択する必要がある。また，増感剤を使用した開始系を使用することも UVA 領域に感光性を持たせるために有効な手段である。実際に使用する上では，光硬化条件に合った濃度の最適化など，検討しなければならないことも多い。また，黄変のような光硬化以外の特性を満たす必要がある場合には，その特性と光硬化特性のバランスを考慮した上で光硬化開始剤の選択，最適配合を行わなければならない。

　既に述べたように UV-LED 光源を使用する場合，その特徴である単一発光波長であるということが光硬化開始剤の選択の範囲を狭めている。配合面での自由度を向上させるためには，今後発光波長の点で UV-LED 露光機の選択肢が増えることを期待する。

文　献

1) J. V. Crivello, *J. Polym. Sci. Poly. Chem. Ed.*, **37**, 4241-4254 (1999)
2) J. V. Crivello, K. Dietliker, Photoinitiators for Free Radical Cationic & Anionic Photopolymerization 2nd Edition, p. 372, Ed. by G. Bradley, John Wiley and Sons, Volume III (1998)
3) C. J. Groenenboom, H. J. Hagemann, T. Overeem, A. J. M. Weber, *Makromol. Chem.*, **183**, 281 (1982)
4) P. Jaegermann, F. Lendzian, G. Rist, K. Moebius, *Chem. Phys. Lett.*, **140**, 487 (1987)
5) J. V. Crivello, K. Dietliker, Photoinitiators for Free Radical Cationic & Anionic Photopolymerization 2nd Edition, p. 157, Ed. by G. Bradley, John Wiley and Sons, Volume III (1998)
6) G. Rist, A. Borer, K. Dietliker, V. Desobry, J. P. Fouassier, D. Ruhlmann, *Macromolecules*, **25**, 4182 (1992)
7) J.-P. Fouassier, D. Burr, *Eur. Polym. J.*, **27**, 657 (1990)
8) 特開平1-161011　ダウ　コーニング
9) K. Dietliker, D. Leppard, T. Jung, M. Koehler, A. Valet, U. Kolczak, P Rzadek, G. Rist, Proc. RadTech Asia '97, p. 292 (1997)
10) W. Rutsch, H. Angerer, V. Desobry, K. Dietliker, R. Huesler, Proc. The 16th International Conference in Organic Coatings Science and Technology, Athens, Greece, p. 423 (1990)
11) M. Jacobi, A. Henne, *J. Radiat. Curing*, **19**, 16 (1983)
12) M. Jacobi, A. Henne, A. Boettcher, *Polym. Paint Colour J.*, **175**, 636 (1985)
13) G. A. Delzenne, U. Laridon, H. Peeters, *Eur. Polym. J.*, **6**, 933 (1970)
14) G. Berner, J. Puglisi, R. Kirchmayr, G. J. Rist, *Radiat. Curing*, **6**, 2 (1979)

15) 倉久稔，第76回ラドテック研究会講演会予稿集，p. 7 (2002)
16) 倉久稔，第86回ラドテック研究会講演会予稿集，p. 19 (2004)
17) H. Kura, J. Tanabe, H. Oka, K. Kunimoto, A. Matsumoto, M. Ohwa, *RadTech Report May/June 2004*, p. 30 (2004)
18) J. V. Crivello, K. Dietliker, Photoinitiators for Free Radical Cationic & Anionic Photopolymerization 2nd Edition, p. 189-201, Ed. by G. Bradley, John Wiley and Sons, Volume III (1998)
19) A. Cunningham, M. Kunz, H. Kura, Proc. RadTech Asia'97, p. 330 (1997)
20) 特開昭60-88005　工業技術院長
21) 特開昭62-150242　富士写真フィルム
22) A. Liu, A. D. Trifunac, V. V. Krongauz, *J. Phys. Chem.*, **96**, 207 (1992)
23) Y. Zhang, K. Koseki, T. Yamaoka, *J. Applied Polym. Sci.*, **38**, 1271 (1989)
24) D. F. Eaton, *Photogr. Sci. Eng.*, **23**, 150 (1979)
25) 特公昭60-76503　日本油脂
26) T. Yamaoka, Y. Nakamura, K. Koseki, T. Shirosaki, *Polymer for Adv. Techn.*, **1**, 287 (1991)
27) 山岡亞夫，小関健一，サーキットテクノロジー，**2**，50 (1987)
28) J. -L. Birbaum, S. Ilg, Proc. RadTech 2001 Europe Conf., 545 (2001)
29) J. L. Dektar, N. P. Hacker, *J. Org. Chem.*, **55**, 639 (1990)
30) J. V. Crivello, J. H. W. Lam, *Macromolecules*, **10**, 1307 (1977)
31) J. V. Crivello, K. Dietliker, Photoinitiators for Free Radical Cationic & Anionic Photopolymerization 2nd Edition, p. 388, Ed. by G. Bradley, John Wiley and Sons, Volume III (1998)
32) H. Kura, K. Fujihara, A. Kimura, T. Ohno, M. Matsumura, Y. Hirata, T. Okada, *J. Polym. Sci.: Part B Polym. Phys.*, **39**, 2937 (2001)
33) 倉久稔，色材用高分子材料講座予稿集，p. 1 (2006)

2 LED-UV 硬化用高感度開始剤の開発

樽本直浩*

2.1 はじめに

光ラジカル重合レジストは UV 硬化塗料[1,2]，感光性製版材[3~8]，プリント配線板用ドライフィルム[9~11]，液晶用カラーフィルタ[12~14]，プラズマディスプレイ用隔壁（リブ）[15~17]など，様々な分野に応用される。またこれら光ラジカル重合レジストに用いられる光ラジカル発生剤にはアセトフェノン系[18,19]，イミダゾール系[20]，鉄アレン錯体系[21]，チタノセン錯体系[22]およびトリアジン系[23]などがあり，要求特性に応じて使い分けられる。

その中でイミダゾール系光ラジカル発生剤である 2,2'-bis(2-chlorophenyl)-4,4',5,5'-tetraphenyl-1,2'-bisimidazole（B-CIM）は，増感剤と組み合わせることで近紫外光から可視光領域まで各波長に感光する光開始系を構築することができる。そのためイミダゾール系光ラジカル発生剤を用いた光ラジカル重合レジスト組成は数多く存在する。

表1に示した近紫外光に感光性を示す光ラジカル重合レジスト組成は，増感剤（Sensitizer）／光ラジカル発生剤（Photo radical generator：PRG）／連鎖移動剤（Co-initiator）など光開始系に関する材料と重合性モノマー（Monomer）／ベースポリマー（Polymer）などレジスト膜特性に関する材料で構成されている。表1に示した光開始系材料における光ラジカル重合機構は，一般

表1 光ラジカル重合系レジスト材料

PRG	Sensitizer	Coloring agent
B-CIM	EAB-F	A-DMA
Monomer		
Base polymer		
Acid Value 108 mg KOH/g, $\overline{MW}$ 19,300		

＊ Naohiro Tarumoto　保土谷化学工業㈱　CNT 開発推進部　主任研究員

的に図1のように考えられている。

　レジスト膜に近紫外光が照射されると増感剤である4,4'-Bis(diethylamino)benzophenone (EAB-F)が光を吸収し、そのエネルギーをB-CIMに増感(電子移動またはエネルギー移動)することでB-CIMが分解する。B-CIMの分解物であるイミダゾールラジカルはそれ自体では重合開始能力は低いが水素引き抜き能力が高いため、水素供与能力があるEAB-F、Tris (4-dimethylamino-phenyl)methane (A-DMA)または連鎖移動剤の水素を引き抜く。引き抜かれた化合物は重合開始ラジカル種となり、重合性モノマーと反応してラジカル重合反応が開始する。このようにイミダゾール系光ラジカル発生剤を用いた場合、重合開始ラジカル種が生成するまでに三段階(増感／分解／水素引き抜き)を経る。イミダゾール系光ラジカル発生剤を用いた光開始系の研究は、増感剤との組み合わせ検討[24,25]、連鎖移動剤との組み合わせ検討[26〜30]が多数報告されているが、重合開始ラジカル種生成までの段階を削減する検討、またそれを用いて光開始系の高感度化を試みた報告はない。

　本節では、LED-UV硬化用高感度開始剤の開発と題して、365 nm光に感光性を示すイミダゾール系光ラジカル発生剤と新規連鎖移動剤との組み合わせを具体例として挙げ、高感度な光開

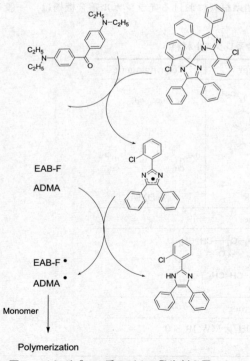

図1　イミダゾール系ラジカル発生剤を用いた光開始系の重合機構

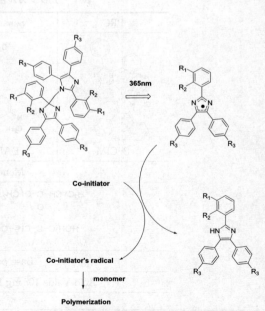

図2　高感度な光開始系の重合機構イメージ

始系を創出する過程を紹介する。

2.2 高感度な光開始系の設計指針（図2）

　本節で紹介するイミダゾール系光ラジカル発生剤を用いた光開始系の高感度化は，従来の三段階を経て重合開始ラジカル種が生成する光開始系材料の組み合わせではなく，増感剤を必要としない光開始系にすることを設計指針とした。二段階（分解／水素引き抜き）で重合開始ラジカル種が生成する高感度な光開始系を実現するためには，365 nm 光に高い感光性を示すイミダゾール系光ラジカル発生剤が必要となる。また高感度な光開始系にするために，水素供与能力が高く，且つラジカル重合開始能力が高い連鎖移動剤も必須である。そのため高感度な光開始系の設計は，上記に示した光開始系材料の組み合わせを創出することとした。

2.3　365 nm 光に感光するイミダゾール系光ラジカル発生剤について

　365 nm 光に高い感光性を示すイミダゾール系光ラジカル発生剤の分子設計は，基本骨格である B-CIM に置換基を導入することで365 nm に対して高い吸光係数を有するイミダゾール系光ラジカル発生剤を下記のステップに基づいて探索を行った。

① 第一ステップ

　B-CIM の吸収曲線を長波長化シフトすることができる置換基の種類，位置および数の最適化

② 第二ステップ

　レジスト特性評価を行い，吸光係数または置換基効果とレジスト感度との相関関係の考察

③ 第三ステップ

　見出した365 nm 用イミダゾール系光ラジカル発生剤に最適な組成比の検討

2.3.1　365 nm 光に感光するイミダゾール系光ラジカル発生剤の設計

　365 nm 光に感光するイミダゾール系光ラジカル発生剤を見出すための設計基準は，365 nm 光に対する吸光係数（$\varepsilon_{365\,nm}$）が$10^3 M^{-1}cm^{-1}$ 近傍であることとした。また置換基導入に関する設計指針としては，図3に示したイミダゾール系光ラジカル発生剤の分解効率に相関がある A 環の R_1〜R_3 基には種類，置換数および置換位置が異なるハロゲン原子を導入し，吸収曲線の長波長化シフトに相関がある B 環の R_4 基には置換基効果による長波長化シフトが期待できるメチル基またはメトキシ基を導入することとした。

(1) イミダゾール系光ラジカル発生剤候補化合物の合成

　イミダゾール系光ラジカル発生剤候補化合物の合成方法[31]は，図4に示したイミダゾール誘導体を合成後，それを二量化することで目的物を得た。

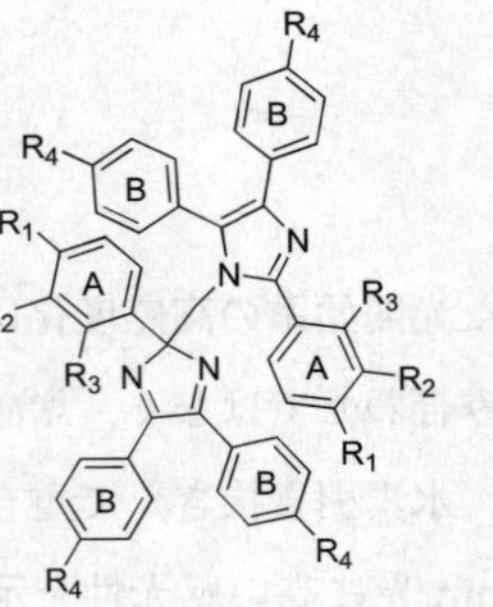

PRG	R₁	R₂	R₃	R₄
B-CIM	H	H	Cl	H
PRG-1	H	H	Br	H
PRG-2	Cl	H	H	H
PRG-3	H	Cl	Cl	H
PRG-4	H	H	Cl	CH_3
PRG-5	H	H	Cl	OCH_3
PRG-6	H	Cl	Cl	CH_3
PRG-7	H	Cl	Cl	OCH_3
PRG-8	Cl	H	Cl	CH_3

図3 イミダゾール系光ラジカル発生剤の分子構造

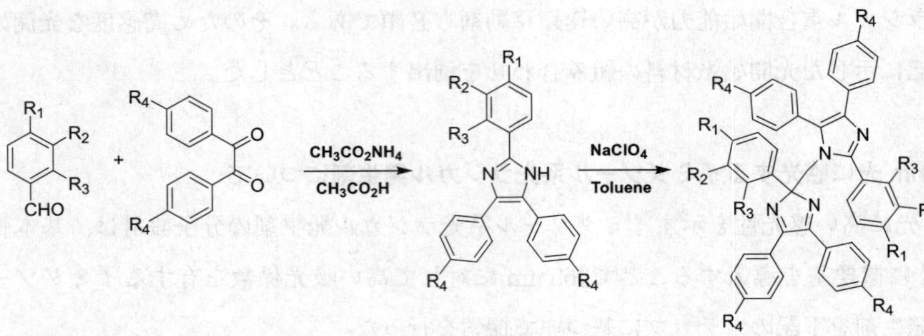

図4 イミダゾール系光ラジカル発生剤の合成方法

(2) 365 nm 光に感光するイミダゾール系光ラジカル発生剤候補化合物の物性値

B-CIM, PRG-1〜8 の融点（Tm），分解温度（Td），吸収極大（λ_{max}）およびその吸光係数（ε_{max}），365 nm 光に対する吸光係数（$\varepsilon_{365\,nm}$）を表2に示した。

その結果，365 nm 光に対する吸光係数（$\varepsilon_{365\,nm}$）が設計基準値を示したビスイミダゾール誘導体は，PRG-5〜8 であった。

表2 イミダゾール系光ラジカル発生剤候補化合物の物性値

PRG	Tm(℃)	Td(℃)	λ_{max}(nm)	ε_{max}($M^{-1}\,cm^{-1}$)	$\varepsilon_{365\,nm}$($M^{-1}\,cm^{-1}$)
B-CIM	208.5	209.3	270	3.24×10^4	3.91×10^2
PRG-1	192.0	200.4	268	3.20×10^4	3.44×10^2
PRG-2	146.4	162.3	272	3.20×10^4	3.03×10^2
PRG-3	217.6	221.3	268	3.12×10^4	4.09×10^2
PRG-4	196.0	209.0	270	3.30×10^4	4.43×10^2
PRG-5	217.4	220.0	274	3.79×10^4	2.19×10^3
PRG-6		261.6	270	6.67×10^4	9.57×10^2
PRG-7	232.8	236.2	239	4.56×10^4	3.41×10^3
PRG-8	210.6	213.7	274	6.86×10^4	1.13×10^3

第3章 LED-UV硬化用開始剤

(3) 置換基効果と吸収曲線との相関

365 nmに対して高い吸光係数（$\varepsilon_{365\,nm}$）を示す光ラジカル発生剤の分子設計としては，B環のR_4基に吸収曲線の長波長化シフトを促す置換基を導入した。PRG-5～8はB環のR_4基にメチル基またはメトキシ基を導入したことで大きく長波長化シフトしたが，これらは置換基の電子供与効果により説明することができる。つまりR_4基の電子供与効果はH＜CH_3＜CH_3Oの順で大きくなり，同じA環を有する化合物同士で長波長化シフト化の度合を比較するとB-CIM＜PRG-4＜PRG-5，PRG-3＜PRG-6＜PRG-7，PRG-2＜PRG-8の順になり，置換基の電子供与効果と吸収曲線の長波長化シフトとの相関は明らかである。

2.3.2 レジスト特性評価

表1に示した光開始系レジスト材料を用いて，表3に示したレジスト溶液を調製した。このレジスト溶液を10 cmφガラスエポキシ樹脂銅張り積層板にスピンコーターに塗布後，乾燥（ホットプレート105℃，10 min）を行った。得られた膜厚25 μmのレジスト膜を70℃に加温したホットプレート上でペットフィルムを被覆することで，ドライフィルムがラミネートされたガラスエポキシ樹脂銅張り積層板を擬似的に作製した。これを密着露光し，感光したレジスト膜は1％炭酸ナトリウム水溶液浸漬法にて現像（30℃，100 sec）した後，リンス，乾燥を経てレジストパターンを得た。レジスト感度試験はKodak 21段ステップタブレットを用いて43.2 mJ/cm^2の照射を行い，現像後の残膜段数から感度を算出した。光源として超高圧水銀灯（ウシオ電機製UX-1000SM-AGC01）を用い，カットフィルタ（コーニング社製No.7-39）を通して露光（365 nm）を行った。その結果を表4に示し，比較は増感剤（EAB-F：0.15）添加系Aとした。

その結果，増感剤添加系より高感度を示したのは，A環のR_3位に塩素，B環のR_4位にメトキ

表3 光ラジカル重合レジスト組成

component	content ratio
PRG	3.3
A-DMA	0.4
Monomer	50
Polymer	50
Solvent	100

表4 イミダゾール系光ラジカル発生剤候補化合物のレジスト感度

PRG	Sensitivity (mJ/cm^2) 365 nm
A	2.7
B-CIM	5.4
PRG-1	5.4
PRG-2	5.4
PRG-3	10.8
PRG-4	3.8
PRG-5	1.9
PRG-6	5.4
PRG-7	1.9
PRG-8	3.8

A：B-CIM + EAB-F

シ基を導入した PRG-5 および A 環の R_2 および R_3 位に塩素，B 環の R_4 位にメトキシ基を導入した PRG-7 である。

(1) 365 nm に対する吸光係数とレジスト感度との相関

365 nm 光に高い感光性を示すイミダゾール系光ラジカル発生剤の分子設計において，B 環の R_4 基に置換基を導入することで吸収曲線を長波長化させ，365 nm に対する吸光係数を上げることで高感度化が図れると考えた。その結果，A 環を固定し，R_4 基のみを変換した化合物群については365 nm の吸光係数とレジスト感度は相関を示し，B-CIM ＜ PRG-4 ＜ PRG-5，PRG-3 ＜ PRG-6 ＜ PRG-7 および PRG-2 ＜ PRG-8 の順で高感度を示した。

しかし B 環を固定し，A 環の R_1〜R_3 基を変換した化合物群については365 nm の吸光係数とレジスト感度は相関を示さなかった。これらの結果よりイミダゾール系光ラジカル発生剤のレジスト感度は，365 nm に対する吸光係数を高くすることは必要十分条件ではないことが示唆される。

(2) 置換基の種類，位置，数とレジスト感度との相関

イミダゾール系光ラジカル発生剤候補化合物は，A 環と B 環にそれぞれ R_1〜R_3 基または R_4 基を導入した。R_1〜R_3 基に関しては，B-CIM の塩素を臭素に変換した PRG-1 は感度に変化がないことから，この系においてはハロゲンの種類と分解効率との相関は低いことを確認した。また塩素の数を 2 個とし，R_1 位と R_3 位に導入した PRG-2 も B-CIM と同等感度であるため，R_1 位と R_3 位に塩素を導入したことによる効果もないことが示された。しかし塩素を R_2 位と R_3 位に導入した PRG-3 は低感度を示し，PRG-3 にメチル基を導入した PRG-6 もメチル基を導入した化合物群中で最も低感度を示した。これらの結果より R_2 位と R_3 位に塩素を導入することは分解効率を低下させることが示され，A 環への塩素導入には置換位置効果があることが示唆された。これらはパラ位よりメタ位に置換した塩素の電子吸引効果の方が大きいことが要因と考えられる。

しかしながら PRG-3 にメトキシ基を導入した PRG-7 は，B-CIM の R_4 基にメトキシ基を導入した PRG-6 と同様に候補化合物の中で最も高感度を示した。これらの結果より B 環の R_4 基にメトキシ基を導入することは，吸収曲線を長波長化シフトさせるだけではなく，分解効率に関与する効果が R_1〜R_3 基導入効果より高いと判断できる。

以上の結果を踏まえると，置換基の種類とレジスト感度との相関は存在し，その効果は R_4 基にメトキシ基を導入することが光ラジカル発生剤の分解効率向上に最も有効である。

2.3.3 365 nm 光に高い感光性を示すイミダゾール系光ラジカル発生剤（PRG-7）を用いた詳細検討

365 nm 光に高い感光性を示すイミダゾール系光ラジカル発生剤（PRG-7）を用いた光開始系における最適組成比（濃度の最適化）を検討するため，表 3 に記載のイミダゾール系光ラジカル

第3章　LED-UV 硬化用開始剤

表5　365 nm 用光ラジカル発生剤 PRG-7 の添加量依存性

Content ratio	Sensitivity (mJ/cm^2) 365 nm
A	2.7
3.3	1.9
1.1	1.4
0.83	2.7

A：B-CIM + EAB-F

発生剤の添加量を1.1重量部および0.83重量部に削減した時のレジスト感度評価を行い，その結果を表5に示した。

その結果，PRG-7が1.1重量部の場合は，3.3重量部より高感度を示し，0.83重量部の場合は増感剤添加系Aと同等感度を示した。

(1) PRG-7における最適組成比

365 nm 光に高い感光性を示すイミダゾール系光ラジカル発生剤 (PRG-7) は，1.1重量部添加系が3.3重量部添加系より高感度を示した。このような場合は，検討したレジスト液を石英ガラスに塗布・乾燥したレジスト膜の光透過率測定を行い，原因を探索する。PRG-7を1.1重量部添加したレジスト膜の365 nm 光透過率は60.7%であり，2.2重量部では29.5%であった。そのため3.3重量部での365 nm の光透過率はそれより低いことが想定される。このようにレジスト膜の光透過率が低すぎるとレジスト膜底部に光が届かず，重合不足が原因でレジスト感度の低下が起きる場合がある。今回の結果もこれが原因であると推測できる。

以上のように，新しい光開始系材料を用いて光ラジカル重合系レジスト組成を調製する場合には，光開始系材料の物性だけでなく，光ラジカル重合系レジスト膜の物性もあわせて検討しながら組成および組成比の最適化を行う必要がある。

2.4　高機能連鎖移動剤について

連鎖移動剤はイミダゾールラジカルに水素供与を行い，重合開始ラジカル種となる。そのため高感度な連鎖移動剤を見出すためには，イミダゾールラジカルが水素を引き抜きやすい分子構造および電子状態をしており，また生成した重合開始ラジカル種は素早く重合開始できるように，重合開始ラジカル種がある程度不安定になる化合物を探索することを設計指針とした。また基礎物性としては高い耐熱性を有すること，365 nm 付近に吸収ピークがないことなども必要条件である。

連鎖移動剤探索の分子設計としては，第一ステップは基本骨格の創出，第二ステップでは基本

骨格を有する誘導体の詳細検討および構造最適化を行い，第三ステップでは水素供与機構の解明を行う。

2.4.1 高機能連鎖移動剤の基本骨格探索

連鎖移動剤候補化合物の分子設計は，基本骨格，官能基の種類，置換位置などを考慮しながら様々な化合物の探索[32]を幅広く行う必要がある。本節では365 nm 光に高い感光性を示すイミダゾール系光ラジカル発生剤（PRG-7）と組み合わせることが最も高感度化を達成した連鎖移動剤である 3-Amino-4-methoxy-benzenesulfonyl 骨格を有する誘導体（HRP1～3）について詳細を報告する。

(1) 高機能連鎖移動剤の候補化合物選出

図５に示した連鎖移動剤候補化合物群の選定基準は，第一級アミンが電子吸引性基または電子吸引性骨格に置換していることである。化合物 a は第一級アミノ基のパラ位に電子吸引性基であるスルホンアミド基が置換しており，HPR-001，002は第一級アミノ基のメタ位に電子吸引性スルホンアミド基が置換しているため，第一級アミノ基の塩基性を低くすることで水素供与が起こり易くなると考えた。

(2) 連鎖移動剤候補化合物の性能評価

連鎖移動剤候補化合物のレジスト特性評価は，365 nm 用イミダゾール系光ラジカル発生剤（PRG-7）を用いて表６（X：3.3，Y：0.71）に記載したレジスト組成溶液を調製した以外は，既述の方法にて行った。その結果を表７に示し，比較は既存連鎖移動剤 N-Phenylglycine（NPG）

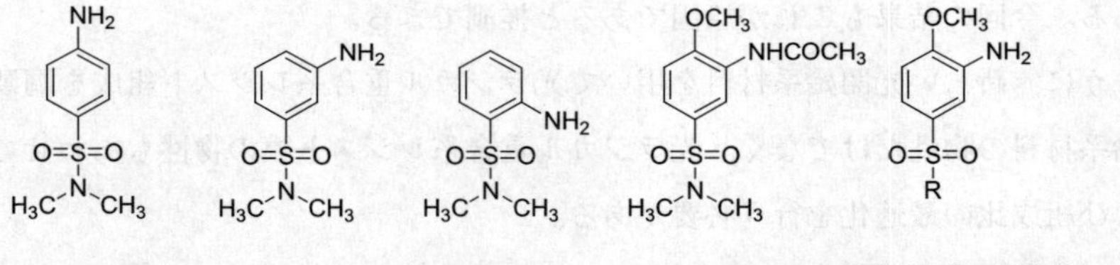

Compound a　Compound b　Compound c　Compound d　HPR-001 R = $N(C_2H_5)_2$
HPR-002 R = C_2H_4OH
HPR-003 R = $CH_2C_6H_5$

図５　連鎖移動剤候補化合物の分子構造

表６　光ラジカル重合系レジスト組成

Component	Content ratio
PRG-7	X
Co-initiator	Y
Monomer	50
Polymer	50
Solvent	100

表７　連鎖移動剤候補化合物のレジスト感度

Co-initiator	Sensitivity (mJ/cm^2) 365 nm
NPG	3.8
Compound a	15.3
HPR-001	1.0
HPR-002	1.4

第3章　LED-UV硬化用開始剤

とした。

レジスト特性評価を行った結果，4-Amino-benzenesulfonyl骨格である化合物aはNPGより連鎖移動能力が低いが，3-Amino-4-methoxy-benzenesulfonyl骨格であるHPR-001，HPR-002はNPGより高い連鎖移動能力があることが確認された。

2.4.2　3-Amino-4-methoxy-benzenesulfonyl誘導体の詳細検討および構造最適化

第二ステップとして3-Amino-4-methoxy-benzenesulfonyl骨格を有した連鎖移動剤の構造最適化を行うため，図5に示した化合物dおよびHPR-003について表7に示した組成量（X：1.1，Y：2.2）にて性能評価を行い，その結果を表8に示した。また物性値として耐熱性試験および吸収曲線測定を行い，その結果を図6に示した。

HPR-001のN,N-ジエチルアミノスルホン基をベンジルスルホン基に変換したHPR-003は，高い連鎖移動能力を示したが，HPR-003のアミノ基をアミド基に変換した化合物dは連鎖移動能力が大幅に低下した。

またHPR-001～003の物性値は，分解温度はそれぞれ291.5℃，351.2℃および294.0℃であり，また図6に示したように365 nm付近に吸収ピークがないことも確認した。

以上の結果を図7に纏めたが，Rを変換した3-Amino-4-methoxy-benzenesulfonyl骨格を有した連鎖移動剤で最も高感度を示したのはHPR-001であり，物性値も設計基準を満たしているため，HPR-001の構造が最適であると判断した。

2.4.3　3-Amino-4-methoxy-benzenesulfonyl誘導体の水素供与機構の解明

図7にこれまで検討を行ったAmino benzenesulfonyl骨格を有する化合物を列挙した。化合物aが高感度な連鎖移動剤ではないことから，ベンゼンスルホンアミドに第一級アミノ基が置換しただけでは高い連鎖移動能力を発揮しないことが確認された。またHPR-002，HPR-003が高感度であることから，HPR-001のN,N-ジエチルアミノスルホン基由来のジエチルアミノ基が水素

表8　連鎖移動剤候補化合物のレジスト感度

Co-initiator	Sensitivity(mJ/cm^2) 365 nm
HPR-001	0.7
HPR-003	1.0
Compound d	21.6

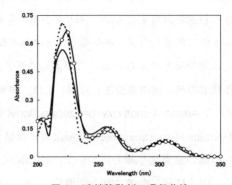

図6　連鎖移動剤の吸収曲線
HPR-001（―），HPR-002（---），HPR-003（-○-）

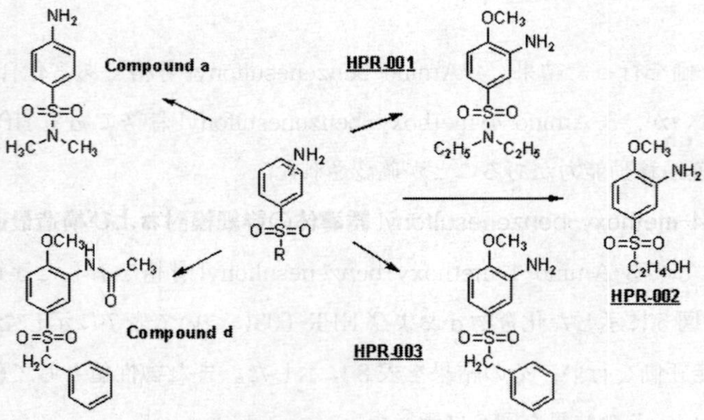

図7　Aminobenzenesulfonyl 誘導体の構造相関図

供与に関与する可能性は低い。これらの結果より HPR-001, 002および003が高い連鎖移動能力を有しているのは，3-Amino-4-methoxy-benzenesulfonyl 骨格であることが確認できる。またこの 3-Amino-4-methoxy-benzenesulfonyl 骨格を有する連鎖移動剤においてイミダゾールラジカルに水素を供与する官能基は，第一級アミノ基を保護した化合物 d の連鎖移動能力が極端に低下したことから，第一級アミノ基が水素供与を行う官能基であることが確認できた。

(1) 3-Amino-4-methoxy-benzenesulfonyl 骨格について

HPR-001～003の第一級アミノ基はベンゼン環に置換し，オルト位に電子供与性メトキシ基，メタ位に電子吸引性スルホニル基が置換している。これらの高い連鎖移動能力は，スルホニル基の電子吸引効果によりアミノ基の塩基性が低下したためと想定した。しかしパラ位にスルホニル基を有したアニリン誘導体 a が連鎖移動能力はあるが，その能力は HPR-001～003より高くないことから，これら以外の効果が関与していることが示唆された。アニリン誘導体 a と HPR-001～003の構造上における大きな相違は，スルホニル基の置換位置とメトキシ基の有無である。スルホニル基が置換する位置の相違は，アミノ基の塩基性の強さに若干の相違を示すが，大きな相違とは考えにくい。メトキシ基の存在は電子の偏りを生じさせるが，HPR-001～003のオルト位に置換したメトキシ基，アミノ基の塩基性を向上させる方向であり，連鎖移動能力に対しては逆効果と考えられる。このように 3-Amino-4-methoxy-benzenesulfonyl 骨格を有する連鎖移動剤の高い連鎖移動能力に関しては，単純に置換基効果だけでは説明できない。

(2) 3-Amino-4-methoxy-benzenesulfonyl 骨格を有する化合物の HOMO-LUMO 順位の計算

3-Amino-4-methoxy-benzenesulfonyl 骨格を有する連鎖移動剤におけるイミダゾールラジカルへの高い水素供与能力について，HOMO-LUMO 順位における電子雲の偏りにより考察してみる。図5に示したアニリン誘導体 a, b, c および HPR-001, HPR-003について，市販されている計算化学ソフト（Wave function, Inc, DFT/B3LYP/6-31G*）を用いて HOMO-LUMO 順

第3章 LED-UV硬化用開始剤

位およびその状態における電子（電子雲）の局在化状態を算出した。図8に算出された各化合物のHOMO-LUMO順位を示し，図9および10にHOMO-LUMO順位における電子（電子雲）の局在化状態を示した。

アニリン誘導体 a, b, c は，アミノ基に対してスルホンアミド基がパラ，メタ，オルト位に置換している化合物であるが，そのHOMO順位はアミノ基がスルホンアミド基に近づくにつれて浅くなる傾向にある。またLUMO順位はアニリン誘導体 a が極端に浅いが，これはLUMO順位における電子（電子雲）の局在化がアミノ基上にも存在するためと考えられる。それに対してアニリン誘導体 b, c のLUMO順位は深く，これはLUMO順位においてアミノ基上に電子（電子雲）が局在化していないことが要因であると推測した。

またこれらのHOMO-LUMO順位の電子（電子雲）状態はHPR-001および003においても同様な傾向を示しており，HOMO順位ではアミノ基上に電子（電子雲）が局在化するが，LUMO

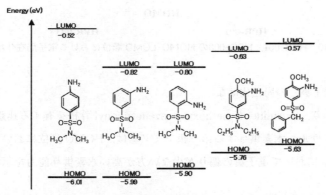

図8　Aminobenzenesulfonyl誘導体のHOMO-LUMO順位

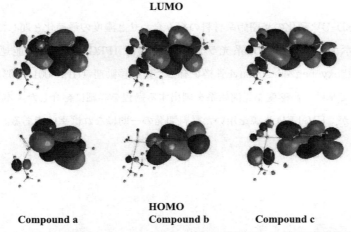

図9　アニリン誘導体 a, b, c のHOMO-LUMO順位における電子局在化状態

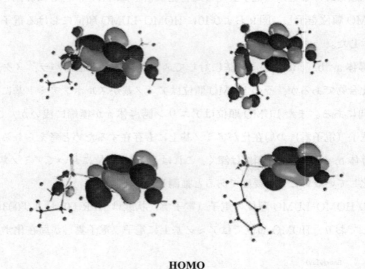

HPR-001　　　　　**HPR-003**
図10　HPR-001，HPR-003のHOMO-LUMO順位における電子局在化状態

順位では電子（電子雲）の局在化はない。

　これらの結果より，3-Amino-4-methoxy-benzenesulfonyl骨格を有する連鎖移動剤において，イミダゾールラジカルへ水素供与する第一級アミノ基は，HOMO順位において電子雲の偏りが多く，LUMO順位において電子雲の偏りが少ない方が高い水素供与能力を示す傾向があることが確認できた。

2.5　おわりに

　本節では，LED-UV硬化の光開始系材料の組み合わせと濃度の最適化と題して，365 nm光に高い感光性を示すイミダゾール系光ラジカル発生剤（PRG-7）と高機能連鎖移動剤として3-Amino-4-methoxy-benzenesulfonyl骨格を有した連鎖移動剤（HPR-001～003）との組み合わせを具体例として挙げ，高感度な光開始系を創出する過程を詳細に紹介した。本節で紹介した事例は一例であるが，UV-LED光源を用いた材料開発の一助になれば幸いである。

第3章　LED-UV 硬化用開始剤

文　献

1) 日本工業新聞, 1987年2月24日 (1987)
2) 宮川紀雄, 日本工業新聞, 1987年9月29日 (1987)
3) 滝本靖之, 印刷雑誌, **66**, 27 (1983)
4) 滝本靖之, 印刷雑誌, **60**, 11 (1977)
5) US 3,794,494 (1974)
6) US 3,677,920 (1972)
7) 特開昭55-48,744
8) 特開昭60-181-740
9) 特公昭45-25231
10) 日経ニューマテリアルズ, 1986年2月24日, p.25 (1986)
11) 山岡亞夫, 永松元太郎, "フォトポリマー・テクノロジー", p.364 (1988)
12) 特開2001-212507
13) 特開平11-258791
14) 特開平9-145915
15) 特開平11-231525
16) 特開平11-184082
17) 特開平11-184083
18) 加藤清視, "紫外線硬化システム", 総合技術センター, p.74 (1988)
19) 古濱亮, 第15回 UV/EB 表面加工入門講座, p.23 (2003)
20) L. A. Cescon, G. R. Coraor, R. Desssauer, A. S. Deutsch, H. L. Jackson, A. Maclachlan, K. Marcali, E. M. Potrafke, R. E. Read, E. F. Silversmith, E. J. Urban, *J. Org. Chem.*, **36**(16), 2267 (1971)
21) M. Meier, H. Zweifel, *J. Imaging. Sci.*, **30**, 174 (1986)
22) A. Roloff, *Adv. Chem. Ser.*, **238**, 399 (1993)
23) 倉久稔, 第76回ラドテック研究講演会, p.17 (2002)
24) R. D. Milchell, *J.Imaging Sci.*, **30**, 215 (1986)
25) 特開昭54-155292
26) 特開昭60-221403
27) S. Shimizu, *TAGA Proceedings.*, 232 (1985)
28) W. R. Hertler, *Photogr. Sci. Eng.*, **23**, 297 (1979)
29) R. S. Davidson, *Chem. Comm.*, 1502 (1971)
30) R. S. Davidson, *J. Chem. Soc., Parkin II*, 1357 (1972)
31) 樽本直浩, 高原茂, 日本印刷学会誌, **43**(3), 34 (2006)
32) 樽本直浩, 高原茂, 日本印刷学会誌, **43**(2), 26 (2006)

3 LED-UV硬化における顔料と硬化開始剤の選択

滝本靖之*

3.1 はじめに

LEDのような単色光光源による硬化に適する顔料混合系の配合設計にあたっては,発光波長に対して光吸収性の少ない顔料と光吸収性のよい硬化開始剤の組み合わせを工夫しなければならない。顔料,硬化開始剤の光学特性に焦点を合わせて配合最適化の課題を探る。

3.2 顔料混合系内におけるUV光束の挙動と光学特性

混合系内におけるUVの挙動と顔料,硬化開始剤(開始剤と略記する)の光学特性について概略を把握する。LEDは,発光波長範囲がおおよそ350 nmから420 nm,ピークトップが396 nm,あるいは365 nmにあることを前提とする。

3.2.1 UV光束の挙動

顔料混合系とクリア系(顔料を含まない系)を透過するUVの光束の挙動を図1に示す。クリア系では入射光は顔料粒子(Pigment particle)の影響(光散乱)を受けることなく,ほぼ真っすぐに透過するので支持体(substrate)に達するまでの光路(Direct penetration depth)は,微粒子面での反射,光散乱を繰り返す顔料混合系の光路(Optical path length)に比べて短い。顔料混合系では光が長い光路をたどるうちに光透過性が低下し,いわゆる隠ぺい効果をもたらす。光路が長くなるにつれて皮膜内で光分布が発生し,位置によって光減衰の程度が異なり,表面と深部での減衰の差が拡大する。このことが皮膜の位置による内部硬化性に差が生じる原因になる。

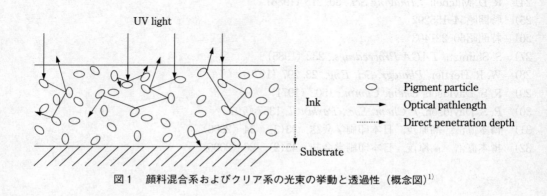

図1　顔料混合系およびクリア系の光束の挙動と透過性(概念図)[1]

* Yasuyuki Takimoto　フォトポリマー懇話会　顧問

第3章　LED-UV硬化用開始剤

3.2.2　顔料，開始剤の光学特性

吸光性および光散乱の影響について考える。顔料混合系中で，着色顔料および体質顔料は微粒子分散状態[2,3]，開始剤およびビヒクルは溶解状態にあるものとする。

(1)　吸光性の影響

吸光性の効果はランベルト・ベールの式(1)で表すことができる。

$$A = \varepsilon c l \tag{1}$$

式(1)で，A は吸光度 $\log(I_0/I)$，I は透過光の強度，I_0 は入射光の強度，ε は分子吸光係数（$dm^3/mol \cdot cm$：顔料，開始剤，ビヒクルのそれぞれによって決まる値），c は媒質（開始剤）濃度（mol/dm^3），l は通過距離（皮膜厚，cm）である。式(1)から，I_0 と I の比は顔料濃度，開始剤濃度 c，皮膜厚 l，ε と関連しており，これらが大きくなるにつれて，透過光の強度（I）は低下する。このことは硬化できる顔料混合系皮膜の膜厚には限界があることを示唆している。

(2)　光散乱の影響

光散乱は①顔料とビヒクルの屈折率の差，②顔料の粒子径と濃度，③入射光の波長（屈折率は波長に依存する）の影響を受ける。細目を次に示す。

①　光散乱の度合いは波長に依存する。短波長の光は長波長の光よりも散乱しやすく（レイリー散乱），光減衰は発光波長のシフトの度合いにともなって変わる。したがって表面硬化には短波長に吸収強度の大きい開始剤，内部硬化には長波長に吸収強度の大きい開始剤が適している。

②　使用頻度が高い白色顔料は，可視光での散乱，反射は隠ぺい性向上に役立つが，UVではその影響が大きくなり，光減衰の度合いを高める。

③　光散乱は皮膜表面での反射を高め，層内への光の進入を妨げる。結果として開始剤の光励起に利用できる光量を減らす。

④　皮膜内のある深さでは，顔料混合系のUVの光路の長さはクリア系の2倍に達することがある。

⑤　ランベルト・ベールの式(1)では，吸収は光路の長さに比例する。したがって顔料混合系では，たとえ顔料がほとんど光吸収を示さなくても底部へ到達する光量は少なくなる。このことは表面の薄い層（たとえば数μm厚）に存在する開始剤は，それよりも深い層中の開始剤よりも多量の光を吸収し，顔料混合系がクリア系よりも硬化が促進される現象を生じることがある。

⑥　顔料混合系中の顔料濃度は硬化性を考慮して決められている。当然のことながら，硬化皮

膜の色を濃くする手立てとして皮膜厚を厚くすると皮膜深部へ光は届きにくくなる。

3.3 顔料の選択

着色顔料混合系はクリア系よりも硬化性が低下する。これは着色顔料が開始剤,増感剤の光吸収を妨げ,光励起にともなう重合開始種の発生を抑えることによる。一方,体質顔料混合系は体質顔料自体,屈折率が小さく,透過率が高い（吸光性が低い）ので,大した影響を受けない。

色素の3原色の透過率はUVから可視光にかけての波長領域では,黄（イエロー）,紅（マゼンタ）,藍（シアン）および墨（ブラック）の順に低下する。墨（ブラック）はほとんど透過しない。参考までに開始剤とビヒクルが同じで,色の異なる配合物を水銀灯照射により硬化させた場合の硬化速さをコンベア速度で比較し百分率で示すと,黄（イエロー）100,紅（マゼンタ）86,藍（シアン）64,墨（ブラック）28になる（図2）。

着色顔料の選択にあたっては極めて定性的であるが,①色濃度決定のための波長域での光吸収の強さ（吸光度 B, 吸光度：$\log(I_0/I) = \varepsilon cl$）とLED波長域での光吸収の強さ（吸光度 A）の比すなわち相対強度（吸光度 A ／吸光度 B）が品種を選ぶ目安になる（3.5項 参照）。相対強度の上・下限値の範囲は色によって異なるが 0.5～1.0 の範囲,すなわち吸光度 A ＜吸光度 B であるときに硬化性と内部硬化性のバランスがとれた硬化皮膜が得られる。色濃度決定波長域は,黄：430 nm, 紅：530 nm である。色材の透過率を図3に示す。言い替えると,顔料の吸収波長と,LEDの発光波長ができるだけ重ならないように工夫しなければならない。

各種顔料の透過率の値[2,5]は,限られた皮膜厚の範囲内ではあるが配合設計の最適化の参考になる。各種顔料の透過率の一例を表1に示す。

3.4 硬化開始剤の選択

開始剤選択の基準をLED発光波長における吸光率の視点から探る。

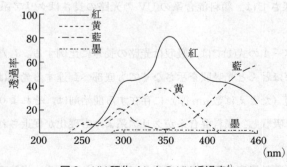

図2　UV硬化インキのUV透過率[4]

第3章 LED-UV 硬化用開始剤

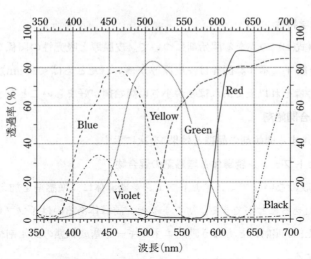

図3 色材の吸収スペクトルと透過率

表1 顔料層（0.92μm）の透過率（%）[6]

顔料の種類	光の波長（nm）顔料層厚：0.92μm						365 nm の光を透過しなくなる顔料層厚（μm）
	435	404	365	334	313	302	
鉛白	69	61	61	57.5	55	54	27
リトポン	56	52	43	32	15	5	10
酸化チタン	35	32	18	6	0.5	0	3.1
亜鉛華	44〜46	38〜40	0	0	0	0	0.9
硫化亜鉛	30	28	22	10.5	0	0	6.2
バライト	68	67	65	64.5	64	63.5	―
シリカ	88	88	85	82	80	79	―
白亜	71	69	68	67	66	65.5	―
カーボンブラック	0	0	0	0	0	0	0.6
酸化クロム	13	12	10	10	10.5	11	2.2
黄鉛	2.5	3	4.5	4.5	4	4	1.5
亜鉛黄	35	33	32	32	32	31.5	3
べんがら	50	43	45	43	50	50	5.8
ハンザエロー	10	10	10	13	12	13	1.9
アリザニンレーキ	15.5	23	20	12	2	0	3.1
トルイヂンレッド	9	9	21	20	8	8.5	2.1
パラレッド	50	43	45	43	50	50	5.8
群青	88	88	85	81	77	75	52.3

3.4.1 開始剤の光学特性

分子吸光係数 ε（式(1)）の異なる開始剤について，皮膜厚と吸光性の関係をプロットした結果（模擬試験結果）を図4に示す。図4は，皮膜厚が薄い（たとえば＜20 μm）では ε が大きい開始剤，20 μm あるいはそれ以上であれば ε が小さい開始剤が好ましいことを示している。

3.4.2 ラジカル重合開始剤

LED-UV 硬化に適する開始剤の品種と効果[8]を次に示す。

(1) α アミノアセトフェノン誘導体と増感剤の混合物

LED 波長域に吸収のない α アミノアセトフェノン誘導体に，増感剤を加えることにより LED 波長に吸光性をもたせることができる。アントラセン誘導体あるいはイソプロピルチオキサントンなどの増感剤は LED 照射にともなう励起エネルギーを基底状態の開始剤へ移動し重合活性種が生成することによる。

(2) アシルフォスフィンオキシド

395 nm に強い吸収をもち，吸収末端は400 nm 近辺に達する。光照射過程でフォトブリーチングを起こし，内部硬化が促進される。

(3) o-アシルオキシム誘導体

350 nm 以上の波長で光重合活性の強いメチルラジカルを生成する。吸光性の極めて大きい顔料たとえばカーボンブラック混合系に有効である。フォトブリーチング性をもつ。

(4) トリアジン誘導体

分子内に4,6-ビス-トリクロロメチル-s-トリアジン-2-イル基（図5）をもつ各種誘導体[9]は，350～420 nm に強い吸収をもち，硬化性が優れており高画質画像が得られる。

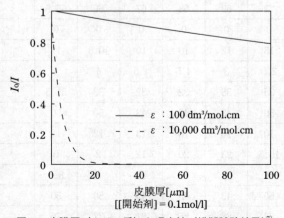

図4　皮膜厚（クリア系）と吸光性（模擬試験結果）[7]

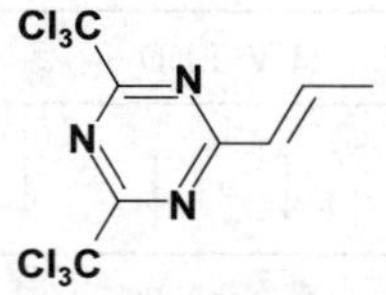

第3章　LED-UV 硬化用開始剤

図5　トリアジン-2-イル基

(5) イミダゾール誘導体[10]，色素とラジカル発生剤の組み合わせ[11]

いずれも350～420 nm に強い吸収をもつ。

3.4.3　カチオン重合開始剤

光酸発生剤（オニウム塩）には単独で酸を発生する1成分型と，増感剤を併用する2成分型がある。オニウム塩は300 nm 以上の光が吸収できないのでLED 光源による硬化には適さない。通常，長波長増感が可能なアントラセン，チオキサントンの誘導体を併用してLED 発光波長に吸光性をもたせることができる。

ジフェニールヨードニウム塩は，ジアルコキシアントラセン，チオキサントンあるいはフェノチアジン各誘導体を使って分光増感[12]することによりLED 光源での吸光効率の改善が可能になる。またジフェニールヨードニウム（カチオン）のフェニル基への長鎖アルキル基の導入，あるいは対アニオンを取りかえることによってモノマー，オリゴマーへの溶解性を高めることができる[13]。

3.5　顔料，硬化開始剤の配合への展開事例

LED-UV 硬化印刷インキあるいは塗料など顔料配合物の実用化にあたっての問題点は，市販の顔料，開始剤の吸収スペクトルがLED の発光波長と重なり，開始剤が十分な光エネルギーを受け取れない条件のもとで皮膜の内部硬化性確保という命題に対応しなければならないことにある。

ラジカル重合系，カチオン重合系について，公開公報により配合への展開の事例を紹介する。濃度は配合全量についての重量％で表す。

3.5.1　ラジカル重合系

次の3つの試みが提案されている。

(1) 顔料混合系配合中の開始剤の濃度を調整する

カラー印刷では，少なくとも墨，藍，紅，黄の4色のインキの重ね刷りをしてから（図6），1回の光照射で硬化させている。そのためたとえ1色あたりの皮膜厚が薄くても，トータルとしては厚くなり，透過光量は支持体面に近づくにつれて少なくなる。皮膜全体としての内部硬化性を確保するために色ごとに開始剤の濃度を調整する[14]。

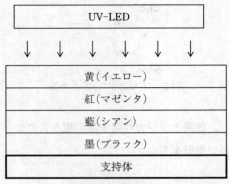

図6　カラー印刷の刷り重ね

配合の概要；

ⅰ　開始剤

濃度：X～15％（色ごとに設定），表面層（光源側）の濃度は底面（支持体側）のX～80％（好ましくはX～50％），分子吸光係数：10,000～1,000,000（dm^3/mol・cm）（Xは0に近い値）

ⅱ　配合比

顔料：10～30％，ポリマーバインダー：20～50％，硬化成分（モノマー，オリゴマー）：20～70％，その他の成分：X～10％

(2) 光重合開始剤の品種の組み合わせによる調整

硬化機構の異なる開始剤を組み合わせることにより硬化性を維持しつつ表面硬化性，内部硬化性を調整する[15]。

配合の概要；

ⅰ　開始剤の種類

光開裂型化合物（分子吸光係数>100），水素引抜き型化合物（分子吸光係数>1,000），芳香族第3アミン（分子吸光係数<1）（単位はdm^3/mol・cm，365 nm）

(3) 同系色でも色濃度決定波長とLED発光波長における光吸収の相対強さの異なる顔料による調整

色の濃度決定波長域での吸収が，LEDのピークトップたとえば365 nm波長域での吸収よりも大きい品種の選択[16]。

色濃度決定波長域：黄（430 nm），紅（530 nm）（図3）

吸光度の相対強度

黄：吸光度（365 nm）／吸光度（430 nm）＜ 0.5

紅：吸光度（365 nm）／吸光度（530 nm）＜ 1.0

第 3 章　LED-UV 硬化用開始剤

3.5.2　カチオン重合系

オニウム塩（カチオン開始剤）は 400 nm 近辺に吸収をもつ増感剤を加えることによって LED 光源に利用できる開始剤になる。さらに特定の硬化成分と組み合わせることにより印刷インキ特性を高めることができる[17]。

① 開始剤

品種：アリールスルフォニウム塩（$Ar_3S^+X^-$），アリールヨードニウム塩（$Ar_2I^+X^-$）など，濃度：2～10%（好ましくは 4～8 %）

② 増感剤

品種：アントラセン誘導体（9,10-ジブトキシアントラセン），濃度：10～25%（好ましくは 15～20%）

①と②の合計量：2～13%（好ましくは 5～10%）

③ 硬化成分

ビニルエーテル，ジアリルフタレートオリゴマー（重量平均分子量 10,000～100,000，濃度 10～25%）の混合物　60～80%

④ 顔料

濃度：1～20%

3.6　顔料・硬化開始剤の選択にあたっての制約事項と今後の課題

水銀灯による硬化に適する組成物の配合設計では，水銀灯が発振するいくつかの輝線スペクトルに対して強い吸収をもつ開始剤と吸収の重なりが少ない顔料を組み合わせる方法が重視されている。残念ながら，この方法は単色光光源では効果的に使いこなせない。とくに LED 光源では，ほとんどの顔料（着色剤）の吸収が発光波長と重なるので顔料配合物の硬化性の低下は避けられない。そのため皮膜厚および濃く着色できる範囲は制約を受け，塗膜や成型用途などへの適用を難しくしている。制約を回避するためには，たとえば同系色では LED 波長に対して，できるだけ吸光性の小さい顔料，あるいは皮膜厚に応じて分子吸光係数が異なる開始剤を選ぶことにより，皮膜の光透過性を確保することが必要である。

今後の技術展開にあたって大切なことの 1 つは，配合設計の自由度を高めることであろう。①材料面では LED 発光波長の影響を受けにくい開始剤，増感剤の組み合わせ，ハイブリッドあるいはデュアル硬化系の確立，②光源面ではピークトップが今の LED よりも長波長側へシフトした第二，第三の LED を併用した 2（多）光源照射装置の商品化に期待する。

文　献

1) K. Dietliker, "J. P. Foussier (Ed.) Radiation Curing in Polymer science and Technology", Vol. II, p. 160, Elsevier (1993)
2) L. Misev, Proc. Conf. RadTech Asia, Osaka, Japan, p. 404 (1991)
3) Y. Otsubo, T. Amari, K. Watanabe, *J. Appl. Polym. Sci.*, **35**, 1651 (1988)
4) 高山蹊男, プラスチック・機能性高分子材料事典, p. 662, 産業調査会 (2004)
5) G. Henken, *Farbe Lack*, **81**, 916 (1975)
6) 山岡亞夫, 永松元太郎編, フォトポリマーテクノロジー, p. 452, 日刊工業 (1988)
7) 高瀬英明, 最新UV硬化樹脂の最適化, p. 218, 技術情報協会 (2008)
8) たとえば, 滝本靖之, フォトポリマー表面加工材料, p. 58, ぶんしん出版 (2001) ; 汎用品についてはメーカーの技術資料を参照されたい
9) 富士写真フィルム, 特開2007-23151
10) 樽本直浩, 高原茂, 日本印刷学会誌, **43**, 184(2006)
11) 滝本靖之, UV硬化技術Q&A集, p. 138, 技術情報協会 (2006) ; フォトポリマー表面加工材料, p. 107, ぶんしん出版 (2001)
12) Y. Toba, M. Saito, *J. Photosci.*, **5**, 111 (1998)
13) たとえば, 滝本靖之, フォトポリマー表面加工材料, p. 75, ぶんしん出版 (2001)
14) 東洋インキ, 特開2009-57547
15) 東洋インキ, 特開2009-35730
16) 東洋インキ, 特開2009-57546
17) サカタインクス, 特開2008-280460

4 UV-LED および VL-LED 用増感剤の開発

沼田繁明[*1], 藤村裕史[*2]

4.1 はじめに

UV硬化は様々な分野で用いられているが，その中で増感剤が工業的に用いられた例としては，飲料缶の下地塗装が知られている。飲料缶の下地塗装では鉄材との密着性に優れたカチオン硬化が用いられ，かつ印刷を美麗にするために酸化チタンなどの白色顔料が高濃度に添加されている。使用される開始剤は芳香族スルホニウム塩であるが，380 nm 以下のUV光を酸化チタンが吸収するため，スルホニウム塩の吸収波長域は遮光された状態になり開始剤として機能し難い。この時に9,10-ジブトキシアントラセン（以降DBAと略すことがある）を増感剤として添加すると，硬化が速やかに進行するようになる。図1に示すように，DBAが酸化チタンのUV吸収範囲外の400 nm 前後にも光吸収域を持ち，照射光の光吸収が可能となったからである。これは顔料系の話であるが，クリアー系においても光源の発光波長と開始剤の吸収波長がずれる場合があり，その場合には増感剤が用いられる。

さて，増感剤の働きとしては，①UV光の吸収と自身の励起，②励起種から開始剤への電子（またはエネルギー）の移動の2つが挙げられる。

増感剤が光源の波長の光を吸収するかどうかは，増感剤のUVスペクトルを測定すれば判定できる。しかし，励起した増感剤から開始剤へ電子移動（またはエネルギー移動）しやすいかどうか，その予測は難しい。電子移動のしやすさを Rhem-Weller 式などで予測できる場合もあるが，実際には硬化組成物を調製して光照射してみないとわからないことも多いのが実情である。

4.2 UV-LEDと開始剤のUVスペクトル

近年，照明・ランプなどに青色LED（460 nm）が広く用いられるようになったが，最近は460 nmよりさらに短波長の紫外LED（UV-LED）の開発が盛んである。いくつかの波長のUV-LEDが開発されているが，現在一番よく知られているものは395 nmを中心波長として発光するUV-LED（395 nm）である。そのスペクトルの例を図2に示す。

このUV-LED（395 nm）は395 nmの単色発光であるため，今までの開始剤とは波長の吸収にずれが生じる場合がある。たとえば，カチオン硬化でよく用いられる開始剤の芳香族スルホニウム塩，芳香族ヨードニウム塩は，それぞれ330 nm，240 nm にUV吸収を持つためUV-LED（395 nm）とは吸収域が重ならない。すなわち，この種のUV-LEDを照射してもスルホニウム塩，

[*1] Shigeaki Numata　川崎化成工業㈱　技術研究所　フェロー
[*2] Hiroshi Fujimura　川崎化成工業㈱　機能材センター　課長

LED-UV 硬化技術と硬化材料の現状と展望

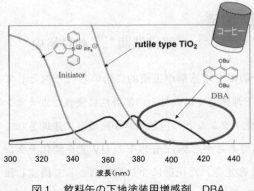

図1 飲料缶の下地塗装用増感剤 DBA

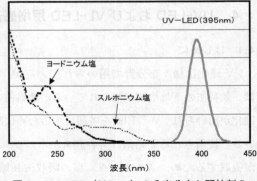

図2 UV-LED (395 nm) の分光分布と開始剤の UV 吸収

ヨードニウム塩の光吸収は起こらず,カチオン開始剤としては作用しない。

4.3 UV-LED と増感剤の UV スペクトル

光増感剤は,まず光カチオン硬化から始まった。カチオン硬化においてよく知られた増感剤としては表1に示すような 9,10-ジアルコキシアントラセン化合物とチオキサントン化合物が挙げられる。これら,9,10-ジアルコキシアントラセン化合物,チオキサントン化合物は,いずれも三環性の化合物であり,400 nm 近辺に UV 吸収を持つことが特徴である。チオキサントン化合物は385 nm 付近に幅広い中程度の吸収を持つが,9,10-ジアルコキシアントラセン化合物は360 nm から405 nm にかけて3つのピークを持ち,光源である UV-LED (395 nm) に対する波長の

表1 アルキル基の異なるジアルコキシアントラセンの特性

ジアルコキシアントラセン		R	略号	融点(℃)	脂環式エポキシに対する溶解度 (g/100 g 25℃)	最長 UV 吸収
	製品	n-ブチル	DBA	112	4	406 nm
		n-プロピル	DPA	93	5.8	406 nm
		エチル	DEA	148	3	406 nm
	開発品	グリシジル	DGA	113	4.1	406 nm
		i-アミル	DiAA	78	12	406 nm
		2-エチルヘキシル	DKA	29	>20	406 nm

チオキサントン	ITX	CPTX
最長 UV 吸収	382 nm	383 nm

第3章 LED-UV硬化用開始剤

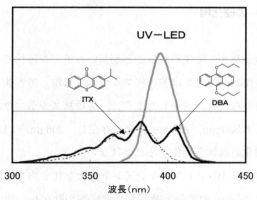

図3 UV-LED分光分布と増感剤のUV吸収

重なりも大きい（図3）。

また，9,10-ジアルコキシアントラセン化合物としては，アルキル基の炭素数の異なる多種の化合物が用意されている。この中で，アルキル基の炭素数を長くすると脂環式エポキシモノマーに対するジアルコキシアントラセン化合物の溶解度は増大する。一方，アルキル基の長さが変わっても，UV吸収における最長吸収波長は406 nmとほぼ一定である（表1）。

これらDBAなどジアルコキシアントラセン化合物を製造しているのが川崎化成工業㈱（川崎化成と略す）である。川崎化成は，世界で唯一1,4-ナフトキノンの工業化を数千トン／年の規模で行っており，1,4-ナフトキノンを出発原料として図4に示すような種々のナフタレン化合物，アントラセン化合物の製造を行っている。この中で，殺ダニ剤，医農薬原料および光増感剤などは既に工業化しており，現在，それら以外にもポリマー原料，光増感助剤，重合禁止剤などに向けて，用途開拓中である。

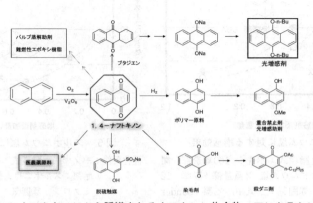

図4 1,4-ナフトキノンから誘導されるナフタレン化合物，アントラセン化合物

4.4 UV-LED (395 nm) の硬化例
4.4.1 カチオン系

まず，増感剤が必須の薬剤として使われることが多いカチオン硬化での使用例について記す。

カチオン硬化における開始剤としては芳香族スルホニウム塩，芳香族ヨードニウム塩などの芳香族オニウム塩がよく用いられる。前述したように，芳香族スルホニウム塩，芳香族ヨードニウム塩のUV吸収はそれぞれ330nm, 240nm付近に存在し，395nmのUV-LEDを照射してもこれらの開始剤を含む光硬化組成物が硬化することはない。

その場合に，先に挙げた9,10-ジアルコキシアントラセン化合物やチオキサントン化合物などの増感剤を共存させると395nmの波長を吸収して増感剤が励起し，次いで開始剤への電子移動（またはエネルギー移動）が起きる。その結果，開始剤が分解して酸が発生するので，エポキシモノマーが重合し光硬化が起きるようになる[1,2]。この場合，増感剤と開始剤の組み合わせにより，増感効果の有無が決まる。

図5，図6から明らかなように，ジアルコキシアントラセン化合物，チオキサントン化合物ともにヨードニウム塩に対して増感効果を発揮するが，スルホニウム塩に対してはアントラセン化合物は増感効果を示すが，チオキサントン化合物の増感効果は乏しい。このことは，Rhem-Weller式での説明が可能である[3]。Rehm-Weller式は式(1)のように表わされる。

$$\Delta G = E_{ox}^{1/2}(PS) - E_{red}^{1/2}(Ini) - E^*(PS) - Ze0_2/\varepsilon\alpha \tag{1}$$

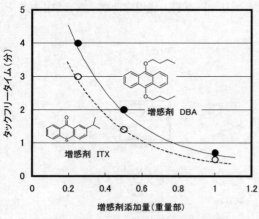

図5 ヨードニウム塩に対する増感効果
硬化条件；モノマー：脂環式エポキシ 100重量部，開始剤：ヨードニウム塩 2重量部，膜厚：12ミクロン，雰囲気：空気中，光源：Sander社製 UV-LED (395 nm) 4 mw/cm²

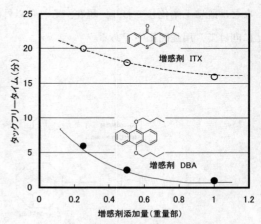

図6 スルホニウム塩に対する増感効果
硬化条件；モノマー：脂環式エポキシ 100重量部，開始剤：スルホニウム塩 4重量部，膜厚：12ミクロン，雰囲気：空気中，光源：Sander社製 UV-LED (395 nm) 4 mw/cm²

第 3 章　LED-UV 硬化用開始剤

ここで，$E_{ox}^{1/2}$(PS)：増感剤の半波酸化電位，$E_{red}^{1/2}$(Ini)：開始剤の還元電位，E^*(PS)：増感剤の励起エネルギー，$Ze02/\varepsilon\alpha$：二分子間のクーロンエネルギーであり，$E_{ox}^{1/2}$(PS) − $E_{red}^{1/2}$(Ini) は電子供与体（増感剤）から電子受容体（開始剤）に電子を移すのに必要なエネルギーである。$E_{ox}^{1/2}$(PS) を各増感剤の HOMO (Highest Occupied Molecular Orbital) エネルギーの逆符号，$E_{red}^{1/2}$(Ini) を各開始剤の LUMO (Lowest Unoccupied Molecular Orbital) エネルギーの逆符号と近似し，最終項の $Ze02/\varepsilon\alpha$ はほとんどゼロになると仮定して，式(1)を書き直したものが式(2)である。

$$\Delta G = -\text{HOMO(増感剤)} - (-\text{LUMO(開始剤)}) - \text{励起エネルギー(増感剤)} \quad (2)$$

式(2)で表される ΔG を半経験的量子化学的計算手法である MOPAC を用いて計算した。

この計算においては，開始剤のヨードニウム塩はジフェニルヨードニウムカチオン Ph_2I^+ で，スルホニウム塩はトリフェニルスルホニウムカチオン Ph_3S^+ で代用した。また，MO-G 計算は PM5，MO-S 計算は AM1 を用いた。結果を表 2 に示す。Rhem-Weller 式においては ΔG の値が負で絶対値が大きい程反応が進行する。表 2 における増感剤と開始剤の組み合わせにおいて，増感剤 ITX とスルホニウム塩の組み合わせの場合のみ，ΔG 値がプラスとなり，ITX からスルホニウム塩へは電子移動しにくい，すなわち，増感作用が乏しいことが理解される。

上記述べたように，DBA はヨードニウム塩，スルホニウム塩両方に有効な増感剤であるが，DBA 以外のジアルコキシアントラセン化合物もまた，DBA と同等の増感性能を有している。アルキル基が長くなった場合分子量が増加するため，添加重量当たりの硬化速度はやや低下するものの，分子量換算した硬化速度はアルキル基の大小にかかわらず一定である（表 3）。

4.4.2　増感助剤の添加と相乗効果

さて，4.4.1項で述べたように，スルホニウム塩に対してはチオキサントン化合物の増感効果は小さい。しかしながら，この系に 4-メトキシ-1-ナフトール（以降，MNT と略することがある。）を増感助剤として添加すると，図 7 に示すように硬化速度は著しく向上する[4]。この場合，チオキサントン化合物無しで MNT のみを添加してもスルホニウム塩に対する増感効果は見られ

表 2　Rhem-Weller 式による ΔG 値計算

増感剤	開始剤	−HOMO (増感剤)	−LUMO (開始剤)	励起エネルギー (増感剤)	ΔG(ev)	395 nm 照射時の増感効果の実際
DBA	Ph_2I^+	7.4059	6.0362	3.07	−1.7003	大
	Ph_3S^+	7.4059	4.6142	3.07	−0.2783	大
ITX	Ph_2I^+	8.549	6.0362	3.147	−0.6342	大
	Ph_3S^+	8.549	4.6142	3.147	0.7878	小

表3 アルキル基の異なる各種ジアルコキシアントラセンの増感効果

増感剤	DEA	DPA	DBA	DGA	DKA
構造式					
分子量	266	294	322	322	418
タックフリータイム（秒）	2.5	3	3	3	4
1分子あたりのタックフリータイム（DBAを1として）	1.0	1.1	1.0	1.0	1.0

硬化条件；モノマー：エポキシ変性シリコーン 100重量部，開始剤：ボレート型ヨードニウム塩 0.5重量部，増感剤：各種ジアルコキシアントラセン 0.2重量部，雰囲気：空気中，光源：Sander社製 UV-LED（395 nm）4 mw/cm²

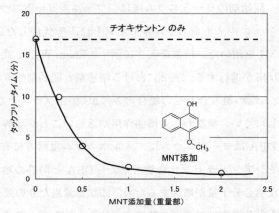

図7 チオキサントンとMNTの相乗効果（スルホニウム塩系）
硬化条件；モノマー：脂環式エポキシ 100重量部，開始剤：スルホニウム塩 4重量部，増感剤：ITX 1重量部，増感助剤：MNT 所定量，膜厚：12ミクロン，雰囲気：空気中，光源：Sander社製 UV-LED（395 nm）4 mw/cm²

ない。チオキサントン化合物単独でも，MNT単独でも増感作用を示さないが，両者を併用すると光硬化するようになる。すなわち，チオキサントン化合物とMNTとは相乗的に働いているといえる。395 nmの光により励起したチオキサントン化合物は，直接スルホニウム塩の活性化を行うのではなく，図8に示すように，励起したチオキサントン化合物がMNTに電子を与え，次いで，その励起したMNT活性種が開始剤であるスルホニウム塩に作用して酸を発生させていると考えられる。

このことを，Rhem-Weller式を用いて整理したものが表4である。スルホニウム塩に対するΔG値はMNT＜ITXとなっており，ITXからよりもMNTからの方がスルホニウム塩に対し

第3章 LED-UV 硬化用開始剤

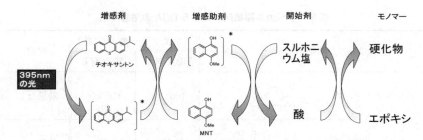

図8　395 nm 光→チオキサントン→ MNT →スルホニウム塩への電子移動図

表4　Rhem-Weller 式による ΔG 値計算

増感剤 or 助剤	開始剤	−HOMO (増感剤 or 助剤)	−LUMO (開始剤)	励起エネルギー (増感剤 or 助剤)	$\Delta G(ev)$
ITX	Ph_3S^+	8.549	4.6142	3.147	0.7878
MNT	Ph_3S^+	8.3933	4.6142	3.408	0.3711

て電子移動しやすいことが窺われる。

　さらに，この MNT 添加による相乗効果はチオキサントン化合物に対してだけでなく，増感剤がジアルコキシアントラセン化合物の場合でも観測される。ジアルコキシアントラセン化合物は，単独添加でも増感効果があるが，添加濃度が低くなると増感効果が急減する。しかしながら，その場合にも増感助剤として MNT を添加すれば硬化速度はほぼもとの速度に戻るのである[5]。

4.4.3 ラジカル系への適用

　以上述べてきたように，ジアルコキシアントラセン化合物はカチオン系における増感剤として優れた効果を示すが，ラジカル系に対する検討はこれまでほとんどなされてこなかった。

　今回，種々のラジカル系開始剤に対するジアルコキシアントラセン化合物の増感効果を調べたところ，ラジカル系では一般に増感効果が乏しいことが判明した。これは，DBA 類の主骨格であるアントラセン環がラジカルスカベンジャーとして働き，生成ラジカル種を捕捉するからだと考えられる。

　しかしながら，開始剤としてオニウム塩やトリアジン化合物を用いた場合にはラジカル系でもジアルコキシアントラセン化合物に増感作用のあることが見出された（表5）。

　このように，DBA を増感剤として使用すれば，同一のオニウム塩がラジカル開始剤として，またカチオン開始剤として両用に働く。その結果，ラジカル硬化の高速硬化，カチオン硬化の密着性の良さ，双方の美点を有するハイブリッド硬化を実現することができる[6]。また，上記以外の開始剤についても，ビイミダゾール開始剤に対して DBA が増感効果を示すことが報告されている[7]。

表5 ラジカル開始剤に対するDBAの増感効果

開始剤		タックフリータイム(秒) DBA無し	タックフリータイム(秒) DBA有り	判定
アセトフェノン系	(構造式)	100 ×	100 ×	効果なし
アセトフェノン系	(構造式)	60	68	効果なし
トリアジン	(構造式)	300	15	効果あり
ヨードニウム塩	(構造式)	400	3	効果あり

硬化条件:モノマー:TMPTA 100重量部,開始剤 各種0.5重量部(ヨードニウム塩のみ2重量部),増感剤:DBA 0.5重量部,膜厚:12ミクロン,雰囲気:窒素中,光源:Sander社製 UV-LED(395 nm)4 mw/cm^2

4.5 VL-LED 可視光での硬化例

最後に,青色LED(460 nm)や白色LEDなどの可視光LED(VL-LED)に対するカチオン性光硬化について述べる。ラジカル硬化においては可視光に感応する開始剤がいくつか市販されているが,カチオン硬化系で可視光に感応する開始剤は知られていない。また,UV-LED(395 nm)に対して有効なジアルコキシアントラセン化合物,チオキサントン化合物も460 nmの波長の光に対しては,感応しない。可視光に対して有効なカチオン硬化系を作るためには,①可視光を吸収し,かつその励起種がDBA等の増感剤を活性化するような助剤を用いる。または②DBA以上の長波長域に光吸収を持つ可視光増感剤を合成する。いずれかの開発が必要だと考えられる。まず①について,種々検討した結果,カンファーキノン(以降CQと略すことがある。)が可視光に感応してDBAを活性化する助剤として有効であることを見出した[8](図9)。青色LED(460 nm)を照射した場合,DBA単独,CQ単独では,硬化速度は遅いが,DBAとCQを併用したところ,硬化時間は大幅に短縮された。

さらに,②に関しても,種々のアントラセン化合物の合成を検討した結果,2種類のアントラセン化合物が青色LED(460 nm)を吸収し,感度よく増感することを見出した。図10にその構造を示すが,1つはアントラセン環の2位にカルボキシル基が置換したDRA-2-カルボン酸化合物であり[9],もう1つはアントラセン環にシリルオキシ基が導入されたシリルオキシアントラセン化合物である[10]。

これらの化合物は,420 nm以上の長波長域にもUV吸収を持っており,可視光に感応する。

第3章　LED-UV 硬化用開始剤

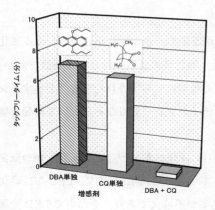

図9　DBA＋カンファーキノンによる青色 LED 硬化
硬化条件；モノマー：エポキシ変性シリコーン 100重量部，開始剤：ボレート型ヨードニウム塩 0.5重量部，増感剤：DBA 0.2重量部，CQ 0.2重量部，青色 LED：米 Lumileds 社製 Luxeon 1W.

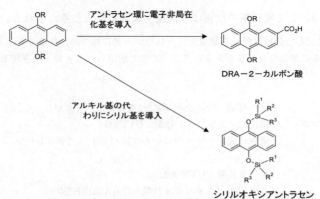

図10　可視光増感剤の合成

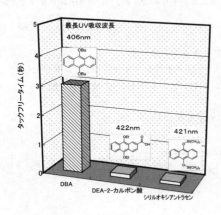

図11　可視光増感剤による青色 LED 硬化
硬化条件；モノマー：エポキシ変性シリコーン 100重量部，開始剤：ボレート型ヨードニウム塩 0.5重量部，増感剤：各種 0.2重量部，雰囲気：空気中，青色 LED：米 Lumileds 社製 Luxeon 3W.

　これらの可視光増感剤を含む光硬化組成物に青色 LED（460 nm）を照射した結果が図11である。DBA 使用時に比べ，可視光増感剤を用いた場合硬化速度は10倍以上になった。
　このように，可視光増感系を用いれば，青色 LED や白色 LED のような VL-LED を光源とする系においても，カチオン硬化が可能である。

4.6 おわりに

　UV硬化は幅広い分野で開発が進んでいるが，材料が安価で，かつ硬化が速いラジカル硬化が主流である。しかし，カチオン硬化も，その良密着性，硬化時の低収縮性という特徴を活かし，近年多くの工業化検討が行われている。例えば，基材の種類によらず優れた密着性を示すインクジェット印刷分野，また，低体積収縮率が必須であるディスプレー分野などにおいて開発が盛んである。

　また，現代社会の省エネルギー化への要求に応じ，UV硬化の光源としても長寿命かつ低発熱性が特徴であるUV-LED，VL-LEDの採用が始まっている。このLED-UV，LED-VL硬化の発展には，ハード（光源）とソフト（配合材料）の協業が不可欠であり，その中でLED光源と配合材料を繋ぐものとして増感剤の役割は今後益々大きくなると考えられる。

（以上の図または表に記した数値は弊社実験室で得られたデータに基づいて作成されたものであり，諸要因，諸条件によって異なる結果となる場合がある。また，ここで使用したモノマー，開始剤，増感剤は下記のものを使用した。）

A. モノマー
　脂環式エポキシ　　　　：ダウ社製　サイラキュア　UVR6105
　エポキシ変成シリコーン：東芝GEシリコーン社製　UV9300
　TMPTA　　　　　　　：東京化成製トリメチロールプロパントリアクリレート

B. 開始剤
　スルホニウム塩　　　　：ダウ社製　UVI6992
　ヨードニウム塩　　　　：チバスペシャリティ社製　IRGACURE250
　ボレート型ヨードニウム塩：Rhodia社製　Rohdsil2074
　トリアジン　　　　　　：東京化成製　2-(メトキシフェニル)-4,6-ビス(トリクロロメチル)-s-トリアジン

C. 増感剤＆増感助剤
　アントラセン型増感剤
　　DBA　　　　　　　　：川崎化成社製　9,10-ジブトキシアントラセン
　　シリルオキシアントラセン：川崎化成社製　9,10-ビス(トリメチルシリルオキシ)アントラセン
　　DEA-2-カルボン酸　　：川崎化成社製　9,10-ジエトキシアントラセン-2-カルボン酸
　チオキサントン型増感剤
　　ITX　　　　　　　　：東京化成製　2-イソプロピルチオキサントン
　増感助剤
　　MNT　　　　　　　　：川崎化成社製　4-メトキシ-1-ナフトール
　　CQ　　　　　　　　：東京化成製　カンファーキノン

D. LED-UV，LED-VL
　LED-UV（395 nm）　　：Sander社製
　LED-VL（460 nm）　　：Lumileds社製　LUXEON 1W，3W

第3章　LED-UV硬化用開始剤

文　　献

1) 特開平10-147608
2) 特表　2000-515182
3) 未来材料, **4**(11), 10 (2004)
4) 特開2007-126612
5) WO2006/073021
6) WO2007-126066
7) 特開2007-102184
8) 特開2007-39475
9) 特開2008-100973
10) 特開2009-299042

第4章　LED-UV硬化材料の開発動向

1　UV硬化性樹脂—光源の違いによる物性比較とLED-UV硬化用材料開発の技術動向

岩澤淳也*

1.1　はじめに

　現在，電気市場，特にインキ，塗料，接着剤，光学材料分野における光硬化性樹脂の有用性は非常に高く，さらなる展開を期待されている。光硬化性樹脂の市場における有用性は光源からの照射により瞬く間に硬化が起こるシステムによる製造工程・時間短縮が大きい。そして，発展の背景には光源に適した光硬化性樹脂の開発，また，光硬化性樹脂に適した光源の開発とお互いに切磋琢磨することで幅広い用途への適用を可能にしてきている。

　昨今，従来からの放電式光源である高圧水銀ランプやメタルハライドランプといったUV光源にかわり，UV-LED光源が市場に投入され使用が始まっている。主なメーカーとしてはオムロン㈱，パナソニック電工㈱，浜松ホトニクス㈱，ウシオ電機㈱，シーシーエス㈱などの各社が参入，装置開発，販売を実施している。

　UV-LED光源の市場投入には昨今の時代背景が後押ししている。確かに技術の向上，つまり照度が高い装置開発が可能になったことも大きな要因ではあるが，それ以上に，電気市場の動向に左右された部分が大きい。同市場において，製品の小型化，軽量化，低コスト化への動きが急速に高まっている。例えば，軽量化・低コスト化のため，使用される部材が金属・ガラス製部品から樹脂製部品へ変わると，従来のUV光源では熱ダメージの懸念が発生する。このことは，UV光源が紫外線領域以外にも可視光領域・赤外領域に高強度のピークを持つために起きる現象である。また，地球環境への対応も活発化してきており，環境に配慮した工程・装置構築を目標に掲げ始める会社も少なくなく，熱源廃止，水銀などの地球環境への影響物質低減，省エネルギーは重要な取り組み課題になりつつある。このような世論に後押しされるようにUV-LED光源が投入され，UV-LED光源に適した樹脂開発の必要性に迫られている。

　接着剤市場においても，この必要性は活発化しており光ピックアップデバイス，ハードディスクデバイス，カメラモジュールデバイス，また，装飾品分野への実施例がある。使用方法としては直接照射が多く，理由はUV-LED光源の波長に起因している。現状，最も短波長で実用レベ

---

*　Junya Iwasawa　㈱スリーボンド　研究開発本部　開発部　電気開発課

第4章 LED-UV 硬化材料の開発動向

ルの照度が得られているのは365 nm であり，主流でもある。UV-LED 光源の波長範囲は，UV 光源に比べ，非常に狭く，365 nm の波長は部材の種類によっては吸収波長域である場合も少なくない。そのため，貼り合わせ部位などの部材越しの照射では著しく光強度が低減してしまい光硬化性樹脂の硬化には不十分な場合が多い。つまり，UV-LED 光源は装置としては大変魅力があるものの，その波長範囲は非常に狭く，光源としての利用には熟慮すべき点が多い。図1にアクリル，ポリカーボネート，軟質塩ビ（塩化ビニル）の透過率を示す。

本節では，UV-LED 装置へ変更されることによる一般的な原料の反応性，硬化物性について解説する。LED-UV 原理，増感作用などの細かな反応については別章を参照してほしい。

1.2 光源波長と光重合開始剤波長

光源波長として，UV 光源と UV-LED 光源の波長を図2，3に示す。UV-LED 光源は単一の波長である。光エネルギーは長波長より短波長がエネルギーとしては大きく，このエネルギーの大きさから単純に考えても短波長は反応するためのエネルギー源としては有効であり，効率の良い硬化には，光源波長と光重合開始剤の吸収波長の一致は不可欠である。一般的な光重合開始剤の吸収波長を示す（図4，5）[1]。光重合開始剤は種々開発・販売されており，光硬化性樹脂としては主にラジカル重合が利用され，その理由は高効率で反応速度が非常に早く，さらに原料が安価，選択肢が多いなど，利用価値が高いことが挙げられる。さらに，UV-LED 光源対応を考慮した場合，図4，5の通り，カチオン系光重合開始剤は吸収波長が長波長側に少なく，UV-LED 光源への対応は困難である。つまり，UV-LED 光源という限定された波長の活用を考えた場合，ラジカル系光重合開始剤は硬化・設計において，非常にメリットが多い。そのため，UV-LED 光源への対応はラジカル重合系光硬化性樹脂での適用例が多い。

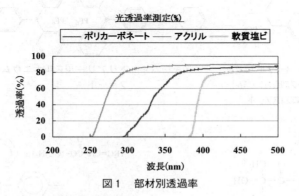

図1　部材別透過率

装置名：SHIMAZU UV-1600
ポリカーボネート：パンライト®1225Y，アクリル：アクリペット®VH000
部材厚み2 mm

LED-UV 硬化技術と硬化材料の現状と展望

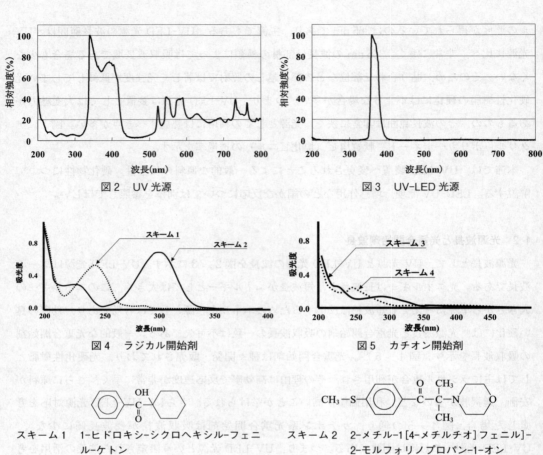

図2　UV光源

図3　UV-LED光源

図4　ラジカル開始剤

図5　カチオン開始剤

スキーム1　1-ヒドロキシ-シクロヘキシル-フェニル-ケトン

スキーム2　2-メチル-1[4-メチルチオ]フェニル]-2-モルフォリノプロパン-1-オン

ヨードニウム塩

スルホニウム塩

スキーム3　ヨードニウム, 4-メチルフェニル[4-(2-メチルプロピル)フェニル]-ヘキサフルオロフォスフェート

スキーム4　トリアリールスルホニウムヘキサフルオロホスフェート

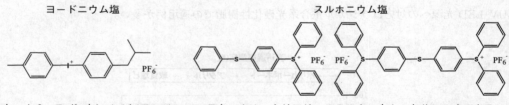

スキーム5　2-ヒドロキシ-2-メチル-1-フェニル-プロパン-1-オン

スキーム6　EO変性ビスフェノールAジアクリレート（n+m=4, n+m=10）

第4章 LED-UV 硬化材料の開発動向

スキーム7 トリシクロデカンジメタノールアクリレート

スキーム8 ジシクロペンテニルオキシエチルアクリレート

スキーム9 イソプロピルチオキサントン

スキーム10 1,2-オクタンジオン,1-[4-(フェニルチオ)-2-(O-ベンゾイルオキシム)]

スキーム11 エタノン，1-[9-エチル-6-(2-メチルベンゾイル)-9H-カルバゾール-3-イル]-1-(o-アセチルオキシム)

スキーム12 ビスフェノールA型エポキシ樹脂

スキーム13 水添ビスフェノールA型エポキシ樹脂

スキーム14 ノボラック型エポキシ樹脂

1.3 ラジカル系光硬化性樹脂

1.3.1 ラジカル系光硬化性樹脂概要

　ラジカル系接着剤の材料は多種多様である。一般に官能基としてアクリル（メタクリル）骨格を末端に持つ原料を使用する。主鎖はエポキシ，シリコン，ウレタン，ポリエステル，イソプレン，ブタジエンなどがあり，種々の用途において使い分けられている。最もバリエーションが多いのがウレタン骨格である。ウレタン骨格はジオールなどの水酸基とイソシアネート基との容易な反応で製造ができ，安価な材料であることから，今現在も多くの接着剤の原料であり各社オリ

ジナル骨格の商品が多い。下記にラジカル重合反応の模式図を示す。

$$PI \rightarrow PI^* \tag{1}$$

$$PI^* \rightarrow I^* \tag{2}$$

$$I^* + M \rightarrow IM^* \tag{3}$$

$$IM^* + M \rightarrow IMn^* \tag{4}$$

PI：光重合開始剤，I*：光重合開始剤活性種，M,Mn：モノマー

反応は光重合開始剤による光吸収（式(1)）に伴い，ラジカル活性種が生成される（式(2)）。ラジカル活性種により重合反応が開始されることで，反応が進んでいく（式(3), (4)）。下記に種々開始剤の吸光係数を示す（表1）[1]。表1よりUV-LED光源において大きく光吸収量が減り，硬化性を落とす原因の1つとなることが理解できる。

1.3.2 ラジカル系の光源による反応性および物性比較

今回は，一般的に反応を確認する手段であるIRスペクトルをリアルタイムで測定することで反応率を確認した。IR装置は，BIORAD製のFTS-40，手法はATR法を用いた。また，反応率を確認するためのピークとしてビニル基の二重結合ピークである1610〜1630 cm^{-1}付近を選択，反応により減少していくピークから反応速度，反応率を確認した。光照度は接着剤では一般的な300 mW/cm^2，照射時間は60 sec.とした。図6，7にEO変性ビスフェノールAジアクリレート（スキーム6），トリシクロデカンジメタノールアクリレート（スキーム7），ジシクロペンテニルオキシエチルアクリレート（スキーム8）へα-ヒドロキシケトン系光重合開始剤（スキーム5）を1部添加した時のIRチャートを示す。また，接着剤においてはその用途により，

表1 光重合開始剤の吸光係数

分類	開始剤名	254 nm	302 nm	313 nm	365 nm	405 nm
α-ヒドロキシケトン	1-ヒドロキシ-シクロヘキシル-フェニル-ケトン（スキーム1）	3.317×10^4	5.801×10^3	4.349×10^2	8.864×10^1	—
α-アミノケトン	2-メチル-1[4-メチルチオ]フェニル-2-モルフォリノプロパン-1-オン（スキーム2）	3.936×10^3	6.063×10^4	5.641×10^4	4.665×10^2	—
α-ヒドロキシケトン	2-ヒドロキシ-2-メチル-1-フェニル-プロパン-1-オン（スキーム5）	4.064×10^4	8.219×10^2	5.639×10^2	7.388×10^1	—

吸光係数（ml/g cm in MeOH）

第4章 LED-UV 硬化材料の開発動向

分子量の大きなオリゴマーを使用する。一般的に市場にあるオリゴマーとして，脂肪族ウレタンタイプ，エポキシアクリレートタイプへα-ヒドロキシケトン系光重合開始剤（スキーム5）を1部添加したIRチャートも図8に示す。

結果より，UV光源である高圧水銀灯からUV-LED光源への単純な変更は十分に検討，熟慮しなくてはならないことがわかる。この影響は，骨格由来であり，類似骨格ではエーテル差が短い，単官能より多官能，と変更することでその影響は低減される。単純には一分子中の官能基数

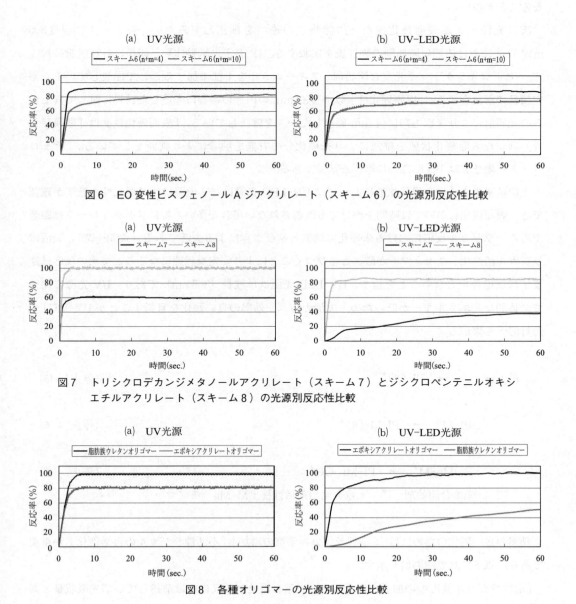

図6　EO変性ビスフェノールAジアクリレート（スキーム6）の光源別反応性比較

図7　トリシクロデカンジメタノールアクリレート（スキーム7）とジシクロペンテニルオキシエチルアクリレート（スキーム8）の光源別反応性比較

図8　各種オリゴマーの光源別反応性比較

159

が多いモノマーの使用により影響は低減はするが最終物性が脆くなる傾向にある。つまり，成分中に官能基を多く持つ配合系は光源変更の影響が低いが，官能基数の少ない配合系（主に低いガラス転移点を持つ柔軟な光硬化性樹脂）において最も影響が出やすいということになる。このことは上記，脂肪族ウレタンオリゴマーの反応性が低いため，酸素によるラジカル失活による表面タックが残ることが懸念される。そのため，実際の使用および設計においての留意すべき点は表面硬化である。表面の未硬化は工程中における異物の付着，アウトガスなどの製品不良の原因になることが多い。

次に光源による表面硬化性などの諸物性の違いを確認してみたい。表2〜4に照度300 mW/cm^{2}における照射時間別の物性表を記載する。IR測定の試料作製と同様に各種樹脂に対してα-ヒドロキシケトン系光重合開始剤（スキーム5）を1部添加することで作製している。測定項目の解説をする。「厚膜硬化性」は直径32 mmの円形の容器に充填した試料に対して真上からの光照射により深部方向に何mm硬化したか，を確認している。「表面硬化性」は「厚膜硬化性」測定後表面硬化状態を確認により未硬化分の有無を触診により判断をしている。「デュロメーター硬さ」はJIS K 7215に準ずる試験である。

上記結果のように，単純比較においてはUV-LED光源はUV光源に比べ硬化性の低下が確認でき，表面硬化においては時間をかけても改善されない場合が多い。特にメタクリレートは顕著である。ラジカル反応における未硬化は酸素と結びつきによる失活である（式(5)〜(7)）。失活はラジカル活性化したモノマーが酸素と結びつくことにより安定な状態になることで次の反応に進まずに反応停止となることを指す。UV-LED光源は単波長（365 nm）であり，UV光源に比べて全体的な光エネルギーが低いため，失活の防ぎ，効率の良い硬化を目指すことがUV-LED光源対応へと繋がる。

$$PI \rightarrow I^* \rightarrow PI\text{-}OO^* \qquad (停止) \quad (5)$$
$$\downarrow$$
$$PI\text{-}M^* \rightarrow PI\text{-}M\text{-}OO^* \qquad (停止) \quad (6)$$
$$\downarrow$$
$$PI\text{-}Mn\text{-}M^* \rightarrow PI\text{-}Mn\text{-}OO^* \qquad (停止) \quad (7)$$

PI：光重合開始剤，I*：光重合開始剤活性種，M,Mn：モノマー

効率の良い硬化のためには，「活性ラジカル濃度の増加」「不活性ラジカルの再活性化」が重要であり，以下に対処法の例を示す。

「活性ラジカル濃度の増加」の例を示す。光重合開始剤の反応性は前述している光吸収量と共

第4章 LED-UV硬化材料の開発動向

表2 EO変性ビスフェノールA骨格（n+m=4）の光源による物性比較

項　目	硬化条件	EO変性ビスフェノールA骨格			
		ジアクリレート		ジメタクリレート	
		n + m = 6		n + m = 6	
		UV光源	UV-LED光源	UV光源	UV-LED光源
厚膜硬化性	300 mW × 5 sec.	5.0 mm	4.5 mm	4.0 mm	3.0 mm
	300 mW × 10 sec.	7.0 mm	7.0 mm	6.0 mm	6.0 mm
表面未硬化有 or 無	300 mW × 5 sec.	無	有	無	有
	300 mW × 10 sec.	無	無	無	有
デュロメーター硬さ	300 mW × 5 sec.	A80	A70	A90	A80
	300 mW × 10 sec.	A80	A80	A90	A90

表3 EO変性ビスフェノールA骨格（n+m=6）の光源による物性比較

項　目	硬化条件	EO変性ビスフェノールA骨格			
		ジアクリレート		ジメタクリレート	
		n + m = 4		n + m = 4	
		UV光源	UV-LED光源	UV光源	UV-LED光源
厚膜硬化性	300 mW × 5 sec.	5.5 mm	4.5 mm	4.5 mm	3.5 mm
	300 mW × 10 sec.	6.5 mm	6.0 mm	6.0 mm	5.5 mm
表面未硬化有 or 無	300 mW × 5 sec.	無	有	無	有
	300 mW × 10 sec.	無	有	無	有
デュロメーター硬さ	300 mW × 5 sec.	D80	D65	D85	D55
	300 mW × 10 sec.	D80	D75	D85	D80

表4 ジシクロペンテニルオキシエチル骨格の光源による物性比較

項　目	硬化条件	ジシクロペンテニルオキシエチル骨格			
		アクリレート		メタクリレート	
		UV光源	UV-LED光源	UV光源	UV-LED光源
厚膜硬化性	300 mW × 5 sec.	1.5 mm	0.5 mm	0.2 mm	液状
	300 mW × 10 sec.	2.5 mm	1.5 mm	0.5 mm	0.2 mm
表面未硬化有 or 無	300 mW × 5 sec.	有	有	有	液状
	300 mW × 10 sec.	無	有	有	有
デュロメーター硬さ	300 mW × 5 sec.	A25	測定不可	A25	測定不可
	300 mW × 10 sec.	A30	測定不可	A30	測定不可

に，開裂により生じるラジカル活性種の反応性が重要となる。下記にn-ブチルアクリレートの反応の例を示す（表5）[2]。光重合開始剤由来のラジカル活性種が酸素と反応した場合の失活は上記式(5)の通りであり，失活せずに式(6)，(7)へ進まなくてはならない。つまり，酸素と反応するよりも，モノマーと反応する速度が早くなくてはならない。表5からはこのことが確認でき，α-アミノケトン系（スキーム2）は非常に有用であることが確認できる。

効率の良い吸収，活性ラジカルの選択に続いて，光重合開始剤の感度を間接的に向上させる手段が有効である。しかしながら，増感反応はすべての開始剤に適用可能なわけではない。有名な増感反応例としては，α-アミノケトン系光重合開始剤（スキーム2）のイソプロピルチオキサントン（スキーム9）併用による増感効果である（図9）[3,4]。励起一重項状態では光重合開始剤が増感剤の同状態よりも高く，逆に，励起三重項状態では増感剤のエネルギー順位が高いこと，この状況により増感剤の励起三重項状態から効率良く光重合開始剤にエネルギーが移動することになる。α-ヒドロキシケトン（スキーム1）では，励起三重項状態におけるエネルギー順位がイソプロピルチオキサントン（スキーム9）より高いため併用による増感作用はない。増感剤との併用は，光重合開始剤自身の開裂，また，増感剤によりこの開裂を誘起することができるため感度の向上が期待でき，UV-LED光源へは大変有用であると思われる。

最近，カラーフィルター，ブラックマトリックス用途へオキシムエステル型光重合性開始剤が開発されている。BASFジャパン㈱から製品化されており，365 nmにおける吸光度は非常に高く（表6）[1]，UV-LED光源においても有用であると言える。

表5 光重合開始剤とn-ブチルアクリレート反応例

開始剤構造	分類	開始剤名	発生ラジカル構造	$K_{acylate}$ $(10^6 M^{-1}s^{-1})$	K_{oxygen} $(10^6 M^{-1}s^{-1})$
	α-ヒドロキシケトン	1-ヒドロキシ-シクロヘキシル-フェニル-ケトン（スキーム1）		11	5.4
	α-アミノケトン	2-メチル-1[4-メチルチオ]フェニル-2-モルフォリノプロパン-1-オン（スキーム2）		29	6.3
	α-ヒドロキシケトン	2-ヒドロキシ-2-メチル-1-フェニル-プロパン-1-オン（スキーム5）		0.2	1.0
				13	6.6

$K_{acylate}$：ラジカルのn-Butylacrylateへの付加速度定数
K_{oxygen}：ラジカルの酸素への付加速度定数
二重結合濃度1 M，酸素濃度0.002 M

第4章　LED-UV硬化材料の開発動向

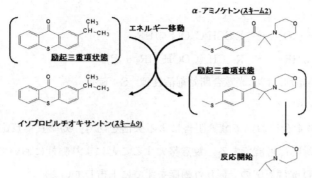

図9　三重項増感機構

表6　光重合開始剤の吸光係数

分類	開始剤名	254 nm	302 nm	313 nm	365 nm	405 nm
―	1,2-オクタンジオン，1-[4-(フェニルチオ)-2-(O-ベンゾイルオキシム)]（スキーム10）	$3.436×10^4$	$1.843×10^4$	$2.989×10^4$	$6.969×10^3$	$1.016×10^2$
―	エタノン，1-[9-エチル-6-(2-メチルベンゾイル)-9H-カルバゾール-3-イル]-1-(o-アセチルオキシム)（スキーム11）	$9.139×10^4$	$7.963×10^4$	$3.458×10^4$	$7.749×10^3$	―

　上記までは「活性ラジカル濃度の増加」である。ここからは「不活性ラジカルの再活性化」の例を示す。近年，臭気の問題で使用が避けられていたエン／チオール[5,6]反応を利用する光重合が合成技術の進歩からチオールの安定性向上に繋がり見直されている。下記に反応式を示す。エン／チオール反応の特徴は酸素阻害を受けないことである。光重合開始剤からの活性ラジカルが二重結合へ付加，チオールからの水素引き抜き，そして，二重結合への付加との繰り返しで硬化は進行する。この反応では，酸素と結びついたとしても，チオールと反応することで新たな活性種が生まれて，事実上酸素阻害はないため，効率的な反応との意味では有用な反応である。

開始

　　$PI \rightarrow PI^*$ 　　　　　　　　　　　　　　　　　　　　　　　　　　(8)

　　$PI^* \rightarrow I^*$ 　　　　　　　　　　　　　　　　　　　　　　　　　　(9)

　　$I^* + R_1SH \rightarrow IH + R_1S\cdot$ 　　　　　　　　　　　　　　　　　(10)

成長

　　$R_1S + CH_2 = CHR_2 \rightarrow R_1SCH_2C\cdot HR_2$ 　　　　　　　　　(11)

　　$R_1SCH_2C\cdot HR_2 + R_1SH \rightarrow R_1SCH_2CH_2R_2 + R_1S\cdot$ 　(12)

酸素共存下

$R_1SCH_2C\cdot HR_2 + O_2 \rightarrow R_1SCH_2C(OO\cdot)HR_2$ (13)

$R_1SCH_2C(OO\cdot)HR_2 \rightarrow R_1SCH_2(COOH)HR_2 + R_1S\cdot$ (14)

PI：光重合開始剤，I*：光重合開始剤活性種，S：硫黄

以上，ラジカル系重合において酸素阻害による失活を防ぎ，効率良く反応を駆使することでUV-LED光源への対応は可能である。鋭意努力することにより弊社においては，低いガラス転移点を持つUV-LED光源対応の光硬化性樹脂をすでに上市している。

1.4 カチオン系光硬化性樹脂
1.4.1 カチオン系光硬化性樹脂概要

カチオン系光重合は酸素阻害を受けず，硬化時の体積収縮も小さいとの優位性から，インキ，コーティング剤，レジスト，粘着剤など各種用途への展開が進んでいる。しかしながら，欠点として重合が湿気により停止することから重合時の温度，湿気のコントロールを必要とする。材料は開環重合型モノマーであるエポキシ，オキセタン，また，ビニルエーテルも反応可能である。ビニルエーテルは反応性に富み，単独での反応は非常に早いものの，グリシジルエーテル，オキセタンとの混合では反応差により硬化不良になりやすいとの報告もある[7,8]。また，エポキシの優位性である硬化収縮の低減はほとんどなく，ラジカル系とほとんど差はない。表7に一般的なラジカル系重合であるアクリルとカチオン系光重合であるエポキシの違いを示す。

カチオン系光重合は広く知られているラジカル系光重合と違い，少々複雑であるため先に光重合開始剤，反応，一般的な材料について触れておく。

カチオン系光重合開始剤はオニウム塩であり，主にジアリールヨードニウム塩（スキーム3），トリアリールスルホニウム塩（スキーム4）が使用されている。また，カチオン系光重合開始剤

表7 ラジカル系重合とカチオン系光重合

主成分	アクリル	エポキシ
反応	ラジカル系	カチオン系
硬化収縮率	5～10%	2～4%
接着強度	大きい	小さい
硬化速度	速い	遅い
酸素の硬化阻害	受ける	受けない
開始剤吸収波長	～500 nm	～380 nm
UV照射停止後	硬化反応停止	硬化反応継続

第4章 LED-UV硬化材料の開発動向

では光吸収・光分解においてはカチオン部が，その後の重合反応は対アニオンの影響が大きい（表8）。そのため，効率の良い反応を考え，カチオン部による光吸収量の増大および分解効率の向上，そして，対アニオン部の求核性低減が日々模索されている。下記に例として，スルホニウム塩での反応例を示す（式(15)〜(17)）。

$$Ar_3S^+X^- \rightarrow Ar_2S^+ \cdot X^- + Ar \cdot \quad (15)$$

$$Ar_2S^+ \cdot X^- + ZH \rightarrow Ar_2S^+HX^- + Z \cdot \quad (16)$$

$$Ar_2S + HX^- \rightarrow Ar_2S + HX \quad (17)$$

　　Ar_3S：カチオン部，X：アニオン部，ZH：水素供与体

　カチオン系接着剤は光照射により，オニウム塩から強酸が発生することにより反応が開始されることは上記反応式に示した。図10にその後の開環重合の反応式を示す。
　一言でエポキシと言っても，種々の構造があり反応速度は概ね先人の方々の実験により明らかになっている。代表的な構造を表9にまとめる。カチオン系光重合による反応性は，脂環式エポキシ（シクロヘキシル型）が最も早く，続いて，グリシジルエーテル型（水添型），内部エポキシ型，最後に一般のグリシジルエーテル型となっている。この反応性の差は塩基性の差であり，グリシジルエーテル型（水添型）とグリシジルエーテル型（内部エポキシ型）は，一般のグリシジルエーテル型に比べ塩基性が高い。

表8　カチオン系光重合開始剤の主な骨格

カチオン部	
ジアリールヨードニウム	トリアリールスルホニウム

特性	対アニオン部				
	BF_4	PF_6	AsF_6	SbF_6	$B(C_6H_5)_4$
重合性	小				大
分子径	小	←　　　　→			大
求核性	大				小
電荷密度	大				小

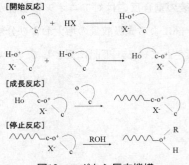

図10　エポキシ反応機構

表9　種々のエポキシ骨格

グリシジルエーテル型	
一般	水添
シクロヘキシル型	内部エポキシ型

1.4.2　カチオン系の光源による反応性および物性比較

さて，実際にどの程度反応するのかを確認したい。反応を確認する手段は，ラジカル系と同様にIRスペクトルをリアルタイムで測定することで反応率を確認した。また，反応率を確認するためのピークはグリシジルエーテル基のピークである900～920 cm^{-1}付近を選択，反応により減少していくピークから反応速度，反応率を確認した。ビスフェノールA型エポキシ樹脂，水添ビスフェノールA型エポキシ樹脂，ノボラック型エポキシ樹脂への測定を実施，図11では照度300 mJ/cm^2，照射時間は60 sec. の際の，光源の差の比較，図12では，照度の違いによる差を比較，図13では光重合開始剤の違いによる差をそれぞれ比較している。また，図11，12ではヨードニウム系光重合開始剤を1部添加，図13ではヨードニウム系光重合開始剤，スルホニウム系光重合開始剤を各1部添加している。

結果より，UV-LED光源での反応はかなり低いことが確認できる。これはUV-LED光源の波長である365 nmに光重合開始剤の吸収が小さいことが挙げられる。また，カチオン系光重合開始剤はその特徴として熱による硬化促進の影響を受けやすいため，エネルギー的に低いUV-LED光源での使用は，放電ランプと同じ反応速度，反応率にはならない。このことは，

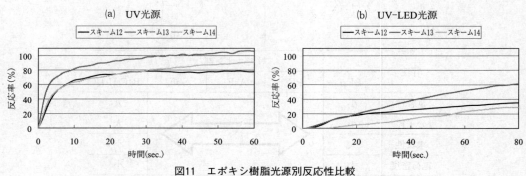

図11　エポキシ樹脂光源別反応性比較

第4章　LED-UV 硬化材料の開発動向

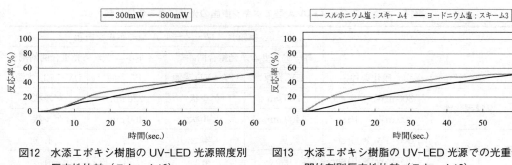

図12　水添エポキシ樹脂の UV-LED 光源照度別反応性比較（スキーム13）

図13　水添エポキシ樹脂の UV-LED 光源での光重合開始剤別反応性比較（スキーム13）

UV-LED 光源使用時に部材への熱ダメージが低いことからもエネルギー的に低いことがわかる。この UV-LED 光源としての優位性がカチオン系光重合ではマイナス要因となってしまう。そのため，残念ながら UV-LED 光源への対応はカチオン系光重合開始剤単独での対応は困難である。

次に光源による表面硬化性などの諸物性の違いを確認してみたい。表10～12に照度300 mW/cm^2 における照射時間別の物性表を記載する。IR 測定の試料と同様に各種樹脂に対してヨードニウム系光重合開始剤を１部，またはスルホニウム系光重合開始剤を１部添加，イソプロピルチオキサントン（スキーム９）は0.25部添加により試料を作製している。

表10　ビスフェノール A 型エポキシ樹脂の光源による物性比較

		ビスフェノール A 型エポキシ樹脂			
		ヨードニウム系光重合開始剤		スルホニウム系光重合開始剤	
項　目	硬化条件	UV 光源	UV-LED 光源	UV 光源	UV-LED 光源
厚膜硬化性	300 mW × 5 sec.	300 μm	ゲル状	600 μm	ゲル状
	300 mW × 10 sec.	520 μm	ゲル状	800 μm	ゲル状
表面未硬化有 or 無	300 mW × 5 sec.	無	有	有	有
	300 mW × 10 sec.	無	有	有	有
		ビスフェノール A 型エポキシ樹脂			
		ヨードニウム系光重合開始剤＋イソプロピルチオキサントン		スルホニウム系光重合開始剤＋イソプロピルチオキサントン	
項　目	硬化条件	UV 光源	UV-LED 光源	UV 光源	UV-LED 光源
厚膜硬化性	300 mW × 5 sec.	150 μm	100 μm	100 μm	ゲル状
	300 mW × 10 sec.	280 μm	180 μm	180 μm	ゲル状
表面未硬化有 or 無	300 mW × 5 sec.	無	無	有	有
	300 mW × 10 sec.	無	無	有	有

表11 水添ビスフェノールA型エポキシ樹脂の光源による物性比較

項　目	硬化条件	水添ビスフェノールA型エポキシ樹脂			
		ヨードニウム系光重合開始剤		スルホニウム系光重合開始剤	
		UV光源	UV-LED光源	UV光源	UV-LED光源
厚膜硬化性	300 mW × 5 sec.	200 μm	ゲル状	220 μm	ゲル状
	300 mW × 10 sec.	400 μm	ゲル状	400 μm	ゲル状
表面未硬化有 or 無	300 mW × 5 sec.	無	有	有	有
	300 mW × 10 sec.	無	有	有	有
項　目	硬化条件	水添ビスフェノールA型エポキシ樹脂			
		ヨードニウム系光重合開始剤 +イソプロピルチオキサントン		スルホニウム系光重合開始剤 +イソプロピルチオキサントン	
		UV光源	UV-LED光源	UV光源	UV-LED光源
厚膜硬化性	300 mW × 5 sec.	320 μm	200 μm	360 μm	ゲル状
	300 mW × 10 sec.	600 μm	350 μm	800 μm	ゲル状
表面未硬化有 or 無	300 mW × 5 sec.	無	無	無	有
	300 mW × 10 sec.	無	無	無	有

表12 ノボラック型エポキシ樹脂の光源による物性比較

項　目	硬化条件	ノボラック型エポキシ樹脂			
		ヨードニウム系光重合開始剤		スルホニウム系光重合開始剤	
		UV光源	UV-LED光源	UV光源	UV-LED光源
厚膜硬化性	300 mW × 5 sec.	300 μm	ゲル状	100 μm	ゲル状
	300 mW × 10 sec.	500 μm	ゲル状	180 μm	ゲル状
表面未硬化有 or 無	300 mW × 5 sec.	無	有	無	有
	300 mW × 10 sec.	無	有	無	有
項　目	硬化条件	ノボラック型エポキシ樹脂			
		ヨードニウム系光重合開始剤 +イソプロピルチオキサントン		スルホニウム系光重合開始剤 +イソプロピルチオキサントン	
		UV光源	UV-LED光源	UV光源	UV-LED光源
厚膜硬化性	300 mW × 5 sec.	280 μm	100 μm	150 μm	ゲル状
	300 mW × 10 sec.	520 μm	250 μm	210 μm	ゲル状
表面未硬化有 or 無	300 mW × 5 sec.	無	無	無	有
	300 mW × 10 sec.	無	無	無	有

第4章　LED-UV硬化材料の開発動向

　結果から確認できるように，UV-LED光源においてカチオン重合による硬化性は著しく低下する。これは単純に光エネルギーの不足である。増感剤を用いることで硬化性の向上が確認できている。しかしながら，カチオン系重合においては，光重合開始剤の波長域と樹脂波長域の重複が多く，硬化表面による光の遮断は深部方向への硬化の妨げになるため，増感剤を使用することで硬化性の向上に繋がるものの厚膜硬化性の低下を招く結果となる。

　カチオン系光重合開始剤における増感反応は電子移動型増感であり酸化還元電位の関係を考えねばならない。励起状態で基底状態のオニウム塩と錯体を作製，その後増感剤から電子移動によりオニウム塩の分解が起こる。つまり，増感剤は低い酸化電位を持つことが必要であり，例えば，イソプロピルチオキサントン（スキーム9）の酸化電位は高いため，ヨードニウム塩の増感は可能であるがスルホニウム塩の増感はできないことになる。また，アントラセン誘導体における増感例も多く報告されている。

　一例を下記に示す。チオキサントン誘導体，アントラセン誘導体以外にもラジカル系光重合開始剤との併用においても増感作用があることが確認されている[9]。図14に反応式を示す。この反応はレドックス増感カチオン重合と言われており，生成されたラジカルがオニウム塩に酸化されることにより，最終的にカチオン種が発生，発生カチオン種はカチオン重合可能である。

　カチオン系光重合においては種々の増感により反応率，反応速度は上がるものの，実使用を考えた場合，UV-LED光源では光吸収量が少ないこと，光分解後の熱による重合が期待できないことが挙げられる。UV-LED光源への対応は今後のカチオン系光重合開始剤の技術革新が必要不可欠である。

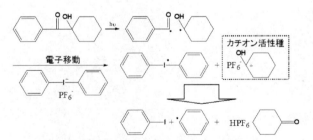

図14　ラジカル系光重合開始剤による増感機構

1.5　おわりに

　UV-LED光源は，今後，市場の後押しもあり装置としての有用性は益々高まると思われるため，光硬化性樹脂のUV-LED光源対応は必要不可欠になっている。ラジカル系光重合は上述のように対応する手段も多くあり，弊社においても対応商品はすでに上市済みである。しかしながら，

カチオン系光重合での UV-LED 光源への対応は未だできていないのが現状である。新規光源の普及により，対応する光硬化性樹脂が開発が急速に求められている今後の市場動向に注目したい。

文　　献

1) BASF ジャパン㈱　光重合開始剤総合カタログ
2) Jockusch, S., Turro, N. J., *Am. Chem. Soc.*, **121**, 3921 (1999)
3) Rist, G., Borer, A., Dierliker, K., Desobry, V., Fovassier, J. P., Rublmanm, D., *Macrolecules*, **25**, 4182 (1992)
4) J. -P. Fouassier, D., Burr, *Eur.Polym. J.*, **27**, 657 (1990)
5) C. Hoyle, M. Cole, S. Jonsson *et al.*, Photoinitiated Polymerization; ACS Symp. Ser., 847, American Chemical Society, Washington DC, p. 52 (2003)
6) I. Carsson, A. Harden, N. Rehnberg *et al.*, Photoinitiated Polymerization; ACS Symp. Ser., 847, American Chemical Society, Washington DC, p. 65 (2003)
7) 高井英行，"4.4.2 エポキシ化合物"，光応用技術・材料辞典，産業技術サービスセンター，pp. 160-163 (2006)
8) H. Sasaki, J. M. Rudzinski, T. Kakuchi, *J. Polm. Sci. Part A - Polym. Chem.*, **33**, 1807 (1995)
9) Y. Yagci, G. Gurkan, *Trends in Photochemistry and Photobiology*, **5**, 139-148 (1999)

2 光学系接着剤—UV-LED 光源の最適化（チオール・エン系を中心に）

渡辺 淳[*]

2.1 はじめに

　環境問題や省エネルギー化の重要性が世界的に謳われる中，紫外線（UV）で硬化する接着剤（UV 硬化型接着剤）が注目されている。UV 硬化型接着剤は生産性，作業性などの面でも多くの利点を持っているため，今日，電気・電子分野をはじめ幅広い分野で用いられている。

　UV 硬化型接着剤としては，フェニルケトンなどの光開始剤が紫外線の照射により励起されてラジカルを発生することで硬化が進行するアクリル系接着剤や，紫外線の照射により酸を発生する化合物を開始剤に用い，エポキシやオキセタンなどの環状エーテルを開環重合させて硬化が進行するエポキシ系接着剤が一般に知られている。このような UV 硬化型接着剤を硬化させるには，従来，高圧水銀ランプ，メタルハライドランプ，キセノンランプ，マイクロ波励起方式 UV ランプなどの放電ランプが非常に使いやすいという大きなメリットを有するため，幅広く用いられてきたが，ワークへ熱ダメージを与えるなど，製品品質の不安定化要因をもたらしうるなどのデメリットも有する。特にレンズ接合など，光学系の部品を UV 硬化型接着剤で接着固定する際には，最近は LED を光源とする UV 照射器（UV-LED）を用いるケースが増えてきている。

　本節では，UV 硬化型接着剤の硬化において光源に UV-LED を用いた時の特徴，"UV 硬化"を LED を用いて硬化（LED-UV 硬化）する際に適した UV 硬化型接着剤の設計，さらにチオール・エン系の UV 硬化型接着剤の接着における UV-LED 光源を用いた時の物性への影響などを解説する。

2.2 UV 硬化型接着剤の概要

　UV 硬化型接着剤は200～400 nm の紫外線を照射することにより，秒単位という短時間で硬化する 1 液・常温硬化・無溶剤型の接着剤である。

2.2.1 構成

　UV 硬化型接着剤の一般的な構成成分を図 1 に示す。光重合開始剤は，紫外線を吸収することで活性種（ラジカル，イオン，酸，塩）を発生し，光重合反応を開始させる機能を持つ。一方，樹脂成分を構成する光重合性オリゴマー・モノマーは，これら活性種と重合反応を行う成分である。このうち一方の光重合性オリゴマーは接着剤の硬化性，硬化物の強靭性，耐久性などを支配する重要な成分であり，もう片方の光重合性モノマーはオリゴマーの粘度を下げるだけでなく，

---

　[*] Jun Watanabe　電気化学工業㈱　電子材料総合研究所　精密材料研究部
　　　グループリーダー，主席研究員

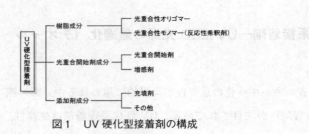

図1 UV硬化型接着剤の構成

硬化速度や密着性向上などの目的で用いられる。この他，目的に応じて，増感剤，充填剤，重合禁止剤，着色剤などの添加剤成分が加えられる。

2.2.2 硬化機構

UV硬化型接着剤は，その硬化機構により，ラジカル付加重合型，ラジカル重付加型，カチオン開環重合型に概ね大別される。表1に分類と特徴を示す。

ラジカル付加重合型のアクリル系UV硬化型接着剤は物性を様々に制御しやすいといったメリットがあるが，酸素による硬化阻害の問題点がある。これに対してラジカル重付加型のチオール・エン系やカチオン開環重合型のエポキシ系のUV硬化型接着剤では酸素による硬化阻害の問題を解決でき，密着性の良さなどのメリットがあるが，前者では臭気，後者では硬化に及ぼす水分の影響などの問題があり，それぞれ一長一短がある。

いずれのタイプの接着剤も，UV光の吸収によって非常に短時間のうちに活性種が生成，反応が開始して最終硬化まで進行していくため，光重合開始剤の光吸収スペクトルとUV発光線源のスペクトルを可能な限りマッチングさせることが必要となる。

2.3 UV-LEDの特徴

このようなUV硬化型接着剤を硬化させるには，従来，高圧水銀ランプ，メタルハライドラ

表1 UV硬化型接着剤の硬化機構による分類と特徴

接着剤種	硬化機構	樹脂成分	光重合開始剤	特徴
アクリル系接着剤	ラジカル付加重合	(メタ)アクリル末端オリゴマー (メタ)アクリルモノマー	ベンジルケタール類 チオキサントン類 その他	・速硬化 ・オリゴマー，モノマー種が多い ・酸素による硬化阻害あり
チオール・エン系接着剤	ラジカル重付加	ポリチオール ポリエン	同上	・可とう性大，硬化歪小 ・酸素による硬化阻害少 ・メルカプタンの特異臭あり
エポキシ系接着剤	カチオン開環重合	エポキシモノマー オキセタンモノマー	スルフォニウム塩 ヨードニウム塩	・酸素による硬化阻害なし ・暗反応（後硬化性）あり ・湿度の影響受ける

ンプ,マイクロ波励起方式UVランプなどの放電ランプが,使いやすさなどの特長を有するため幅広く用いられてきたが,下記のようなデメリットも有する[1]。

① 製品品質の不安定化要因:高温によるワークへのダメージ,光源寿命による出力低下,ロットによる性能バラツキ,照射エリア内の出力バラツキなど。

② 安全性:ランプの破損による水銀,鉛などの漏洩の危険性,爆発,オゾン発生の懸念など。

③ 高ランニングコスト:メンテナンス,消耗品の交換(ランプ,マイクロ波発生部位),高消費電力,フィルターやシャッターが必要など。

これに対してUV-LEDは様々な特徴を有する。UV-LEDの特性を,放電ランプと対比させてまとめると表2[2]のようになる。以下,UV-LEDの代表的な特徴を列挙する。

2.3.1 分光分布

高圧水銀ランプなどの放電ランプの発光波長分布は非常に広範囲に渡るため,220 nm以下の短波長紫外線によるオゾンの発生や,赤外線が含まれるためワークの過加熱による温度上昇が発生し,これに基づくワークの劣化や光硬化反応の制御性の低下などの問題がある[1]。

これに対してUV-LEDは一般的なUV硬化型接着剤の硬化に最適な365 nmを中心としたエネルギー分布を有するUV光を発生させることができるが,この波長分布が非常に狭く,オゾンの発生をもたらす低波長UV成分やワークの熱ダメージに繋がる赤外線を含まない。そのため,オゾンの発生の危険性がない,ワークの温度上昇を配慮する必要がないという利点がある。なかでもワークの温度上昇が抑制される点から,熱歪みを嫌うレンズ組み立てなど,低温・高精度固定接着が求められる用途に適する。またワークに対して接近してUV照射することができ

表2 UV-LEDと放電ランプの特徴の比較

	放電ランプ型UV照射器		UV-LED
	アーク型ランプ	無電極ランプ	
発光スペクトル	波長領域が非常に広い		波長領域が狭い(40 nm)
照度	$>1\,Watt/cm^2$		$>1\,Watt/cm^2$
光源寿命	200~2000 hrs	3000~6000 hrs	>10000 hrs
紫外線への変換効率	5 %	5 %	10%以上
消費電力	高消費電力		低消費電力
安全性	高電圧,オゾン発生可能性あり,ランプ破損		低電圧,オゾンなし,ランプ破損なし
消耗品	ランプ	ランプ,マイクロ波発生部位	なし
メンテナンス	ランプ交換,反射鏡清掃	マグネトロンなどの維持・交換	なし
コスト	高	高	低

文献[2]より抜粋して作成

るため，よりハイパワーな照射が可能となる。

2.3.2 寿命

高圧水銀ランプなどの放電ランプでは一般に時間の経過とともに出力パワーが低下していくが，UV-LEDでは10,000時間以上の連続照射後においても出力低下が僅かであり，長寿命であるという利点がある[1]。

2.3.3 高安全性・低ランニングコスト

UV-LEDでは，ランプの破損の心配がない，高圧水銀ランプのようなオゾンが発生する危険性がない，といった安全面の利点がある。一方ランニングコスト面でも，長寿命であることに加え，放電ランプでは頻繁なオンオフができないためシャッターで光照射制御を行うのに対し，UV-LEDでは光源を自由にオンオフできるため，省エネルギーであるとともに，素子が冷却されるためシステムの寿命の延命にも繋がり，低コストに寄与するという利点がある[1]。

2.4 LED-UV硬化に適したUV硬化型接着剤の設計

このようにUV-LEDは従来の放電ランプにはない優れた特長があるが，これまでのUV硬化型接着剤は放電ランプ方式の光源を用いて硬化特性が最適化されているため，そのままUV-LEDで硬化させようとしても，期待通りの特性を発揮しないケースがある。これはUV硬化型接着剤に用いられる光重合開始剤の光吸収スペクトルとUV-LEDの発光スペクトルがマッチングしていないためと考えられる。

これまでに390〜410 nmのUV光を発するUV-LEDを用いた場合の各種UV硬化システムの硬化特性における光重合開始剤種の依存性が既に報告され，光重合開始剤の光吸収スペクトルとUV-LEDの発光スペクトルのマッチングの重要性が指摘されている[3〜6]。ここでは365 nmのUV光を照射できるUV-LEDを用いた時の各種UV硬化型接着剤の硬化特性について，光重合開始剤の影響を調べた結果をまとめる。

まず，UV硬化型接着剤の代表例であるエポキシ系およびアクリル系の接着剤について，UV-LEDおよび高圧水銀ランプを用いた時の硬化特性の違いを評価した。いずれの接着剤も一般的に知られる光重合開始剤を配合しており，前者はスルフォニウム塩系の光カチオン開始剤，後者にはベンジルケタール系あるいはアシルホスフィンオキシド系の光ラジカル開始剤を用いた。なお硬化特性の比較は，ガラス同士を貼り合わせた時の剪断引張接着強さを比べることで行った。結果を表3に示す。

ベンジルケタール系あるいはアシルホスフィンオキシド系の光ラジカル開始剤を用いたアクリル系接着剤は，UV-LEDでも高圧水銀ランプを用いた場合と同等の接着強さが発現しているが，スルフォニウム塩系の光カチオン開始剤を配合したエポキシ系接着剤では高圧水銀ランプを用い

第4章　LED-UV硬化材料の開発動向

表3　UV-LEDと高圧水銀ランプを用いた時の光重合開始剤の種類による硬化特性の違い

	エポキシ接着剤 光カチオン系開始剤 スルホニウム塩	アクリル接着剤 光ラジカル系開始剤 ベンジルケタール系	アシルホスフィンオキシド系
引張せん断接着強さ (MPa)*			
UV-LED（波長365 nm）	固着せず	23	21
高圧水銀ランプ	2.4	21	23
接着強さの比（UV-LED/水銀ランプ）	0	1.1	0.9

＊　ガラス／ガラス，硬化条件150 mW/cm^2×20 sec

た時は硬化反応が進行して接着強さが発現するが，UV-LEDで照射した場合は全く硬化しないことがわかった。

これは，図2に示すように，ベンジルケタール系やアシルホスフィンオキシド系の光ラジカル開始剤は吸収スペクトルにおいて365 nm付近に吸収を持つために，UV-LEDから照射される365 nm光を良く吸収して硬化反応が迅速に進行するのに対して，スルホニウム塩系の光カチオン開始剤では365 nm領域にほとんどUV吸収を示さないため，UV-LEDからの365 nm光を有効に硬化反応に利用できないことが要因であると考えられる。

一般的な光カチオン開始剤は，ベンジルケタール系やアシルホスフィンオキシド系のような光ラジカル開始剤と比べると，UV吸収範囲が高波長領域まで及んでいないため，光カチオン開始剤のみを配合したエポキシ系UV硬化型接着剤ではLED-UV硬化は進行しにくい傾向にあると考えられる。

しかしエポキシ系UV硬化型接着剤でも，365 nm領域に吸収を有するような増感剤を併用することによって，LED-UV硬化を促進することが可能である。例えば，やはり一般的な光カチ

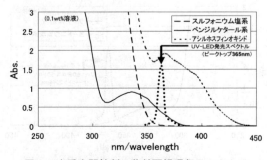

図2　光重合開始剤の紫外可視吸収スペクトル

表4 UV-LEDと高圧水銀ランプを用いた時の光重合開始剤の種類による硬化特性の違い—光カチオン／開始剤ケタール系光ラジカル開始剤の併用効果

引張せん断接着強さ（MPa）*	ヨードニウム塩単独	ヨードニウム塩／ケタール併用
UV-LED（波長365 nm）	固着せず	32.2
高圧水銀ランプ	5.1	24.7
接着強さの比（UV-LED/水銀ランプ）	0	1.3

* ガラス／ガラス，硬化条件150 mW/cm^2×20 sec

オン開始剤の1つであるヨードニウム塩のみを配合したエポキシ系接着剤と，このヨードニウム塩と365 nm光を吸収できるケタール系光ラジカル開始剤を併用したエポキシ系接着剤について，UV-LEDおよび高圧水銀ランプを用いた時の硬化特性の違いを評価した結果を表4に示す。

ヨードニウム塩のみを配合したエポキシ系接着剤ではやはりUV-LEDでは全く硬化しないが，ヨードニウム塩にケタール系光ラジカル開始剤を併用すると，UV-LEDでも高圧水銀ランプを用いた場合と同等の接着強さが発現するようになった。

図3に示すようにヨードニウム塩は365 nm領域にほとんどUV吸収を示さないため，ヨードニウム塩単独ではUV-LEDによっては硬化反応を開始できないが，365 nm付近に吸収を持つケタール系光ラジカル開始剤を併用することにより，これがUV-LEDから照射される365 nm光を有効に吸収することで，光開始剤から活性種が生成するようになり，硬化反応が進行するようになったものと考えられる[7]。

このようにLED-UV硬化においては，UV-LEDの発光スペクトルとマッチングしている光吸

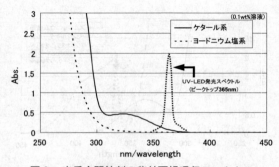

図3 光重合開始剤の紫外可視吸収スペクトル

第4章 LED-UV 硬化材料の開発動向

収スペクトルを有する光重合開始剤を用いた UV 硬化型接着剤を用いることが重要となる。

2.5 LED-UV 硬化させたチオール・エン系 UV 硬化型接着剤の特性

続いて, LED-UV 硬化させた時の UV 硬化型接着剤の特性を, 従来の放電ランプ方式と比較した。ここではチオール・エン系の弊社 UV 硬化型接着剤「ハードロック OP」を用いた。「ハードロック OP」は図4のようにチオール・エンのラジカル重付加反応を利用した接着剤であり, 様々な光学レンズ・プリズムの接合に用いられ, 光学・電子部品用途において確固たる地位を築いている。

2.5.1 「ハードロック OP」の特長

表5に代表的な「ハードロック OP」の物性値を示す。「ハードロック OP」の特長として, 以下の点が挙げられる。

① 速硬化性:UV 光の照射により速やかに硬化が進行する。
② 表面硬化性:空気接触下でも硬化性が優れる(図5)。
③ 高透明性:硬化物が無色透明であり光線透過性に優れる。
④ 高屈折率性:屈折率が高く(1.55近傍), ガラス材料の屈折率に近い。
⑤ 高接着性:特にガラスとの接着性に優れる。
⑥ 低応力・低硬化収縮性:硬化物が柔軟であり歪みを生じ難く, 硬化収縮率が低い。このため接着耐久性が高い。
⑦ ハンドリング性:低粘度で作業性に優れる。

これらの特徴は, 硬化反応が酸素阻害を受けにくいチオール・エンのラジカル重付加反応であ

図4 チオール・エンの硬化反応機構

図5 チオール・エンの空気硬化機構

表5 UV 硬化型接着剤の物性表

	グレード名	OP-1030K
	種類	チオール・エン系
	特徴	高透明・高屈折率
硬化前	外観	無色透明
	粘度 (mPa·s)	300
	固着時間 (秒)*	12
硬化後	硬化収縮率 (%)	6.8
	ガラス転移温度 (℃)	8
	硬度 [Shore]	D-45
	屈折率	1.555

* 5 mW/cm² のブラックライト照射下, ガラス剪断試験片が手で動かなくなるまでの時間

り，この反応様式が経時的に生成ポリマーの分子量が増大していくという段階的逐次反応であるために，硬化（重合）初期から高分子量体を与えるアクリル系 UV 硬化接着剤と比べて，硬化歪みが小さくなる性質があること，また硬化により生成するポリマーの主鎖骨格にはチオエーテル結合が導入され，原子屈折の大きいイオウ原子を含む柔軟な硬化皮膜を与えることなどにより，もたらされている[8]。

2.5.2 チオール・エン系 UV 硬化型接着剤の LED-UV 硬化特性

次に LED-UV 硬化させた時のチオール・エン系 UV 硬化型接着剤の特性を，従来の放電ランプ方式と比較した結果を示す。

まず，光ラジカル開始剤が用いられたチオール・エン系 UV 硬化型接着剤について UV-LED および高圧水銀ランプを用いた時の硬化特性を比較した。なお硬化特性の比較は，ガラス同士を貼り合わせた時の剪断引張接着強さを比べることで行った。結果を表6に示す。

ここで用いたチオール・エン系 UV 硬化型接着剤は UV-LED でも，高圧水銀ランプを用いた時とほぼ同等の接着強さが発現した。これは，365 nm 付近に吸収を持つ光ラジカル開始剤を用いているために，UV-LED から照射される 365 nm 光を効率良く吸収して，硬化反応が高圧水銀ランプの時と同様に十分に進行したことによると考えられる。なお光ラジカル開始剤を配合しないチオール・エン系では，UV-LED による 365 nm 光を照射しても硬化は進行しない。すなわち，UV-LED の発光スペクトルとマッチングした光吸収スペクトルを有する光重合開始剤を用いることが LED-UV 硬化システムの構築には重要であることがここでも確認された。

また，ここで用いた光ラジカル開始剤は約 385 nm 以下の短波長領域において UV 吸収能を持つことから，接着剤を十分に硬化させるには約 385 nm 以下の発光波長を持つ UV-LED 光源を選択する必要がある（表7）。

続いて，チオール・エン系 UV 硬化型接着剤について，UV-LED および高圧水銀ランプを用いて硬化させた場合の高温高湿下での接着耐久性を比較した（図6）。LED-UV 硬化でも，高圧水銀ランプを用いて硬化させた時と同等の耐久性が発現していることがわかる。

このようにチオール・エン系の UV 硬化接着剤では，従来の放電ランプ方式で得られる接着性と同等の特性が LED-UV 硬化によっても発現できる。この時，用いる UV-LED 光源は光重

表6 UV-LED と高圧水銀ランプを用いた時のチオール・エン系 UV 硬化型接着剤の硬化特性の比較（ガラス／ガラス接着性，OP-1030K）

	紫外線照射量 3000 mJ/cm²		引張剪断強さ（MPa）
	照度	照射時間	
水銀ランプ	10 mW/cm²	5 min	11.6
LED（365 nm）	10 mW/cm²	5 min	9.9

第 4 章　LED-UV 硬化材料の開発動向

表7　各種発光波長の UV-LED 光源を用いた時のチオール・エン系 UV 硬化型接着剤の硬化特性の比較[*1]

UV-LED 光源の発光波長（nm）	硬化状態[*2]
365 nm	○
375 nm	○
385 nm	○
405 nm	×

*1　スライドガラス／スライドガラスの間に接着剤をはさみ，光を照射し，硬化の有無を確認。
照度：$1\,mW/cm^2$（波長365 nm および405 nm），
照射時間：5 min，使用接着剤：OP-1030K
*2　○：硬化（固化），×：未硬化（液状）

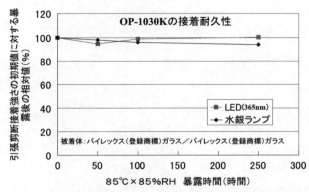

図6　チオール・エン系 UV 硬化型接着剤の高温高湿下の接着耐久性

合開始剤の吸収波長にマッチングした発光特性を持つものを選択すればよい。

2.6　おわりに

以上，LED 光源を用いた場合の光学系の UV 硬化型接着剤の特性について概説した。LED 光源は従来の放電ランプ方式に比べて様々なメリットがあるが，一方で短波長領域および長波長領域の光が出力されないために，酸素阻害による表面のタック性が除去されにくいといった欠点もある。しかし照射条件の最適化や窒素パージによりこのような問題も解決される方向にある[1]。また小型化も進み省スペース，さらに省エネルギーおよび環境の側面からも，今後，デジタルカメラ，液晶関係など，オプトエレクトロニクス・デジタル家電分野などにおいて LED 光源は幅広く適用されていくものと期待される。

文　　献

1) フランソア・ヴラック, 土岐晴一, 光応用技術・材料事典, p. 75, 産業技術サービスセンター (2006)
2) M. Owen, D. Anderson, B. Larson, MAY/JUNE 2004 RadTech Report, 53 (2004)
3) K. Dake, E. Montgomery, Y. C. Koo, M. Hubert, SEPTEMBER/OCTOBER 2004 RadTech Report, 51 (2004)
4) P. Mills, NOVEMBER/DECEMBER 2005 RadTech Report, 43 (2005)
5) P. Mills, RadTech Europe 2005 Conference & Exhibition, 159 (2005)
6) P. J. Courtney, B. Noonan, JANUARY/FEBRUARY 2005 RadTech Report, 53 (2005)
7) Y. Bi, D. C. Neckers, *Macromolecules*, **27**(14), 3683 (1994)
8) 渡辺淳, 日本接着学会誌, **43**(10), 398 (2007)

3 光学材料用 UV 硬化材料

佐内康之*

3.1 はじめに

近年,UV 硬化材料を光学材料として使用する事例が増えてきている。光学材料の例としては,プリズムシート,偏光板のような LCD 用部材,光ディスクのような記録媒体,光ファイバーのコーティングのような光伝達材料などを挙げることができる。用途によって求められる性能は大きく異なるが,多くの場合に共通して求められる性能として光学特性と異種基材を複合するための十分な接着力が挙げられる。そこで,本節ではこれらのアプリケーションで UV 硬化材料に求められる性能のうち,主要な光学特性の指標である屈折率,ハンドリング性,接着性に着目し,汎用性が高いと考えられる UV 硬化材料を紹介する。

3.2 屈折率に特徴のある UV 硬化材料

屈折率 n は非常に簡単に式(1)で表すことができる。式(1)から,屈折率を高くするためには,分子容 V を小さくし,分子屈折 R を大きくすればよいと予想される。

$$n = \frac{1 + 2[R]/V}{1 - [R]/V} \tag{1}$$

ところが,主な高分子材料の分子容の実測値[1]を高分子材料の屈折率[2]と比較すると,必ずしも分子容の大きさと屈折率の大小は一致していない。このことから,高分子材料の屈折率は,分子容よりも分子屈折の影響が大きいと考えることができる。

分子屈折は原子屈折と相関があり,分子を構成する原子の原子屈折の和からおおよその分子屈折を知ることができ,高分子材料の場合も同様の計算方法でおおまかな屈折率を算出することができる。

分子屈折は分極率 α とも密接な関係があり,分極率が大きいものほど屈折率は高くなる傾向がある。さらに分極率が既知の場合,屈折率は式(2)のように表すことができる。n は屈折率,M は分子量,ρ は密度,N は単位体積あたりの分子数,α は分極率,N_A はアボガドロ数を表す。

$$\frac{n^2 - 1}{n^2 + 2} = \frac{N\alpha}{3} = \frac{N_A \rho}{3M}\alpha = \phi$$

$$n = \sqrt{\frac{1 + 2\phi}{1 - \phi}} \tag{2}$$

すなわち,UV 硬化材料を構成する原子団について,式(1)や式(2)で表されるパラメーターがわ

---

* Yasuyuki Sanai 東亞合成㈱ アクリル事業部 高分子材料研究所 主査

かれば，高屈折率，低屈折率の材料を設計することができる。

3.2.1 高屈折率のUV硬化材料

屈折率を高める原子あるいは原子団としては，以下のようなものが材料設計に広く用いられており，これらのうちの複数の手法を組み合わせることも多い。

① 芳香族基を分子中に導入する。
② フッ素以外のハロゲン原子を分子中に導入する。
③ 硫黄原子を分子中に導入する。
④ 脂環式構造を分子中に導入する。

これらのうち，代表的なものを紹介する。

(1) **芳香族基の導入**

ベンゼン環は非常に分極率が大きく，屈折率の向上に効果があることが知られている。ベンゼン環の導入はアッベ数の低下をもたらすため用途によっては制限を受けることもあるが，芳香族基を有するUV硬化性樹脂のアッベ数はおおよそポリカーボネートと同等であり，広範囲の用途に使用することができる。代表的なアクリレートを表1に示す。表1では硬化前のモノマーとしての屈折率を示すが，UV硬化を行うことにより，おおよそ屈折率は0.01～0.03程度上昇することが多い。図1にこれらのUV硬化性樹脂のUV可視スペクトルを示すが，分子中の芳香族基の数が増えることにより吸収波長が高波長側にまで伸びることがわかる。このことは吸収波長が短い光重合開始剤を用いたり，照射波長が特定されたLEDを光源とした場合に硬化不良をもたらす恐れがあることを示しており，硬化プロセスとのマッチングが重要である。

(2) **フッ素以外のハロゲン原子の導入**

分子中にフッ素以外のハロゲン原子を導入することにより高屈折率とすることができる。高屈折率化への寄与はI>Br>Clとなっており，もっとも高屈折率にできるものはヨウ素原子である。ところが，炭素原子と各種ハロゲン原子との平均結合エネルギーの大きさはCl>Br>Iであ

表1 芳香族基を有するアクリレートの例

構造	n_D^{25}	構造	n_D^{25}
	1.538		1.517
	1.539		1.516
	1.615		1.576

第4章　LED-UV 硬化材料の開発動向

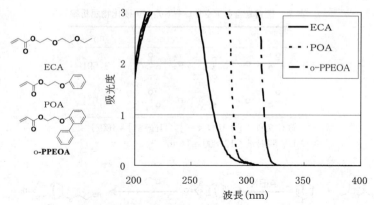

図1　ベンゼン環の導入による UV 可視スペクトル変化
測定条件：1％（wt/V）アセトニトリル溶液

り[3]．特にヨウ素は熱や光により結合が切れやすい。そのため，使用環境を十分考慮した設計が必要である。ハロゲンによる高屈折率化は結合エネルギーと効果の大きさとのバランスから，臭素原子が用いられることが多い。ハロゲン原子の導入による高屈折率化は，以前は活発に開発が進められていたが，近年は，光学材料にハロゲンフリーが求められることが多いことや，ハロゲン含量が多い樹脂は焼却処分できず，使用後の処理に問題があることから使用は限定されたものになっている。

(3) 硫黄原子の導入

硫黄原子を含む結合は原子屈折が非常に大きいことから，高屈折率化の手法としてよく知られており，レンズ用途などではチオウレタン系の材料がいくつか報告されている[4]。しかしながら，UV 硬化性樹脂としては硫黄原子を導入した化合物はあまり利用されていない。

この原因として，モノマー中に硫黄を含む不純物が存在すると硫黄臭が問題となったり，UV 硬化プロセス，あるいは使用環境において着色しやすい傾向があることが挙げられる。この他にも，硫黄を含むモノマーは室温で固体であるものが多く，他のモノマー，オリゴマーと相溶性が悪いものもあり，ハンドリング性が良好ではないことなども原因として考えられる。しかし，使用条件を適切に選べば比較的高屈折率のフィルムを得ることができる。表2に示す二種類の化合物では硫黄の価数のみが異なるが，原子屈折からの予想と同じく，より価数の小さいスルフィド結合を有する化合物の方がより高屈折率である。一方，スルフォンを有する化合物では融点が高く，他のアクリレートとの相溶性も悪いことが多く，硬化物の吸水性が高いため用途が限定される。また，最近では Okutsu ら[5]により，環状ジチオカーボネートを有する高屈折率の材料が報告されている（図2および表3）。

表2 硫黄を含むアクリレートのUV硬化物屈折率

構造	n_D^{25}
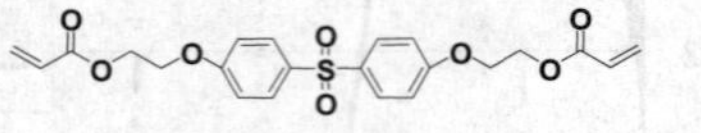 (スルホン型ジアクリレート)	1.591
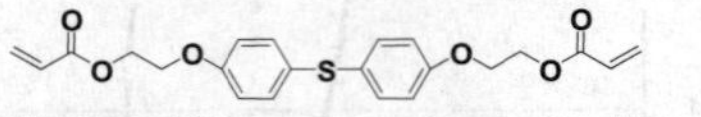 (スルフィド型ジアクリレート)	1.611

硬化条件：[オリゴマー]／[Irg184]＝100/1，UV照射量：13,800 mJ/cm²

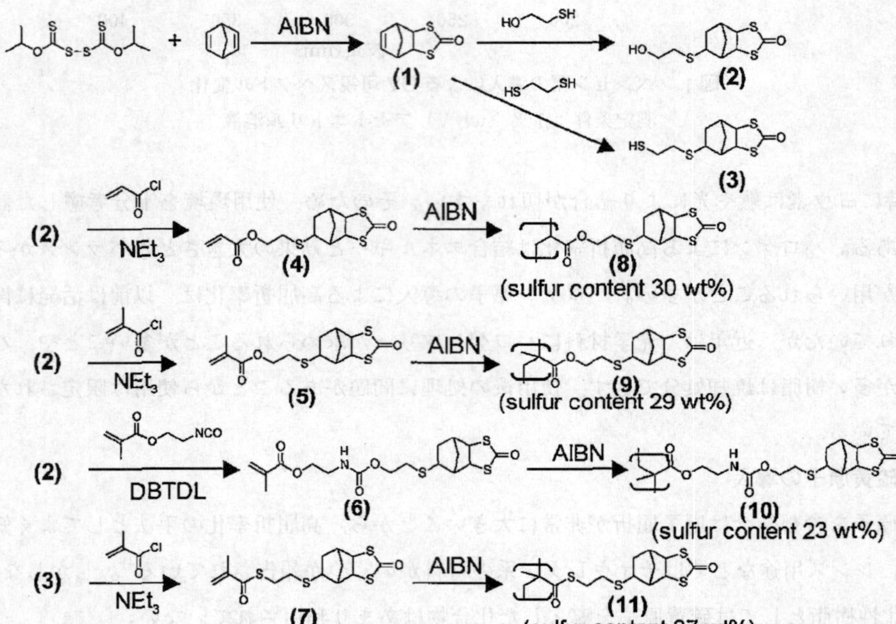

図2 環状ジチオカーボネート含有ポリマーの構造

表3 環状ジチオカーボネート含有ポリマーの光学特性

polymer	sulfur content (wt%)	d^{*1} (μm)	experimental						calculated[*6]	
			n_F^{*2}	n_D^{*3}	n_C^{*4}	ν_D^{*5}	n_∞^{*6}	D^{*6}	n_D	ν_D
8	30.4	325	1.630	1.618	1.615	40.2	1.595	8201	1.612	36.6
9	29.1	300	1.619	1.609	1.606	44.5	1.589	7270	1.606	37.1
10	23.0	230	1.602	1.592	1.588	42.9	1.571	7203	1.593	37.7
11	37.0	500	1.651	1.640	1.636	42.1	1.617	8033	1.646	32.7

*1 Film thickness. *2 Measured at 486 nm. *3 Measured at 589 nm. *4 Measured at 656 nm. *5 Estimated from curve fitting using the simplified Cauchy's formula. Calculated using eq 1. *6 Calculated from the wavelength-dependent molecular polarizabilities from DFT calculations with a constant packing coefficient ($K_p = 0.681$). The unit of D is nm². The same model compounds were used for calculations in the polymers 8 and 9.

第4章 LED-UV 硬化材料の開発動向

(4) 脂環式構造の導入

分子中に環状構造を導入すると，式(1)において分子容が減少するため，直鎖状の炭化水素を導入したときと比べ屈折率が上昇する。脂環式構造を導入するという手法は，単に屈折率が増加するのみではなく，直鎖アルキル基を導入する場合と異なり硬化フィルムの T_g 低下を防ぐことができる[6,7]。また，環状構造を導入しても吸収波長が高波長側にシフトしないため，LED を光源とした場合も効率の良い UV 硬化が期待できる。さらに，屈折率を高くしてもアッベ数の低下が少ないという特徴もある。代表的なアクリレートを表4に示す。

3.2.2 低屈折率の UV 硬化材料

UV 硬化樹脂の低屈折率化には，通常以下のような手法が用いられる。
① フッ素原子を分子中に導入する。
② 有機ケイ素化合物を配合成分として用いる。
③ 低屈折率の無機粒子を配合成分として用いる。

低屈折率が要求される用途としては，反射防止コーティングが良く知られている。通常，反射防止コーティングの表面にはハードコート性が要求されるため，フッ素原子を含むアクリレート化合物，メタクリレート化合物を含む UV 樹脂配合物にシリカ微粒子を添加する方法や，シリカ微粒子と有機ケイ素化合物のハイブリッド材料などが用いられることが多い。これらの手法は，コーティング膜が非常に薄い場合は高い光線透過率が得られるが，厚膜の場合には散乱により目的の光学特性が得られなくなる場合があるので注意が必要である。

柔軟性を要求される用途には，主としてフッ素原子を含むアクリレート化合物，メタクリレー

表4 脂環式構造を有するアクリレートの例

	n_D^{25}		n_D^{25}
[構造]	1.503	[構造]	1.508
[構造]	1.499	[構造]	1.495

表5 フッ素原子を含むアクリレートの例

	n_D^{25}	d^{25}
[構造 O-CH(CF₃)₂]	1.331	1.432[*1]
[構造 O-CF₂-CF₃]	1.336	1.320[*2]
[構造 O-(CF₂)₂H]	1.363	1.309[*2]
[構造 O-(CF₂)₄H]	1.346	1.481
[構造 O-(CF₂)₆H]	1.341	1.581[*2]
[構造 O-(CF₂)₈H]	1.337	1.646

[*1] 測定温度の記載なし
[*2] 20℃での測定データ

ト化合物を主成分とした配合物が用いられることが多い。フッ素原子を含むアクリレート化合物の例を表5[8)]に示すが，屈折率は側鎖のアルキル基に導入されたフッ素原子の数に比例することがわかる。しかしながら，アルキル基が長くなると得られる硬化物のTgは低下するため，耐熱性が要求される場合にはフッ素原子を多く含む低級エステルを用いる。

また，これらの化合物は他成分との相溶性があまり良くないために硬化塗膜が白濁することも多く，高光線透過率とするためには工夫が必要である。

3.3 フォーミュレーションに併用されるUV硬化材料

実際のフォーミュレーションでは，光学特性の最適化の他に，ハンドリング性を向上させるための粘度調整や，接着性を付与するための成分が併用されることが多い。粘度調整のために用いるオリゴマーとしては，エポキシアクリレート，ポリエステルアクリレート，ウレタンアクリレートが挙げられる。これらは図3に示すように，分子構造を構成する原料の多様性から分子設計の自由度が高い。エポキシアクリレートは原料や合成触媒の影響で着色が大きいものが多く，ポリエステルアクリレートは表面硬化性が劣ることから，無黄変型のポリイソシアネートを原料としたウレタンアクリレートが用いられることが多い。

また，接着力を向上させるためには通常単官能アクリレートが使用される。これらは用いる基材の特性に合わせて選択されるが，一例として親水性の高い基材に対しては，水酸基やテトラヒ

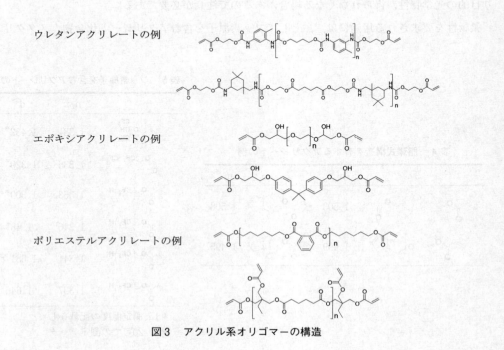

図3　アクリル系オリゴマーの構造

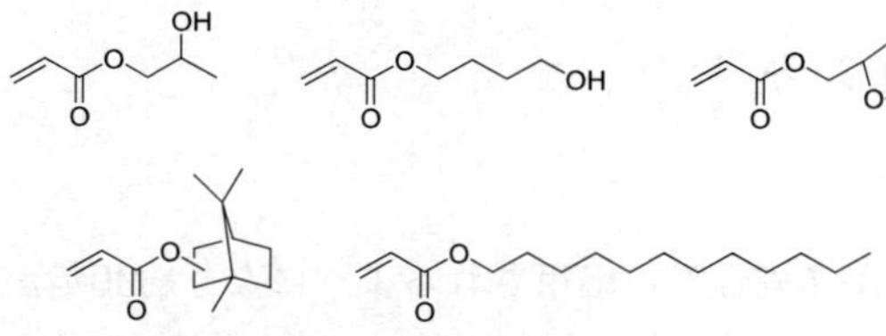

第 4 章　LED-UV 硬化材料の開発動向

図 4　接着性向上のために併用されるアクリレートの例

ドロフルフリル基を有するアクリレートで効果が高いことが多く，疎水性の高い基材に対しては脂環式構造を持つアクリレートで効果が高いことが多い。耐冷熱衝撃性が要求される場合は直鎖脂肪族のアクリレートも使用されることがある（図 4）。

3.4　おわりに

LED を用いた場合には，照射波長，基材温度が他の光源とは大きく異なるため，同じフォーミュレーションであっても接着強度や環境試験での挙動が従来の硬化方式とは大きく異なる可能性がある。LED-UV 硬化により得られるパフォーマンスには未知の部分が多いため，今後の本分野での研究開発が加速され，UV 硬化技術の新しいアプリケーションが発見され発展することを期待する。

文　　　　献

1) 井出文雄，寺田拡，光ファイバ・光学材料，高分子学会編，p.5，共立出版（1987）
2) J. Brandrup, E. H. Immergut, E. A. Grulke, Polymer Handbook 4th Edition, Wiley-Interscience Publication, VI/571-VI/582（1999）
3) 坪村宏，新物理化学（上），p.106，化学同人（1994）
4) 透明ポリマーの屈折率制御，日本化学会編，IV-15，p.179，学会出版センター（1998）
5) R. Okutsu, S. Ando, M. Ueda, *Chemistry of Materials*, **20**, 4017-4023（2008）
6) H. Kawai, F. Kanega, H. Kohkame, *SPIE*, **69**, 896（1989）
7) J. W. Mays, E. Siakali-Kioulafa, N. Hadjichristidis, *Macromolecules*, **23**, 3530（1990）
8) ダイキン化成品販売株式会社カタログ，Fluoro Organic Compounds

4　LED-UV 硬化インキ

山本　誓*

4.1　はじめに

　紫外線（UV）硬化技術が印刷分野に応用されるようになり約40年が経過した。この間，UVインキは瞬間硬化の利点を活かし，着実にシェアを伸ばしてきた。オフセット印刷に関しては，酸化重合型枚葉インキ（油性インキ）が有する乾燥性の問題（スプレーパウダー要，機上皮張り，乾燥待ち時間要，プラスチックなど非吸収基材上での乾燥難）や，VOCなどの環境課題に対する解答としてUVインキの採用が進んでいる[1]。インクジェット印刷においても，浸透や蒸発に頼らない乾燥定着が要求されるプラスチック基材や曲面部材，熱乾燥に不利な部材などへの印刷手段としてUVインキの採用が進み，マーキングなどの幅狭印刷から始まって2000年頃からはプロセスカラーによる一般印刷も盛んに行われている[2]。

　UVインキの硬化には水銀灯・メタルハライドなどの紫外線ランプが広く用いられてきたが，近年，紫外線発光ダイオード（UV-LED）を搭載したUV乾燥装置が登場し，印刷分野への応用が検討されている。LED方式の最大の長所として，ランプ方式と比較して消費電力が大幅に少ない点が挙げられ，温室効果ガスの削減努力が企業にも課せられる昨今において，LED方式の普及は印刷業界各社からも強く支持歓迎されるものである。

　LED-UV印刷システム登場の経緯としては，1997年に日亜化学工業㈱が世界で初めてUV-LED素子の開発に成功したことが起点であったが，当時は低出力（3 mW／チップ）であり用途は紙幣鑑別機用センサーなどに留まっていた[3]。しかしその後の高出力化により2007年には350 mW／チップが登場し，一気に既存UVランプに替わるインキ硬化用光源としての実用化検討が進んだ。

　実用化はまずインクジェット印刷から進展したが[4]，理由として①小型シャトル型ヘッドを搭載したマルチパス方式のプリンターにおいては使用するLED素子数が少なく装置コストが抑えられた②印刷速度が遅くインキ皮膜に対して複数回照射が行われるためにUV積算光量が稼げ，低出力の照射デバイスでも硬化可能であった，などが挙げられる。その後素子の高出力化に加え，実装や熱処理（水冷化）などのデバイス開発技術も進展し，2008年2月にはリョービ㈱がパナソニック電工㈱製の超高出力ライン型LED-UV照射装置を搭載したオフセット印刷機を発表した。LED装置は1灯のみであり（従来ランプは通常3～5灯），被照射媒体へのUV照射時間が10^{-2}オーダー秒と極めて過酷な条件下であるにも関わらず，実用に適う印刷物を提供すること

＊　Sei Yamamoto　DICグラフィックス㈱　インキ機材事業部　平版技術1グループ
　　研究主任

第4章 LED-UV硬化材料の開発動向

表1 LED-UV印刷機・照射装置メーカー一覧

印刷機メーカー	オフセット	リョービ[5], 三菱重工業[6], 篠原鐵工所
	インクジェット	ミマキエンジニアリング[7,8], ローランドディージー[9], コニカミノルタIJ, INX DIGITAL, 大日本スクリーン製造[10]
	フレキソ	GALLUS[11]
照射装置メーカー		パナソニック電工[12], PHOSEON, アイグラフィックス, SUN LLC, モモ・アライアンス, ウシオ電機, 浜松ホトニクス, NORDSON[13], GRAFIX, IST, SUMMIT[14], など

2009/12現在 社名敬称略，販売中／開発中含む

に成功し[5]，現在では多数の印刷会社に導入されている。表1に現在のグラフィックアーツ分野におけるLED-UV印刷機・照射装置メーカー一覧を示す[6~14]。

欧米の印刷業界でもLED印刷は大きな注目を集めており，2009年9月にブリュッセルにて開催されたLABEL EXPOではラベル用フレキソ印刷機が発表された[11]。今後LED印刷市場はさらに活性化し，特に光源に関しては従来印刷分野に疎遠であったデバイスメーカーも新規参入し，競合と淘汰が進んでいくものと思われる。将来はUV光源の一部がランプからLEDへ移行していくことが予想されるが，一方で省電力ランプ開発も盛んに行われており[15,16]，これら省エネルギー光源の開発競争によりUV印刷市場全体が一層発展していくことが期待される。

LED-UVインキ開発はこれら省電力印刷システムの一翼を担う重要な技術である。後述するが既存UVインキはLED光源ではほとんど硬化せず，実用レベルの乾燥性を得るためには特別なカスタマイズが要求される。また今後製品ラインナップ拡充やアプリケーション拡大を推進していくには様々な技術課題を克服する必要がある。

本節の記述はLED-UV硬化型インキに的を絞り，原材料選択のポイントからLED照射が硬化膜物性へ与える影響や硬化レベルの確認，さらに技術的課題の整理と解決に向けた提案・開発アプローチなどについて述べていく。印刷機や照射装置，用途事例などの詳細に関しては，本書の該当項目を参照いただきたい。

4.2 インキ組成とLED照射装置の特徴

表2に2009年現在における一般的なオフセット／インクジェットLEDインキの組成と，対応するLED照射条件の概要を示した。

まず顔料は従来UVインキと同一構造のものが使用される。黄・紅インキは，オフセットでは発色性や印刷適性，コストなどを考慮して一般にYellow 12, 13やRed 57:1が使用され，インクジェットでは顔料微細化による耐光性低下や保存安定性などを考慮してYellow 74, 150やRed 122が使用される。藍・墨インキはオフセット，インクジェットとも一般にBlue 15:3や

表2　LED-UVインキ組成の一例（ラジカル重合系）と照射条件

インキ組成		オフセット		インクジェット	
インキ組成	顔料	Yellow 12,13 Red 57:1 Blue 15:3 Black 7	10～20%	Yellow 74,150 Red 122 Blue 15:3 Black 7	2～5%
	光開始剤	5～20%		10～20%	
	オリゴマー・プレポリマー	10～20%		～10%	
	アクリレートモノマー	三官能以上中心	30～60%	単官能・二官能中心	60～80%
	助剤	重合禁止剤・ワックスなど	～5%	重合禁止剤・分散剤・界面活性剤など	～3%
インキ粘度		10～30 Pa・s		5～20 mPa・s^{*1}	
印刷時膜厚		1～2 μm		～15 μm	
LED照射条件	波長	365,385,395 nm など		365,385,395 nm など	
	照射方式	ライン型／シングルパス		シャトル型／マルチパス	
	照射装置冷却方式	水冷		空冷	
	WD（照射距離）	10 mm		8 mm	
	照射強度	2000～4000 mW/cm^2		数百～2000 mW/cm^2	
	印刷速度	100～200 m/min.		5～15 m^2/h.^{*2}	
用途	印刷基材	紙・合成紙など		PET・PVC・ポリカ	

＊1　加温吐出時
＊2　画質にもよる

Black 7が使用される。

　重合性モノマーも従来UVインキで実績ある既存品[17]を利用することができる。印刷速度が高速であり，UV照射が極めて短時間に限定されるオフセットインキでは，高粘度・高硬化性の多官能アクリレートモノマー（主に三官能以上）を使用し，硬化性能を高める必要がある。一方インクジェットでは高粘度モノマーはノズルからの吐出性能を損なうため，低粘度の単官能もしくは二官能アクリレート主体のモノマー構成とする必要があり，重合性オリゴマーやプレポリマー成分の使用も少量に制限される。したがってトレード・オフの関係にある高硬化と低粘度化の両立には様々な工夫が必要である[18]。

　LED照射機の仕様も異なり，オフセット用途には高出力に特化したライン型の水冷タイプを，インクジェット用途には省スペース性やLow-End印刷分野におけるコストダウンを考慮したシャトル型の小型空冷デバイスを採用するのが一般的である[19]。照射強度（mW/cm^2）は樹脂硬化用途のスポット照射装置などと比較して一概に高いが，印刷分野での生産性を考慮すればさら

第4章　LED-UV 硬化材料の開発動向

なる高強度化が望まれる。

　基材については，オフセットでは紙印刷が需要の中核を占めるが，インクジェットではフィルム印刷が中心であり，種類も広範である。現在では基材に応じて柔軟性インキ／硬質性インキの2タイプを切り替えられるプリンターも販売されている[10,20]。

4.3　LED-UV インキ原料の選択

　以下に LED-UV インキ原材料選択のポイントや注意点を述べる。データは主にオフセット印刷用インキ・コーティングニスのものであるが，LED 硬化ならではの技術課題や対策方法はインクジェット開発にも共通する部分が多く，参考としていただきたい。

　第一に，光重合開始剤と LED 波長のマッチング検討は LED-UV インキ開発の根幹をなす重要な作業である。表3，図1に UV インキで一般に使用される開始剤の吸光度と LED 発光波長との相関を示す。LED 光源と一口にいっても 365 nm と 395 nm では開始剤の吸収特性は大きく異なり，光源波長に合わせてインキ中の開始剤組成・濃度を選定する必要がある。従来 UV インキで広範に使用される Irgacure 184 や Irgacure 907 は LED 発光波長域（365～420 nm）では極めて吸光度が低く，例えば Irgacure 369 のような，より長波長吸収を有する開始剤を選択する必要がある。ただしそれでも波長マッチングは充分とはいえず，既存の光開始剤の電子励起状態を形成させる光源としてはランプ光源のほうが効率的であるとの見解もある[21]。

　一方で，ジエチルチオキサントン（DETX）やジエチルアミノベンゾフェノン（EAB）といった光増感剤は優れた LED 吸光特性を示している。Irgacure 907 に代表される α-アミノアルキルフェノン類はこれら増感剤から三重項エネルギー移動型増感を受けることが知られており[22]，硬化促進が期待できる。ただしこれら増感剤は反応時の副反応などにより塗膜の黄変を呈するため，淡色インキや無色透明のコーティングニスなどでは使用量が極少量に限定される。また有色系であってもインクジェットでは顔料に対する開始剤の配合濃度が高いため，特に紅藍インキでは黄変が目立ちやすく注意しなくてはならない。

　または水素供与体として三級アミン化合物の利用も有効である。水素引き抜き反応により発生したラジカルは空気中の酸素ラジカルによる重合阻害を比較的受けにくいことは古くから知られており[23]，LED 硬化系においても効果が得られる。水素引き抜き型開始剤であるベンゾフェノン類やチオキサントン類との併用が効果的であるが，単独でも一定の硬化促進が得られる。したがって 4-ジメチルアミノ安息香酸エチル（EDB）などの芳香族三級アミン系開始剤は，LED 吸光特性はなくとも利用でき，同様に各種アミン変性オリゴマーやアクリレート，脂肪族三級アミン化合物なども同様の効果を示す。ただし注意点として，増感剤ほどではないが黄変を呈する傾向があること，またオフセットインキにおいてアミン化合物は印刷適性（乳化バランス）を極端

表3 代表的なラジカル光重合開始剤の吸光度一覧 (0.01 wt%)

			A250	A300	A365	A395
Alkyl phenones	benzil dimethyl ketal	Irgacure651/Ciba(BASF)	4.67	0.22	0.04	0.00
	2-hydroxy-2-methyl-1-phenyl-1-propanone	Darocure1173/Ciba(BASF)	5.43	0.12	0.01	0.01
	1-hydroxycyclohexyl phenyl ketone	Irgacure184/Ciba(BASF)	4.52	0.11	0.02	0.01
	4-(2-hydroxyethoxy) phenyl-2-hydroxy-2-methyl-2-propan-1-one	Irgacure2959/Ciba(BASF)	2.19	1.59	0.01	0.00
	2-hydroxy-1-[4-[4-(2-hydroxy-2-methyl-propionyl)-benzyl]-phenyl]-2-methyl-propan-1-one	Irgacure127/Ciba(BASF)	6.56	0.23	0.03	0.02
	2-methyl-1-[4-(methylthio) phenyl]-2-morpholino propan-2-one	Irgacure907/Ciba(BASF)	0.72	5.98	0.07	0.01
	2-benzyl-2-dimethylamino-1-(4-morpholinophenyl) butan-1-one	Irgacure369/Ciba(BASF)	1.19	3.38	0.79	0.07
	2-[4-(methylbenzyl]-2-dimethylamino-1-(4-morpholinophenyl) butan-1-one	Irgacure379/Ciba(BASF)	1.34	3.27	0.81	0.09
Acylphosphine oxides	2,4,6-trimethylbenzoyl diphenylphosphine oxide	DarocureTPO/Ciba(BASF)	2.01	0.89	0.15	0.10
	bis(2,4,6-trimethylbenzoyl) phenyl phosphine oxide	Irgacure819/Ciba(BASF)	1.40	0.79	0.11	0.08
Benzophenones	Methyl 2-benzoylbenzoate	SpeedcureMBB/Lambson	6.10	0.16	0.01	0.00
	4-methyl benzophenone	SpeedcureMBP/Lambson	7.68	0.56	0.07	0.04
Amine synergists	ethyl p-dimethylaminobenzoate	SpeedcureEDB/Lambson	0.67	11.77	0.00	0.00
	(2-dimethylamino) ethyl benzoate	SpeedcureDMB/Lambson	0.58	0.02	0.01	0.01
	bis-4,4'-diethylamino benzophenone	EAB-SS/Daido-kasei	4.47	2.14	10.67	7.36
Thioxanthones	isopropyl thioxanthone	SpeedcureITX/Lambson	4.80	1.27	1.57	1.67
	2,4-diethyl thioxanthone	SpeedcureDETX/Lambson	4.29	1.45	1.37	1.79

に損なう場合があり，材料の選択は慎重に行う必要がある。

ただし上述の各方策を施した上でも，ほとんどの開始剤は350 nm 以上の長波長領域にかけて急激な吸光度の低下を示すことから，現存する UV-LED 発光波長域（365～420 nm）で実用レ

第4章　LED-UV 硬化材料の開発動向

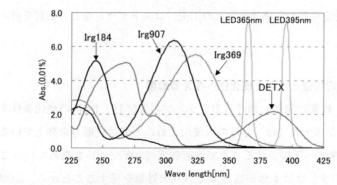

図1　UV-LED 発光波長域における光開始剤の吸収スペクトル

ベルに達する硬化反応を得ようとする場合，従来 UV インキと比較して開始剤量を相応に増やす必要がある。加えて開始剤は UV インキ原料の中では比較的高価であり，特に長波長吸収の開始剤は従来 UV インキに使用される汎用開始剤と比較して数倍高価であるために，LED-UV インキの原料費は大分割高になってしまう。

次に，プロセスカラー顔料の吸光度と LED 発光波長との相関を図2に示した。顔料は紫外領域においても吸収特性を有し，LED 照射機より発せられる UV エネルギーを奪うため，開始剤の反応性を損なう。波長領域がランプより狭い LED 発光においては，顔料吸収は硬化性により強い影響を及ぼすため，LED-UV インキ設計の際はより慎重に顔料によるエネルギー損失を見込んだ開始剤選択を行う。一例として，図中の藍顔料では365 nm より395 nm の顔料吸収が低くなるので，395 nm 以上に吸収を有する開始剤を使用することで十分な硬化が得られるとの報告もある[24]。

現在市場に流通する弊社 LED-UV インキ（製品名：ダイキュア　アビリオ LED など）は，より良好な硬化性能を得るために，上述した開始剤やアミン化合物以外にも広範な材料選択を実施

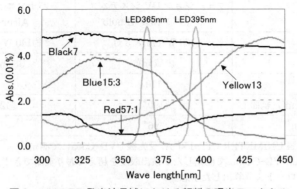

図2　UV-LED 発光波長域における顔料の吸光スペクトル

しており，さらに安定生産や印刷適性向上の工夫，コストダウンなどの検討を積み重ねて完成したものである。

4.4 LED-UV 照射の特徴とインキ硬化性へ与える影響

表4にオフセット枚葉印刷機における UV ランプおよび UV-LED の硬化条件を掲載した。現行の LED-UV 照射システムでは，1灯のみ使用することで消費電力を抑えていること，照射距離を10 mm と印刷媒体へ近接させることで照射強度（mW/cm^2）を高めていることが特徴である。一方従来の UV ランプは本体が高熱源であり赤外線を発することから，印刷媒体への熱ダメージを防ぐために照射距離を離す必要があり，側面・裏面への拡散光は反射板で集光させる構造を取っている。表4に示す UV-LED の照射強度（mW/cm^2）は予想値ではあるが，UV-LED は単一波長ながらも照射強度は UV ランプを大きく上回ることがわかる。ラジカル重合系では酸素による重合阻害を抑制するには照射強度を上げ，発生ラジカル濃度を高めることが重要であるといわれており[2,25]，LED 照射の場合にもそのまま当てはまる。LED-UV 照射機は，例えば照射距離を10→30 mm に離すだけでも照射強度は1/2以下に低下し硬化性が低下するので可能な限り近接させる必要がある。

図3に UV 藍インキのモノマー重合率と硬化速度を示す。重合率はインキを実印刷濃度でアルミ基材上に展色し，UV 照射前後で二重結合由来の809 cm^{-1} 吸光度変化を測定することで算出した。硬化性はコート紙上にて，表面硬化をラビング法で，内部硬化をスクラッチ法で評価し，皮膜に傷が発生し始める硬化速度（m/min.）を決定した。

従来 UV インキを LED 照射しても重合が進まず，僅か20 m/min. で皮膜表面に傷が発生して

表4　オフセット枚葉印刷（速度：120 m/min.）における UV ランプ，UV-LED 照射条件

	UV ランプ硬化	LED-UV 硬化
光源	フュージョン UV システムズ・ジャパン㈱製 D bulb	パナソニック電工㈱製 Aicure UD-80
電力・灯数	160 W/cm × 3灯	約140 W/cm × 1灯
発光波長領域	広域分布	385 nm 中心
照射距離（mm）	110	10
照射強度（mW/cm^2）紙面上	1190[*1]	約2650[*2]
積算光量（mJ/cm^2）	96[*1]	22[*3]

[*1]　ウシオ電機製 UNIMETER UIT-150-A/受光機 UVD-C365にて測定。
[*2]　UIT-150-A/UVD-C405にて測定したが検出限度を超えており実測できず，低出力時プロットより算出した予想値。
[*3]　UIT-150-A/UVD-C405にて測定。

第4章　LED-UV 硬化材料の開発動向

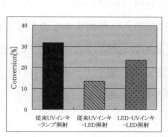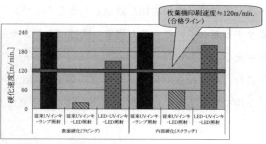

図3　UV 照射後のモノマー重合率と硬化速度（プロセス藍インキ）

しまうが，LED-UV インキであれば硬化速度は大幅に向上し，枚葉印刷の実生産レベルに相当する120 m/min. での硬化をクリアする。ただし従来 UV インキをランプで硬化させる既存構成と比較すると重合率はまだ低く，特に表面硬化速度が劣る傾向があるが，原因としてはラジカル発生量の差が挙げられる。すなわち LED 照射では従来 UV ランプと比較して発生するラジカル量が少なく，酸素阻害による失活分を差し引くと重合に寄与するラジカル量が大幅に減ってしまい，特に酸素と接する皮膜表面において重合反応が進行しにくいことが考えられる。

　LED-UV インキの硬化収縮挙動を図4に示した。UV インキは重合反応に伴いモノマー分子間距離が共有結合距離に縮まるため，皮膜体積が収縮する。UV ランプ照射時には収縮が著しい一方，LED 照射時はほとんど収縮が確認されなかった。加えて PP シート上にインキを展色し，

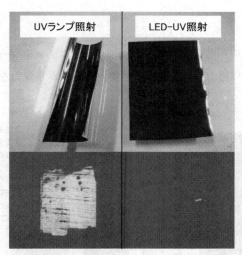

図4　UV 照射時におけるインキ塗膜の硬化収縮挙動
写真上：アルミ蒸着 PET フィルム（25μm）上に LED-UV 藍インキを1.5 MIL 厚で塗布
写真下：PP シート上に LED-UV 藍インキを通常印刷濃度で展色，セロテープ剥離試験法により基材への接着性を評価

セロテープ剥離試験にて接着性を評価したところ，ランプ照射時は簡単に剥離したが，LED照射時は剥離せず定着していた。この現象も同様にラジカル発生量の差に起因するものと考えられる。

収縮挙動をランプ照射に近づけるためにはモノマーの官能基数を増すアプローチは当然有効であるが，これだけでは表面硬化をランプ同等まで向上させることは難しく，根本的には「ラジカル発生量を増やす」もしくは「酸素阻害を防ぐ」手立てが必要である。

4.5 硬化性の向上と省エネルギー性の両立

そこでUVコーティングニスの事例に基づいて，硬化速度を高める手法を幾つかご紹介したい。図5に各方式におけるニスの硬化速度および消費電力量を示す。ニスはコート紙上に厚さ5 μm にて塗工し，照射後に表面硬化をラビング法で評価し，皮膜に傷が発生し始める硬化速度（m/min.）を決定した。

従来UVニスはLED光源では全く硬化しない。またLED-UVニスを用いても硬化速度は80 m/min.程度に留まり，ランプ照射と比べて見劣りする。これは先に述べた通り，無色透明なニスでは意匠性（低黄変）を考慮すると原材料の選択肢が大幅に制限されるためであり，加えてニスは低粘度であり溶存酸素量と外部酸素の塗膜中への拡散に起因する重合阻害の影響が高粘度インキより強く出ていることも一因と考えられる[2]。またLEDを1→2灯へ増やした条件においても硬化速度は80→120 m/min.程度に留まった。硬化促進をエネルギー増大に頼る方法はLEDシステム最大の長所である省電力性を損ない，装置コスト増に繋がることからも根本的な対策法とはいえない。

① 手法1：LED＋ランプハイブリッド

LED照射時の表面硬化の不足をランプ照射で補う手法は，従来から提案されている[25]。本検討においてもLED・ランプ出力の最適化検討により，トータル電力を従来比40％に抑えつつ硬

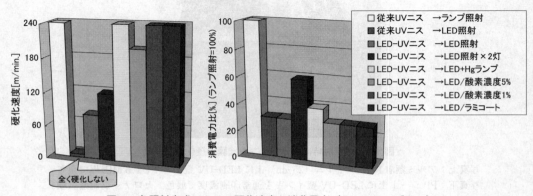

図5　各照射方式における硬化速度と消費電力（コーティングニス）

第4章 LED-UV 硬化材料の開発動向

化速度240 m/min. 以上を達成できることを確認した。ランプ用設備（ブロワ，配電盤，冷却設備など）がいることがデメリットだが，UV ランプを既設している印刷機であればLED 照射装置を後付けすることで本手法を利用することが可能である。

② 手法2：不活性ガス利用

窒素・二酸化炭素などの不活性気体をフローして表面酸素を取り除く方法も提唱されており[25～27]，ガス使用によりコストは増加するがLED 照射にも利用できる。テーブルテストではあるが，酸素濃度を5％程度以下に抑えることで大幅に硬化速度を向上できることを確認した。実印刷に応用するには照射雰囲気中の酸素濃度を安定化させるための設備が必要であるが，オフセット枚葉印刷機でもUV ランプイナーティングの実例はあり[28]，EB 照射レベルの酸素濃度管理（ppm オーダー）は要求されないことから可能性が期待される。

③ 手法3：UV ラミコート照射

フィルムラミネーション照射とも呼ばれ，ニス塗布面にフィルムを被せた状態でUV 照射し，硬化後にフィルムを剥離する方法である。ランプ照射系では高光沢・ホログラムパターンなどの意匠性付与目的で近年注目されている印刷方式であるが[29]，空気中酸素をシャットアウトできる構成のため，LED 照射でも硬化速度240 m/min. 以上を達成できることを確認した。

これらの手法は，既存印刷方式を組み合わせることでLED の省電力優位を保ちつつ大幅な硬化速度向上をもたらすものであり，目標速度によってはさらに電力を減らすことも可能である。

4.6 今後の課題

LED-UV 印刷を広めるには，長所である省電力性を堅持しつつ「生産性」「用途」「コスト」をUV ランプ方式と同等以上のレベルまで高める必要がある。

インキ面の課題としては
① コーティングニス，フィルム用高接着インキなどのラインナップ拡充
② 硬化性向上（200 m/min. 以上の高速印刷に対応）
③ 増感剤構造を有する開始剤など[22]やカチオン重合性材料[19,30]など，新材料の検討

などが挙げられるが，現在のLED 照射条件では様々な技術的制約や困難があることは先述の通りである。本節では硬化性を向上させる幾つかの手法を紹介したが，将来的にはLED 単独照射でも十分な硬化速度を得るべく，

① 短波長LED の開発[31] →開始剤とのマッチング向上
② 照射強度アップ　　　　→ラジカル発生濃度増加
③ 紫外線変換効率向上　→電気代削減
④ チップコストダウン　　→装置コスト削減

といった素子・照射装置サイドの進展にも期待したい。デバイス改良がインキ設計の幅を広げ，さらなる硬化性向上やコストダウンも可能となることから，LED-UV システムの普及には関連企業一体の取り組みが必須と考える。

文　　献

1) 笠井正紀, *DIC Technical Review*, No. 8 (2002)
2) 野口弘道, 色材, **75**(8), 394 (2002)
3) 川野憲二, 第104回ラドテック研究会講演会講演資料, 27 (2007)
4) Dan Marx, *RADTECH REPORT*, Dec, 42 (2007)
5) 印刷界, **4**, 90 (2008)
6) 印刷界, **9**, 95 (2009)
7) 黒沢章, 印刷雑誌, **91**(12), 12 (2009)
8) 印刷情報, **8**, 44 (2008)
9) 印刷界, **10**, 104 (2008)
10) 印刷新聞, 2009年9月30日
11) PHOSEON 社ホームページ
    http://www.phoseon.com/applications/flexographic_printing.htm
12) 福田敦男, 印刷雑誌, **92**(10), 23 (2009)
13) 印刷技術懇談会 (2009年9月11日) NORDSON 講演資料「LED UV の基礎と応用」
14) 印刷情報, **7**, 54 (2009)
15) 特許公開 2008-178821
16) 印刷情報, **12**, 22 (2009)
17) 山岡亞夫, フォトポリマーハンドブック, 32, フォトポリマー懇話会 (1989)
18) Sebastien Villeneuve, Fusion UV Seminar 2007予稿集
19) 笠井清資, 日本印刷学会誌, **45**(6), 602 (2008)
20) 印刷情報, **6**, 51 (2009)
21) 折笠輝雄, 日本印刷学会誌, **45**(6), 609 (2008)
22) 倉久稔, *J. Jpn. Soc. Colour Mater.*, **82**(4), 151 (2009)
23) 石原直, フォトポリマーハンドブック, 386, フォトポリマー懇話会 (1989)
24) 特許公開 2006-206875
25) Paul Mills and Tom Molamphy, *RADTECH REPORT*, March/April, 40 (2008)
26) 角岡正弘, 技術情報協会「UV 硬化のトラブル対策 Q&A」セミナーテキスト (2008)
27) 特許公開 2004-358770, 2005-15764, 2005-199672
28) Heidelberg 社・IST 社「クールキュアー UV システム」紹介資料
29) 印刷情報, **8**, 28 (2008)

第 4 章 LED-UV 硬化材料の開発動向

30) 小関健一, ラドテック研究会年報, No. 22, 195 (2007-2008)
31) ㈱理化学研究所プレスリリース (2008年7月4日)

5 歯科用 LED 硬化材料および技術

岡崎正之*

5.1 歯科用レジンの変遷

歯科用レジン（プラスチック）材料としては，1933年にドイツで開発されたPlexiglas®が主流である。この有機ガラスは，戦闘機のフロントガラスとして割れないガラスはないかということから考案されたと言われている。化学組成としては，MMA（methyl methacrylate）で，現在も義歯（入れ歯）材料として広く用いられている。重合方法としては，開始剤 BPO（benzoyl peroxide）を予めポリマー粉末 PMMA に入れておき，モノマー溶液 MMA と混合し，加熱することにより重合する方式を採用している（図1）。これが加熱重合レジンである。一方，MMA モノマー溶液側にも触媒 DMPT（dimethyl-*para*-toluidine）を入れておき，BPO を含む PMMA ポリマー粉末と混合することにより常温で重合が開始する，いわゆる化学重合型常温（即時，自己）重合レジンである[1]。

この常温重合レジンは，当初修復レジンとして歯の窩洞に詰めたが，接着力がほとんどなかったため重合収縮により簡単にはずれた。その後，筆積法により重合収縮の問題はかなり改善されたが，機械的強度も低いため臨床で余り普及しなかった。1960年代になり，Bowen が多官能性モノマーとしての Bis-GMA（bisphenol A-glycidyl methacrylate）（図2）を使ったフィラー含有コンポジットレジンを開発することにより急速に歯科修復法は発展していった。しかし，このコンポジットレジンも接着力が乏しい欠点があり，酸エッチング法による機械的嵌合力を利用したボンディング剤の開発が行われ，接着歯学が大いに発展することになる。とりわけ，4-META（4-methacryloxyethyl trimellitate anhydride）と phenyl-P（MEPP：methacryloxyethyl phosphoric

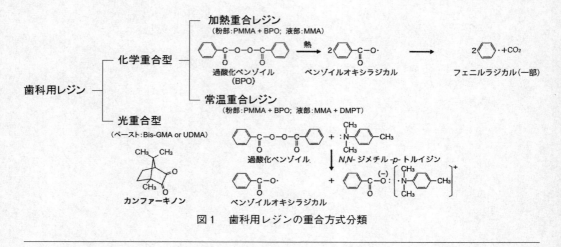

図1 歯科用レジンの重合方式分類

* Masayuki Okazaki 広島大学 大学院医歯薬学総合研究科 生体材料学研究室 教授

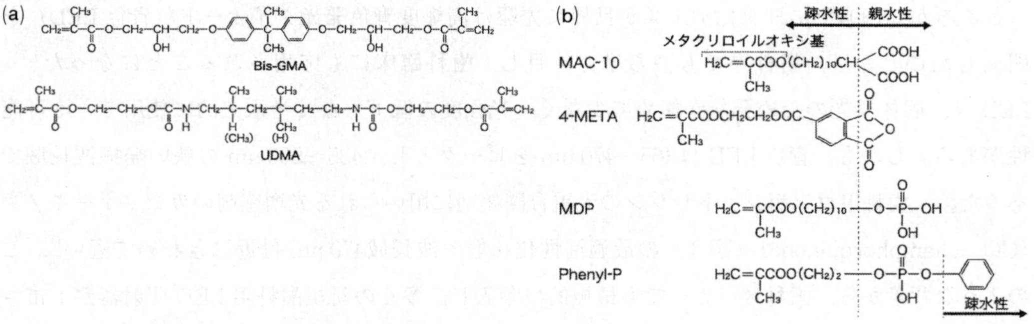

第4章 LED-UV硬化材料の開発動向

図2 歯科用コンポジットレジンモノマー(a)と接着性レジンモノマー(b)[1]

phenyl)のような接着性レジンの開発は，歯科臨床に貴重な福音をもたらしたと言える。最近では，より生体安全性の観点からBis-GMAに代わりUDMA（urethane dimethacrylate）がベースレジンとしてよく用いられている。ただ，これら歯科用レジンでは，如何に迅速に練和して修復作業をするかに最大の注意を払う必要があり，常に緊張が伴う。そこで開発されたのが光重合レジンと照射器である[2]。

5.2 光照射器の登場

工業界では，環境汚染問題がクローズアップされて以降，有機溶媒の脱却手段として紫外線や電子線を用いた光硬化技術が注目され，紫外線硬化技術は，その取り扱い易さ，省スペース，価格などの理由から広く使われるようになった[3,4]。歯科界でも，この工業界での光硬化技術が導入され，従来の化学重合型レジンに代わる材料が模索された。1970年には，ベンゾインアルキルエーテルを用いた紫外線硬化型コンポジットレジン（Nuva-Fil®）が上市された。ただ，紫外線硬化法は，当初水銀ランプを光源として用いていたため，高電圧をかけるトランスが必要となり重量のある大型にならざるをえなかった。また，レジンの重合深度も浅く，特に紫外線による人体への為害作用が懸念されたため，1973年に青色領域の可視光線硬化型コンポジットレジン（Fotofil®）が開発された。また，光源もハロゲンランプを用いることで軽量・小型化することにより急速に需要が拡大していった。現在，歯科用コンポジットレジンにはほとんど可視光線重合型が採用されている。

初期のハロゲンランプ照射器では，長い光ファイバーを用いて導光するタイプであったが，その後光源がライトガイドと一体化したガン（銃）タイプが主流となった。ただ，ハロゲンランプはWフィラメントの熱放射による発光であるため，エネルギーの大部分が熱エネルギーに変換されエネルギー効率は10%程度ときわめて低い。このような背景の中で，工業界ではUV発生装置にLEDを用いる方法が提案された[5]。

ところが，1994年に日亜化学工業が世界に先駆け高輝度青色発光ダイオード（青色 LED）を開発したことから，歯科界でもいち早く注目し，歯科臨床にも応用されることになった[6,7]。LED は，固体発光のため発熱が極めて少なく，光強度の低下もなく半永久的に使用できる可能性がある。しかも，青色 LED は465〜470 nm をピークとし，435〜500 nm の狭い発振波長域であるため，歯科用コンポジットレジンの光重合開始剤に用いられる光増感剤のカンファーキノン（CQ：champhorquinone）（図3）の最適活性化状態の波長域470 nm 付近にきわめて近い[1]。このような背景から，歯科メーカーでも積極的に参入し，多くの新規歯科用 LED 照射器が上市されている（図4）。また，材料にも配合比を調整しながら最適の LED 照射用光重合型コンポジットレジンの開発が行われている。ただ，より安全な材料や，UV ではなく紫色 LED 照射器の開発研究も進んでいる[3]。

5.3 生体安全性

歯科材料・医用材料や技術では，工業用材料・技術と異なり患者や医療従事者に直接あるいは間接的に影響を与えることがあるため，安全・安心の観点から開発に当たってはしばしば開発条件に制約を受けることが少なくない。特に最近，QOL（quality of life）に対する関心の高まりとともに，医療の分野でも生体により優しい材料を求める動きが芽生え，このような高まりが，総合的な生体材料に対する安全性評価として注目されつつある[8,9]。

歯科材料，広い意味での生体材料の口腔内への適用に当たっては，物理学的（機械的）耐久性や化学的安定性のみならず，生物学的安全性をも重視する必要がある。したがって歯科材料は，

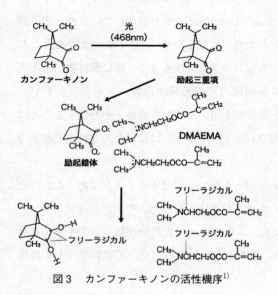

図3 カンファーキノンの活性機序[1]

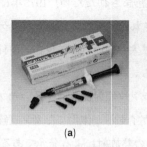

図4 歯科用光重合型フロアブルコンポジットレジン(a)と LED 光照射器(b)
（㈱松風のご厚意による）

第4章　LED-UV硬化材料の開発動向

生体親和性（biocompatibility）の観点から十分な安全性評価試験がなされ，臨床で使用されることが肝要である。なぜなら，科学の進歩，とくに生物学の発展によりこれまで考えもしなかったような生体反応が次々とクローズアップされ，ときとして生体に深刻な影響を与えることが明らかになってきたからである[10]。

われわれは，現在使われている材料，あるいは今後新たに開発されようとしている材料についても生体安全性の面から，慎重に検討していくことが必要である。為害作用は患者ばかりでなく，医療従事者にも深刻な影響を及ぼす可能性を秘めている。

歯科材料や生体材料を歯科医療へ応用するに際し，安全・安心の面から生物学的評価は重要である。一般の医療機器の生物学的評価に関しては，国際規格としてISO10993-1（2003）：Biological evaluation of medical devicesがある。国内規格としては，国際規格に基づきJIST0993-1（2004）「医療機器の生物学的評価―第1部：評価及び試験」が規定されている[1,10]。

生物学的評価試験を選択する場合，関連試験に関する研究・調査を行うこと，および実際に試験を行うことの両方がある。評価対象材料が，評価した結果，設計中の機器材料と同等な役割で

表1　生体材料の前臨床的生体適合性試験[1,10]

医療用具の分類		接触時間	生物学的試験								
			細胞毒性	感作性	刺激性・皮内反応	急性全身毒性	亜急性毒性	遺伝毒性	発熱性	埋植試験	血液適合性
接触部位		A：一時的接触（24時間以内） B：短・中期的接触（1〜29日） C：長期的接触（30日以上）									
非接触用具											
表面接触用具	皮膚	A	○	○	○						
		B	○	○	○						
		C	○	○	○						
	粘膜	A	○	○	○						
		B	○	○	○						
		C	○	○	○		○	○			
	損傷表面	A	○	○	○						
		B	○	○	○						
		C	○	○	○		○	○			
体内植込み用具	組織／骨	A	○	○	○						
		B	○	○				○		○	
		C	○	○				○		○	
	血液	A	○	○	○	○			○	○	○
		B	○	○	○	○		○	○	○	○
		C	○	○	○	○		○	○	○	○

使用された確たる実績を有する場合には，試験を行う必要がないという結論に到達することもあり得る．JIST0993-1には，医療機器および接触期間カテゴリーについて考慮しなければならない主要評価試験が要約されている．

歯科材料の試験法に関する規定についても，ISO7405(1997)：Dentistry-Preclinical evaluation of biocompatibility of medical devices used in dentistry — Test methods for dental materials を翻訳し，技術的内容および規格票の様式を変更することなくJIST6001（2005）「歯科用医療機器の生体適合性の前臨床評価—歯科材料の試験方法」として規定され，前述したISO10993の規格群を含んでいる（表１）．したがって，今後の歯科用LED硬化材料および技術の開発に当たっては，これら規定を十分認識しておく必要がある．

文　　献

1) 鈴木一臣　他編，スタンダード歯科理工学，学建書院（2009）
2) 宮崎隆　他編，臨床歯科理工学，医歯薬出版（2006）
3) 手島渉，歯科用紫色LED照射器の重合効率に関する研究，学位論文（2004）
4) 手島渉，野村雄二，名原行徳，岡崎正之，LED照射器の現状と将来性—波長および出力からみた歯科材料の硬化性について—，DE 154，30-32（2006）
5) 紺田哲史，北村賢次，光学部品用LED-UV硬化接着剤，パナソニック電子技報，**56**，75-80（2008）
6) 中村修二，青色発光ダイオード，日経エレクトロニクス，**602**，93-102（1994）
7) Nakamura S, Mukai T, Senoh M, Candela class high brightness in GaN/AlGaN double heterostructure blue light emitting diodes, *Appl Phys Lett*, **64**, 1687-1689 (1994)
8) 筏義人　編，バイオマテリアル入門，学会出版センター（1993）
9) 岡崎正之，山下仁大　編，セラミックバイオマテリアル，コロナ社（2009）
10) 佐藤温重，石川達也，桜井靖久，中村晃忠　編，バイオマテリアルと生体—副作用と安全，中山書店（1998）

第5章 これからの展開が期待される UV 硬化材料

1 第一級チオール系モノマー――UV 硬化における添加剤としての活用法

川﨑德明*

1.1 はじめに

地球環境の保護が声高に叫ばれ始め，産業界も全く無関係ではいられなくなってから久しい。急速硬化による省エネルギー化や固形分の高濃度化による VOC 低減のメリットも持つ UV 硬化技術は，旧来の加熱硬化系に比べ環境にやさしい技術としてますます注目を浴びている。現在はアクリレート・メタクリレート化合物を用いたラジカル重合系がこの UV 硬化のアプリケーションのほとんどを占めているが，万能ではないことは周知のとおりである。一方，古くから知られている反応に，エン／チオール反応がある[1]。これはむしろアクリレート重合系より古くから見出されており種々のメリットを有していたが，チオール化合物の臭気のため現在ではごく僅かの実用例にとどまっている。我々はメルカプトプロピオン酸の世界的に見ても数少ないメーカーの1つであり，チオール化合物の合成プロセスを再度入念に見直して大幅な低臭気化を行った。さらにこのエン／チオール反応系に着目し種々の検討を行ってきた。本節では弊社内で行った評価結果を中心に，エン／チオール反応の特徴について紹介する。

1.2 チオール化合物

エン／チオール反応には，1つの分子中に複数のチオール基を持つ化合物（ポリチオールと呼ぶ）が使用される。骨格は種々のものが考えられるが，弊社での代表的な銘柄を表1に示す。

これらはすべてメルカプトプロピオン酸と多価アルコールとのエステル化反応で得られる構造である。イオウ源として使用しているメルカプトプロピオン酸は，カルボニル炭素のベータ位にチオール基を有していることから，カルボニル酸素とチオール基のプロトンとの水素結合による相互作用で，六員環の安定構造をとることができると考えられている。これよりこの構造を持つ化合物は，種々のチオール化合物の中でも特に高い活性を持っている。種々の骨格を持つ多価アルコールを使い分けることにより，さまざまなポリチオールが合成される。これらの化合物は末端に極性の高いチオール基を持つことで，分子間の相互作用が強くなり粘度や表面張力が高くなる傾向がある。上記の化合物も透明粘稠な液体であり，また汎用のアクリレート化合物である

---

* Noriaki Kawasaki　堺化学工業㈱　中央研究所　B1グループ　主任研究員

表1　ポリチオールの分析例

	構　造	粘度 (mPa/s)	屈折率 (25℃, 589 nm)	表面張力 (mN/m)
TEMPIC		5,400	1.54	53
TMMP		130	1.52	46
PEMP		430	1.53	50
DPMP		2,500	1.53	51

HDDAやビスフェノールA型ジアクリレートの表面張力が40〜44 mN/mに対してポリチオールは46〜53 mN/mとやや高い値を示す。さらにイオウ原子は原子屈折が大きく，これゆえ含イオウ化合物は比較的屈折率が高いものとなる。これらは屈折率とアッベ数とのバランスがとりやすく，ある種のポリチオールは，プラスチックレンズの原料として使用されることもある。

1.3　反応経路

エン／チオール反応では，図1のような素反応をベースとしている。

UV照射により光開始剤から発生したラジカルがチオール基のプロトンを引き抜きチイルラジカルが生成する。これが二重結合に付加し，さらにこの次の連鎖移動反応によりチイルラジカルが再び発生する。理想的なエン／チオール反応では，成長反応である(1)と連鎖移動反応(2)が1対1で進行する[2]点が，従来のアクリレート化合物を用いた重合系と大きく異なる点である。この特徴が及ぼす影響については後で詳しく述べる。

1.4　酸素阻害

エン／チオール反応のメリットの1つに，硬化時の酸素阻害フリーが挙げられる。今回汎用のアクリレート化合物であるビスフェノールA型ジアクリレートを用いた塗料を，塗膜に対する表面の影響が大きいとされる10 μm以下の厚みで塗布し，UV照射量を低減することで酸素阻害

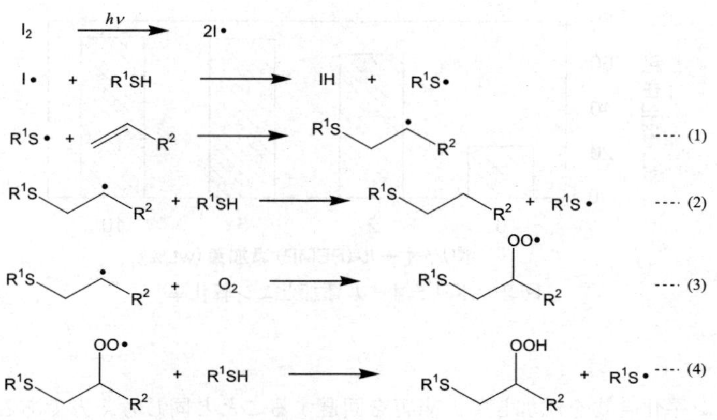

第5章 これからの展開が期待されるUV硬化材料

$$I_2 \xrightarrow{h\nu} 2I\cdot$$

$$I\cdot + R^1SH \longrightarrow IH + R^1S\cdot$$

$$R^1S\cdot + \underset{}{CH_2=CHR^2} \longrightarrow R^1S-CH_2-\dot{C}HR^2 \quad \cdots (1)$$

$$R^1S-CH_2-\dot{C}HR^2 + R^1SH \longrightarrow R^1S-CH_2-CH_2R^2 + R^1S\cdot \quad \cdots (2)$$

$$R^1S-CH_2-\dot{C}HR^2 + O_2 \longrightarrow R^1S-CH_2-CH(OO\cdot)R^2 \quad \cdots (3)$$

$$R^1S-CH_2-CH(OO\cdot)R^2 + R^1SH \longrightarrow R^1S-CH_2-CH(OOH)R^2 + R^1S\cdot \quad \cdots (4)$$

図1　素反応

により表面硬化不良を起こしている状態を再現した。ここに四官能タイプのポリチオールPEMPを添加していき，硬化後塗膜の表面状態を観察した。試験時にウエット塗膜の一部をカバーフィルムで覆い，大気を遮断することで酸素の影響を確認する部分も作成した。この結果を表2に示す。

UV照射量を減らした表面硬化不良の状態でも，カバーフィルムをかけて大気を遮断すると硬化が進行しタックフリーとなることがわかる。さらにポリチオールの適量，今回の場合では5％程度を加えることで，表面硬化性が大きく向上することが確認された。さらに，露出部分のIRスペクトルを測定することで，エン部分，すなわちアクリレート化合物の転化率を算出した。この結果を図2に示す。

サンプルを液膜での透過法で測定しているため，表面部分だけではなく膜全体を見ていることになるが，アクリレート化合物のみのブランクではごく低かったエン転化率が，ポリチオールを加えることで飛躍的に向上したことが確認され，触指による評価と整合性がとれた。

酸素阻害の原因は，アクリレート化合物に対して不活性な過酸化物ラジカルの生成が原因とされる。一方，チオール基のプロトンは過酸化物ラジカルによっても引き抜かれチイルラジカルを

表2　ポリチオール添加による表面硬化性向上

ポリチオール添加量	0％（BLK）	2％	5％	10％
露出部分 （O_2あり）	×× 硬化不良	× 表面タック	◎ 良好	◎ 良好
カバーフィルム下部分 （O_2なし）	◎ 良好	◎ 良好	◎ 良好	◎ 良好

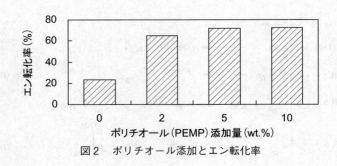

図2 ポリチオール添加とエン転化率

再生する。アミン系化合物を添加して，阻害を回避することと同じ考え方である。上記の反応経路でも示したように，チオール化合物を添加することで，酸素の消費ルートができるために阻害をキャンセルすることができることが確認された。

1.5 深部硬化

UV硬化系は，光を通常一方（表面）から照射してそのエネルギーを光開始剤に与え，ここからラジカルなどの活性種を発生させ重合体を得るものであり，光が届かないところは硬化しない。このためフィラーなどを塗膜に添加する際は注意が必要である。よく使用されるUV光の365 nm付近の波長で考えると，この波長の半分である約200 nm程度のフィラーがMie散乱によって最も後方散乱するといわれている。場合によっては膜内部でUV光が後方散乱し底部まで到達せず，膜底部の硬化不良につながることもある。そこで，チオール基の高い活性を活かす手法として，塗膜の深部硬化を改善できないか検証した。一次粒子径を約200 nm付近に制御された白色顔料のTiO_2を溶剤を使用してペースト化し，アクリレート化合物の塗料に添加して白色塗料のサンプルとした。比較としてフィラーを含まないクリアーもサンプルとした。これらの塗料をガラス板に膜厚24 μmで塗布し，一部カバーフィルムをかけて大気遮断部分も作っておき，UV照射してできた塗膜の状態を観察した。この結果を表3に示す。

フィラーを添加しないクリアーの場合は，酸素阻害の検証と同様の結果となり，底部は硬化良

表3 深部硬化性

	クリア	白色塗料			
ポリチオール添加量		0％（BLK）	4％	9％	20％
露出部分（O_2あり）	×× O_2阻害	×× O_2阻害	◎	◎	◎
カバーフィルム下部分（O_2なし）	◎	× 底部不良	◎	◎	◎

第5章 これからの展開が期待される UV 硬化材料

好であった。一方ポリチオールを添加しないフィラーとアクリレート化合物のみの白塗料（0％）では，硬化後にカバーフィルムを剥離しようとする際に塗膜そのものが破壊されて，カバーフィルムに付着してきた塗膜とガラス板に未硬化の塗料の付着が見られた。これはフィラーによる後方散乱ゆえの光量不足が原因と思われる膜底部の硬化不良である。ここにポリチオールを添加すると，表面硬化性はもちろんのこと，膜底部もしっかり硬化してカバーフィルム剥離の際にも膜が壊れることはなかった。また，ポリチオール添加塗膜をガラス板との界面で注意深く剥離し，IR スペクトルにてエン部分の転化率を比較しても塗膜の裏表で有意差は確認できず，底部も表面と同様に反応が進行していることが確認された。膜厚をどんどん厚くしていくと，ポリチオール添加系でも最終的には膜底部の硬化不良は起こってしまうが，通常の膜厚では底部硬化の改善にポリチオール添加が有効であることがわかった。

1.6 衝撃試験

塗膜の機能を下地の保護として考えた場合，外部からの衝撃も外乱の1つに数えられる。よく用いられるのは落下式の衝撃試験（図3）であり，これは一定質量の分銅をある高さから塗膜の上に置いた撃型へ落下させ，その衝撃での塗膜のワレ，ハガレを観察するものである。これをさらに定量的に評価するべく，サンプル数を増やして JIS に記載されている統計的手法を用いたデータ解析法で，衝撃エネルギーの吸収度合いを数値化した。今回ウレタンアクリレートをベースとし，ここに四官能タイプのポリチオール PEMP を添加し塗料サンプルとした。この塗料を2mm 厚に成型し UV 照射で硬化させ板状のサンプルとした。このサンプルを500gの分銅を使用して衝撃試験に供した。この結果を図4に示す。

ベースのウレタンアクリレートは衝撃に弱く，小さい衝撃でサンプルにすぐクラックが入ってしまい衝撃破壊エネルギーは低い値にとどまっている。ポリチオールを添加していくと，低添

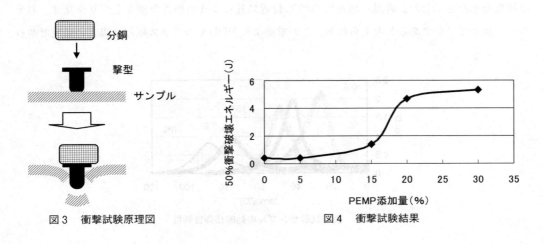

図3　衝撃試験原理図　　　　　図4　衝撃試験結果

量の領域では衝撃破壊エネルギーの向上が見られるが、僅かな量である。しかし15％から20％へポリチオールを増量すると、衝撃破壊エネルギーは大きく向上した。さらにこれらの配合から得られた硬化物の動的粘弾性特性を測定した。このうちtan Dの結果を図5に示す。

　tan Dのピークトップの温度をガラス転移温度と考えると、ベースのウレタンアクリレートの約90℃に始まり、ポリチオールを添加していくにしたがって低温側にシフトしていくことがわかった。エン／チオール反応の硬化物の特徴として、素反応からも明らかなようにネットワーク中にスルフィド結合が生成していることが挙げられる。この結合は変角・回転などの自由度が高くフレキシブルな結合であり、含有量が増加すると、バルクとしてこれらを含む硬化物のガラス転移温度が低下していく。今回も30％添加時には、ピークトップが27℃となり、衝撃試験の実施温度25℃とほぼ同程度までガラス転移温度が低下した。一方、衝撃破壊エネルギーが大きく向上する15～20％の添加領域では、ガラス転移温度は50～43℃であり試験温度ではサンプルはゴム状態ではなくガラス状態にあるといえる。しかし、スルフィド結合を多く含む配合の場合、この結合のフレキシビリティが硬化物に与えられた衝撃を、うまく熱散逸させてクラックなどの発生から守っているのではないかと考えている。

1.7　硬化物の均一性

　硬化物の動的粘弾性から読み取れるエン／チオール反応のもう1つの特徴に、ガラス転移温度付近のtan Dもしくは損失弾性率のピークの形がある。これは図5のデータにも現れているが、さらに端的な事例を報告する。汎用の二官能アクリレート化合物であるHDDAをベースとして、これまでと同様に四官能タイプのポリチオールPEMPを添加していきUV硬化させサンプルとした。これらの動的粘弾性特性のうち、tan Dの結果を図6に示す。

　結果のうち0％で表しているベースアクリレート化合物のHDDAのみの場合、tan Dは非常に緩慢な挙動を示した。昇温中僅かに約80℃付近に丘のような小さな盛り上がりを見せ、おそらくこれがピークであると考えられる。この挙動よりHDDAのガラス転移は幅広い温度でゆっ

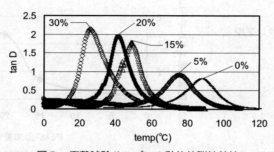

図5　衝撃試験サンプルの動的粘弾性特性

第5章 これからの展開が期待される UV 硬化材料

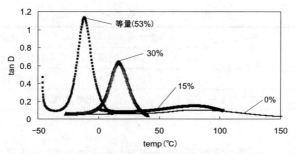

図6 エン／チオール反応系硬化物の動的粘弾性

くり徐々に起こっていくことがわかった。これは硬化物のネットワークが均一ではなく，低い温度でガラス転移する部分とより高い温度で転移する部分が混在していることが原因と考えられる。いいかえるならば，硬化物ネットワークの粗密があるといえるだろう。ここにポリチオールを添加していくと，なだらかな丘が明瞭なピークを持つような形になり，ピークの半値幅が小さくなっていくことが見て取れる。既述のように，ピークトップから読み取れるガラス転移温度そのものは，ポリチオール添加で一義的に低温シフトしていく。しかし転移がより狭い温度で起こるということは，ネットワークの粗密がなくなり機械物性的な均一性が向上したといえる。このネットワークの粗密の減少は，機械的物性のみならず塗膜の光透過率の向上という特性にも寄与していることが確認されている。アクリレート化合物を用いた UV 硬化の研究で，ミクロゲルという言葉が使われ始めて久しい。これは硬化のごく初期にできる，光開始剤由来のラジカル発生点を中心としたモノマー濃度の高い部分のことを指している。通常の配合物では，硬化反応の進行につれてミクロゲルが緩和されて濃度が均一な方向に近づいていくが，今回の HDDA のように濃度の差，すなわち粗密が大きいまま硬化反応が終了する場合もある。アクリレート化合物の持っている特徴ともいえよう。

一方，ポリチオールを添加したエン／チオール系の反応では少し異なった挙動が見られる。既述のとおり，エン／チオール反応はチオールとエンの付加反応を素反応としている。多官能モノマーどうしを使用した付加反応系において，枝分かれ理論から推察されたモノマー転化率とゲル化点との相関を示す数式が提唱されている[3]。

$$\alpha = [1/r(f_{thiol} - 1)(f_{ene} - 1)]^{1/2} \tag{1}$$

α：重合率，r：チオール／エンのモル比，f_{thiol}：チオールの官能基数，f_{ene}：エンの官能基数

これを用いて，二種類のチオール化合物とエン化合物の組み合わせの，ゲル化点における転化率を模擬的に算出した結果を表4に示す。

表4 遅れてくるゲル化点

	r（チオール／エン）	ゲル化点
エン／チオール系	3／3 官能	転化率50%
	4／4 官能	転化率33%
一般（メタ）アクリレート系	転化率 10%↓	

比較として，アクリレート系の実験データを併記した。アクリレート系は付加反応ではなく，枝分かれ理論の適応外なので一概に比較はできないが，参考値としては有用である。これを見るとエン／チオール系ではゲル化点での転化率が非常に高い。これは液状の塗料から硬化反応を経て塗膜など硬化物を与える際，反応が進んでからも流動状態を保っているということを示している。硬化反応のごく初期に，同様のミクロゲルが生成しても，塗膜の流動性が高いため遠く離れた未反応のモノマーとも反応が可能になり，結果としてミクロゲルの消失につながると考えられる。対してアクリレート系では，硬化反応の初期で転化率が非常に低い10%程度でゲル化し，塗膜の流動性が失われている。よって近傍のモノマーとしか反応できない状態になり，ミクロゲルの緩和に不利な条件で反応が進行せざるを得ない。このようにエン／チオール反応は，本質的に塗膜の均一性が高い特徴を持っているといえるだろう。

1.8 おわりに

エン／チオール反応はもはや過去のもので，臭くて使えないとのネガティブなイメージは払拭し得ない。しかしアクリレート系にはないメリットも多く備えていることも間違いない事実である。UV硬化に求められる機能がますます多様化するなかで，チオールが技術の壁を突破するアイテムの1つになり得る可能性を秘めたものと信じて我々は開発を進めている。

文　　献

1) Kharasch, M. S., *et al., Chem Ind.*, **57**, 752（1938）他
2) Morgan, C. R., *et al.*, Thiol-Ene Photo-Curable Polymers, *Journal of Polymer Science Part a-Polymer Chemistry*, **15**(3), 627（1977）; Hoyle, C. E., *et al.*, Thiol-enes: Chemistry of the past with promise for the future, *Journal of Polymer Science Part a-Polymer Chemistry*, **42**(21), 5301（2004）
3) Jacobine, A. F., *et. al., J. Appl.Polym Sci.*, **45**, 471（1992）

2 第二級チオール―UV硬化における添加剤としての活用

室伏克己*

2.1 はじめに

近年，UV硬化技術は硬化時間が短い，熱に弱い製品にも適用できるなどの理由から，多種多様な工業製品に利用され，その使用量は年々増加している。一方，UV硬化技術で最も多く使用されているのはラジカル重合系であり，特にアクリル系である。そのような背景の中で，チオール化合物は，ラジカル重合系の硬化促進剤として使用される有用な化合物である。

本節では，チオール化合物の構造とUV硬化材料に添加剤として使用した場合の特性について紹介する。

2.2 第二級チオールとは

チオール化合物と二重結合のラジカル硬化システムは，1940年初めに二官能チオール化合物とエンを含む組成物で光または熱によって硬化が進むことが報告されている。この技術はエン―チオール硬化反応として，1970年以降に各種用途，特にコーティング用途，接着剤用途などで検討された[1]。このエン―チオール硬化反応の最大の特徴は，ラジカル反応にも関わらず，酸素による重合阻害を非常に受けにくい点であり，これがチオール化合物の有用性の1つとなっている。

一般的には，アクリレート系モノマーのUV硬化反応はラジカル連鎖反応で進むが，エン―チオール硬化反応はラジカル的な付加重合で進み，かつ二重結合への熱付加反応が競争的に起こる複雑な反応系である[2]。さらに，種々の反応挙動および応用についても詳細な報告がなされている[3]。

その他にも，UV硬化技術の用途においては，UV硬化性，硬化収縮，密着強度，機械的特性（破断強度や伸び）など種々の改善要求があり，チオール化合物にはこれらの課題を解決できる可能性がある[4]。しかし，チオール化合物の最大の問題は，チオール基と二重結合の熱付加反応による反応組成物の不安定性（ゲル化）である。

当社はこのような問題を解決するために，チオール基の二重結合への熱付加反応を抑制すべく，チオール基周りの立体障害を大きくした第二級チオール（カレンズMT®）を開発した（図1）。

これらの第二級チオールはUV硬化組成物に添加することにより，①反応組成物の保存性がよい，②光硬化性が向上する（二重結合反応率および粘度が増加する），③硬化収縮が抑制され

---

* Katsumi Murofushi 昭和電工㈱ 研究開発本部 研究開発センター川崎
サイトマネージャー

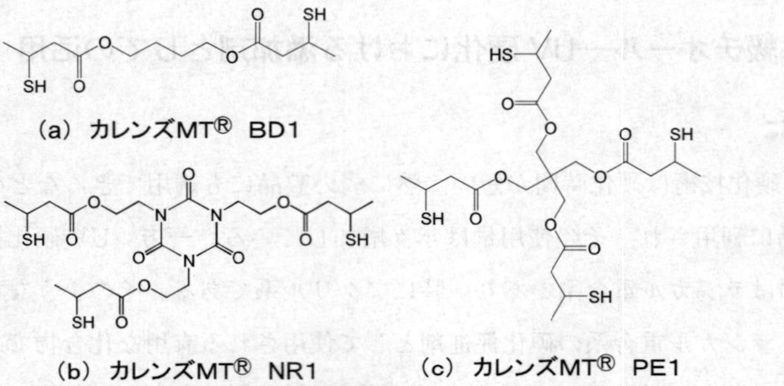

(a) カレンズMT® BD1
(b) カレンズMT® NR1
(c) カレンズMT® PE1

図1　カレンズMT® シリーズ

る，④密着強度が向上する，⑤柔軟性が向上するなど，保存性安定性を維持しつつ，多くの特性を付与することができる。それら特性の具体例を以下に紹介する。

2.3　反応機構

第二級チオールの反応機構を以下に示す。モノマー（$CH_2=CHR$）とチオール化合物を併用すると，開始剤（Int）により発生する開始ラジカル（Int·）によりチオール化合物のチオール基（SH）が水素引き抜き反応によってチイルラジカル（RS·）を発生して，これが開始種となり重合反応が進むが，二重結合とチオール基の熱付加反応も同時に起こり，二重結合反応率が増加することが期待される（図2）。一方，反応時に酸素が存在しても再度チイルラジカルが生成し，酸素重合阻害を抑制し，かつ硬化性の高い組成物が得られる[5]。また，モノマーを多官能化することで架橋度を増加させることができる。

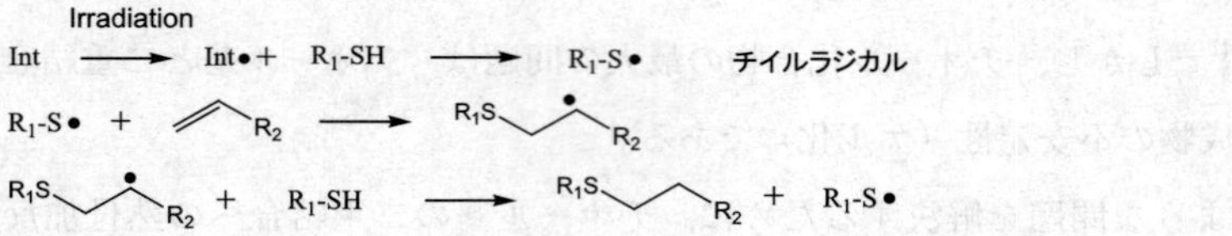

図2　チオール化合物の反応機構

第 5 章　これからの展開が期待される UV 硬化材料

2.4　UV 硬化性と硬化収縮
2.4.1　アクリレート系モノマーでの UV 硬化性と硬化収縮

　第二級チオールは UV 硬化反応において高い硬化性を示すことが予想される。以下，UV 硬化性に関し，アクリレート系モノマーを対象として，第二級チオールの添加効果を評価した。

　硬化性評価としては二重結合反応率，あるいは粘度変化を測定する方法があるが，ここでは二重結合反応率を測定した。ビスフェノール A 系ジアクリレート（BPDA，図 3）に図 1 の第二級チオールを添加した反応系で，光照射時の二重結合変化を赤外分光計にて測定した（赤外吸収 810 cm^{-1}）。その結果を図 4 に示すが，第二級チオールの添加量の増加に伴い二重結合反応率が増加した。他の第二級チオール NR 1 および PE 1（図 1）においても，同様に添加量に依存し二重結合反応率が増加した。

　上記結果は，第二級チオールを UV 硬化組成物に添加することにより残存二重結合数を減少させ，かつ架橋度を増加させることができ，高い硬化性と厚物硬化を可能にしている。

　一方，上記モノマー（BPDA）に第二級チオール BD 1 を添加した場合の硬化収縮率を図 5 に示すが，BD 1 添加により二重結合反応率が増加するにも関わらず，硬化収縮率は減少することが示された。このことは，硬化時に何らかの応力緩和が起こっていることを示している。

2.4.2　モノマーの種類による UV 硬化挙動

　第二級チオールを使用するにあたり，モノマーの種類により UV 硬化挙動に差が見られることが予想される。第二級チオール PE 1 を図 6 に示すアクリレート系モノマー（PETA）とアリルエーテル系モノマー（PETE）に添加し，UV 照射時の二重結合基およびチオール基の反応率変化を赤外分光計により評価した（図 7）。

　PETE 系では，二重結合基とチオール基は当量で反応するが，PETA 系では，二重結合基とチオール基は当量で反応せず，チオール基の反応率が低くなっている。これはアクリレート系モ

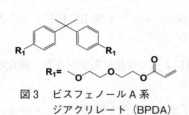

図 3　ビスフェノール A 系
　　　ジアクリレート（BPDA）

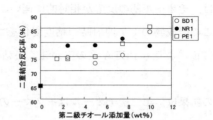

図 4　第二級チオールの添加量と
　　　二重結合反応率

モノマー：ビスフェノール A 系ジアク
リレート（BPDA），第二級チオール：
BD1, NR1, PE1，照射量：800 mJ/cm^2

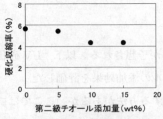

図5 第二級チオールの添加量と硬化収縮率

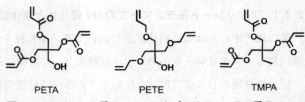

図6 アクリレート系モノマーおよびアリルエーテル系モノマー

モノマー：BPDA，第二級チオール：BD1，開始剤：Irgacure184 2wt%，チオール基：二重結合基＝1：1（mol：mol），照射量：1 J/cm²

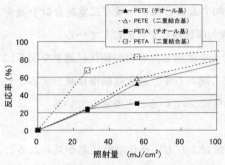

図7 PE1のチオール基とモノマーの二重結合基の反応率変化

モノマー：PETA，PETE，第二級チオール：PE1，開始剤：Irgacure184 2wt%，チオール基：二重結合基＝1：1（mol：mol），IRチオール基：2560 cm⁻¹，二重結合基：3050 cm⁻¹（アリル），810 cm⁻¹（アクリル）

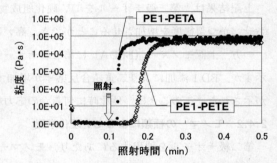

図8 アクリレート系モノマーおよびアリルエーテル系モノマーによる粘度変化

モノマー：PETA，PETE，第二級チオール：PE1，開始剤：Irgacure184 2wt%，チオール基：二重結合基＝1：1（mol：mol）

ノマーでは，チオール基の反応が相対的に遅いことを示している。

また，この組成物のUV照射時の粘度変化をフォトレオメータにより測定した（図8）。その結果，PETE系よりもPETA系の方が速く増粘しており，モノマー構造に依存することが示された。

これらの結果は，第二級チオールはモノマーの種類によって硬化挙動が異なり，硬化物特性へも影響することを示している。

一方，二重結合基に対するチオール基のモル比率を変え，上記と同様にUV照射時の反応率を評価した結果，二重結合基の反応率に対して，第二級チオールPE1の添加量に最適値が存在することが示された（図9）。この結果は，組成物の配合を決定する際に留意すべき点である[6]。

第5章 これからの展開が期待される UV 硬化材料

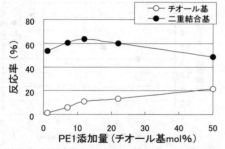

図9 PE1 添加量とチオール基，二重結合基の反応率変化

第二級チオール：PE1，モノマー：PETA，開始剤：Irgacure184 2wt%，PE1添加量＝PE1（チオール基 mol）/〔PE1（チオール基 mol）＋PETA（二重結合基 mol）〕*100，照射量：850 mJ/cm²

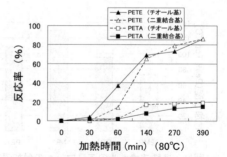

図10 PE1 のチオール基とモノマーの二重結合基の反応率変化

モノマー：PETA，PETE，第二級チオール：PE1，開始剤：Irgacure184 2wt%，チオール基：二重結合基＝1：1（mol：mol）

2.4.3 モノマーの種類による熱硬化挙動

上記第二級チオール PE1 を添加した PETA 系と PETE 系において，加熱時（80℃）の二重結合基とチオール基の熱反応挙動を評価した。その結果を図10に示すが，PETA 系，PETE 系ともに二重結合基とチオール基は当量で反応し，熱付加反応が起こることを示している。この熱付加反応も高い硬化性と厚物硬化を可能にする一因となっている。

一方，各チオールの付加温度を示差走査熱量測定（DSC）による発熱ピークで評価した結果，図11に示すようになり，第二級チオールは第一級チオールよりも高い付加温度となることが示された。これはチオール基周辺の立体障害の大きさに由来するものと推測される。

2.5 密着強度

チオール化合物は，そのチオール基が基材と水素結合することにより密着強度が増加することが期待される。そこで密着強度に関し，アクリレート系モノマーを対象として，第二級チオールの添加効果を評価した。評価方法としては，上記モノマー（BPDA）に対して，図1に示した第二級チオールを添加した組成物をガラス基板に塗布し，UV 硬化した際の密着強度をアドヒージョンテスターにて測定した。その結果，密着強度は第二級チオールの添加量に依存し増加することが示された（図12）。この現象は，図13に示すように，二重結合反応率の増加に伴い密着強度も増加することから，界面での破壊強度が増しているためと推測している。

また，樹脂基板（ポリエチレンテレフタレート）への密着強度を測定した結果，第一級チオール（PEMP，図14）および第二級チオール PE1 ともにガラス基板と同様に密着強度は添加量に依存することが示された（図15）。しかし，添加量依存性はガラス基板の場合より小さく，基板

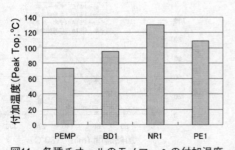

図11　各種チオールのモノマーへの付加温度

モノマー：BPDA，チオール：PEMP, BD1, NR1,
PE1；10 wt%，DSC：昇温速度10℃/min（N_2下）

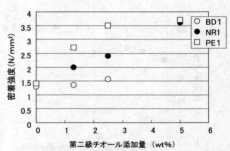

図12　第二級チオールの添加量と密着強度

モノマー：BPDA，第二級チオール：BD1,
NR1, PE1，開始剤：Irgacure184 2wt%，照
射量：500 mJ/cm^2，基板：ガラス基板

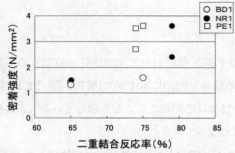

図13　第二級チオールの添加による二重結合反応率
　　　と密着強度

モノマー：BPDA，第二級チオール：BD1, NR1, PE1,
開始剤：Irgacure184 2wt%，基板：ガラス基板

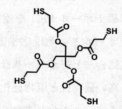

図14　第一級チオール（PEMP）

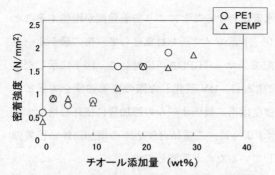

図15　チオール添加による二重結合反応率と密着強度

モノマー：BPDA，チオール：PE1, PEMP，開始剤：
Irgacure184 2wt%，照射量：500 mJ/cm^2，基板：
PET基板

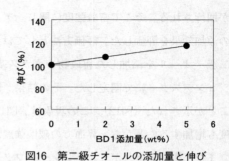

図16　第二級チオールの添加量と伸び

厚さ150μm，幅5μm，チャック間30 mm，モ
ノマー：BPDA，第二級チオール：BD1，開始
剤：Irgacure184 2wt%，照射量：500 mJ/cm^2

第5章 これからの展開が期待される UV 硬化材料

表面とチオール基との水素結合数が減少しているためと推測される。

2.6 柔軟性

密着強度の測定と同様に，上記モノマー（BPDA）に第二級チオール BD 1 を添加，フィルム状硬化物を作製し，伸び率（％）を引張試験機で測定した。その結果を図16に示すが，伸び率は BD 1 添加量に依存して増加することが示された。この現象は，BD 1 を添加することで，フィルム状硬化物中に柔軟構造が導入されたためと推測される。

2.7 熱的特性

第二級チオールを添加した UV 硬化物の熱的特性は重要な特性である。

以下，熱的特性としてガラス転移温度（T_g）に関し，チオールの添加効果を評価した。評価方法としては，アクリレート系モノマー（TMPA）にチオール PE 1，PEMP を添加した組成物をガラス基板に塗布，UV 硬化し，T_g を動的粘弾性測定装置（DMA）で測定した。その結果，T_g はチオールの添加量増加に伴い低くなることが示された（図17）。そこでチオールの構造を図18に示すようなエーテル骨格かつ芳香環骨格をもつチオール TPT を用いて，ガラス転移温度の変化を上記と同様に評価した[7]。その結果，T_g はチオール PE 1 よりも高い値が示され，これはエーテル骨格と芳香環骨格の導入によるものと推測され，構造依存性があることを示している（図19）。一方，PE 1 と同様に，TPT 添加量に依存し減少することが示された（図20）。

2.8 耐水性

熱的特性の評価と同様に，図18に示すようなチオールを TMPA に添加し，フィルム状硬化物を作製し，耐水性を浸漬時吸水率（％）を測定した。その結果を図21に示すが，TPT の吸水率

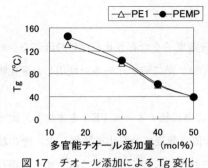

図17 チオール添加による Tg 変化

モノマー：TMPA，チオール：PE1，PEMP，
開始剤：Irgacure184 2wt%，照射量：3 J/cm²，
Tg 測定：DMA（tan δ）

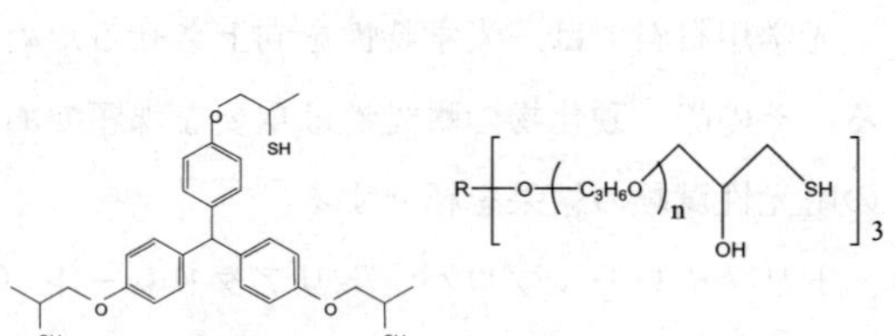

図18 エーテル系チオール

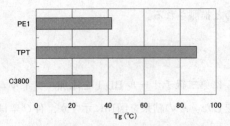

図19 各種チオール添加によるTg変化

モノマー：トリメチロールプロパントリアクリレート（TMPA），チオール：TPT，C3800，PE1，開始剤：Irgacure184 2wt%，照射量：3 J/cm^2，Tg測定：DMA（tan δ）

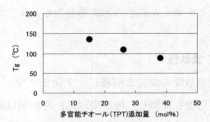

図20 エーテル系チオール（TPT）添加によるTg変化

モノマー：トリメチロールプロパントリアクリレート（TMPA），エーテル系チオール：TPT，開始剤：Irgacure184 2wt%，照射量：3 J/cm^2，Tg測定：DMA（tan δ）

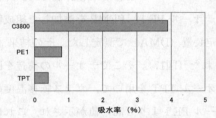

図21 チオール硬化物の吸水率

モノマー：TMP3A，チオール：TPT，PE1，C3800，開始剤：Irgacure184 2wt%，モノマー：チオール＝50：50（wt%），照射量：3 J/cm^2，浸漬条件：23℃ *7 days

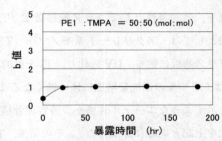

図22 PE1の添加によるb値の変化

ウェザーメーター：255 mW/m^2，63℃（屋外暴露1日/1hr），厚さ：200μm，モノマー：TMPA，開始剤：Irgacure184 2wt%，照射量：3 J/cm^2

が最も低い値を示した。この現象はTPTのエーテル骨格と芳香環骨格が導入したことで，疎水性部が増加したためと推測される。

2.9 耐光性

光学用材料では，光学特性を向上させるために，よく硫黄原子を含有させた材料設計がなされる。その際，硬化物の耐光性は重要な課題である。ここでは，第二級チオールを使用した硬化物の耐光性試験の結果を紹介する。

トリメチロールプロパントリアクリレート（TMPA）に第二級チオールPE1を添加し，耐光性試験機（ウェザーメーター）で暴露し，色差計にてb値（黄変）の変化を評価した。その結果を図22に示すが，b値はほとんど変化しないことが示された。このことは第二級チオールが存在しても，極端な変色は起こらないことを示している。

第5章 これからの展開が期待される UV 硬化材料

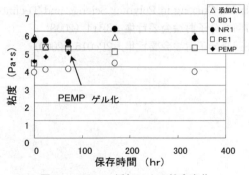

図23 チオール添加による粘度変化
モノマー：DPHA，チオール：BD1，NR1，PE1，PEMP，温度：40℃

2.10 反応組成物の保存性

硬化組成物の保存性について評価した。硬化組成物としては，ジペンタエリスリトールヘキサアクリレート（DPHA）に第二級チオール（図1）を添加した系を準備し，40℃に保存した際の粘度変化をB型粘度計で測定した。結果を図23に示すが，第一級チオール（PEMP）はゲル化するが，第二級チオール（BD1，NR1，PE1）は無添加との有意差が見られていない。この事実は，保存性良好な硬化組成物が得られることを示している。

2.11 おわりに

本節で紹介した第二級チオールは，「硬化性」，「密着性」，「柔軟性」などが求められる多くの分野で効果的に使用できるとともに，新しい市場・用途開発に有用な化合物である。その硬化挙動を正しく把握し，硬化性組成物を設計すれば，UV 硬化のみならず熱硬化分野でも，新しい特性が得られるものと思われる。

文　献

1) C. E. Hoyle, Proceedings, RadTech North America, p. 64 (2004)
2) C. E. Hoyle et al., Journal of Polymer Science; PartA, Polymer Chemistry, **42**, 5301 (2004)
3) C. R. Morgan et al., J. Rad. Curing, 18 (1979)
4) 室伏克己，第97回ラドテック研究会講演会要旨集 (2006)

5) A. F. Jacobine, Radiation Curring in Polymer Science and Technology, Vol. 3, 224 (1991)
6) 室伏克己ほか,第57回高分子討論会要旨集,3B14 (2008)
7) 上野明子ほか,第58回高分子討論会要旨集,2Pc015 (2009)

3 デンドリマーおよびハイパーブランチオリゴマーのUV硬化材料への応用

猿渡欣幸*

3.1 はじめに

近年UV硬化技術において、UV照射装置の光源にLEDを用いる例が増えてきている。LEDランプは、従来の超高圧水銀灯や水銀キセノンランプと比較して、「長寿命」、「低消費電力」、「ON-OFFが早い」、「温度上昇が小さい」などの特徴がある。LEDランプの発光波長は365 nmを中心とした波長であり、照度もランプ式と同等になっている。

一方、UV硬化の特性は次の3つでほぼ決まると言っても過言ではない。

① UVランプの波長と照度
② 光開始剤
③ 光で重合するモノマーやオリゴマー

ここで①の波長と照度は、ランプの選択で決まってしまう。本節ではLED-UV硬化を述べるので、すなわち波長は365 nm、照度は調整可能ということになる。次に②の光開始剤は、①の波長に合わせて選択することになる。現在市販されている光開始剤の中では、例えばチバスペシャリティケミカルズ社製のIRG379やIRG819などを使うことが多い。しかし365 nm付近に吸収波長を持つ光開始剤は着色の原因になることが多いため、透明であることが必要な材料では問題になることもある。今後、365 nmの吸収が大きく、かつ着色の原因にならない新たな光開始剤の開発が望まれる。このように①と②は、LED-UV硬化技術の導入を前提にすると、ほとんど固定化されるので、③のモノマーやオリゴマーの設計の幅が、硬化特性の幅に相当する。本節では、より少ないラジカルでも硬化が早く、収縮が小さいハイパーブランチ型アクリルオリゴマーの特性を述べる。

3.2 デンドリマーおよびハイパーブランチポリマーについて

デンドリマーおよびハイパーブランチポリマーは枝分子を放射状に組み立てた球状の巨大分子である。一般に規則性の高い構造をデンドリマーと呼び、規則性の低い構造をハイパーブランチポリマーと呼ぶ。デンドリマーの製法は主にコアから枝を成長させる方法がある（図1）。球状分子としての特徴を出すには適しているが、工業化が難しいと言われている。一方、ハイパーブランチポリマーは、主に複数の反応点を持つ化合物から成長させる方法がある（図2）。球状分子としての特性はデンドリマーに劣るが、工業化しやすいという利点がある[1]。

一般に高分子と呼ばれるものは、鎖状の構造を有している。そして鎖状高分子と比較して、球

---

* Yoshiyuki Saruwatari　大阪有機化学工業㈱　機能化学品本部　新事業開発PJ　課長

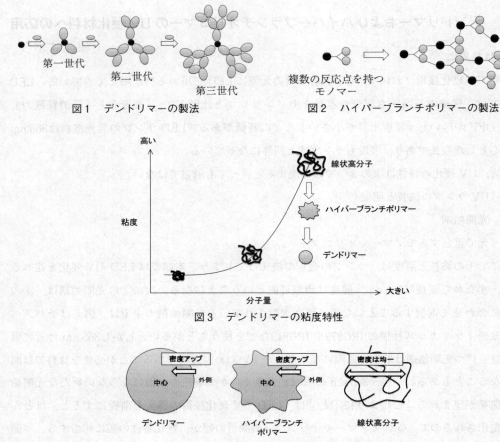

図1 デンドリマーの製法

図2 ハイパーブランチポリマーの製法

図3 デンドリマーの粘度特性

図4 デンドリマーにおける枝分子の密度

状高分子であるデンドリマーおよびハイパーブランチポリマーは粘度の挙動が著しく異なる。鎖状高分子は分子同士が絡み合い，分子の自由エネルギーが抑制されてしまうので，鎖の長さが長くなるほど粘度が増大する。一方，球状高分子であるデンドリマーおよびハイパーブランチポリマーは，分子同士の絡み合いが少ないので，同じ分子量の鎖状高分子と比較して粘度が小さくなる（図3）。

またデンドリマーおよびハイパーブランチポリマーは球状の中心に向かって枝分子が集束しているので，中心に近い部分では，枝分子同士のファンデルワールス距離が短くなり，特異な挙動を示す（図4）。

3.3 デンドリマーおよびハイパーブランチオリゴマーのUV硬化材料への応用

そこでデンドリマーおよびハイパーブランチポリマーの枝分子にアクリル基を配置することを

第5章　これからの展開が期待されるUV硬化材料

試みた。枝分子にアクリル基を持つデンドリマーおよびハイパーブランチポリマーは，高分子化合物でありながら，分子全体としては丸まった状態で低分子化合物に似た挙動を示す。それに対して分子内では，アクリル分子が高密度に充填された超高分子化合物に似た挙動を示す。

その結果，枝分子にアクリル基を持つデンドリマーおよびハイパーブランチポリマーは下記の①～④の特徴を有する。

① デンドリマー分子内のアクリル基の密度が高まり硬化速度が向上する。
② ①と同様の理由で，酸素阻害や溶剤の連鎖移動の影響を受け難い。
③ デンドリマー分子内の結合密度と，デンドリマー分子同士の結合密度が，「密」と「粗」となることで，マクロの物性として高硬度と高柔軟の両立が可能となる。
④ 枝分子（アクリル基）同士のファンデルワールス距離が，通常分子よりも短くなるので，硬化前の分子間距離と硬化後の分子間距離のギャップが小さくなり，アクリル特有の硬化収縮が小さくなる。

これらの特性を次に示すハイパーブランチ型アクリルオリゴマー（製品名STAR-501）の評価結果を用いて説明する。

3.3.1　ハイパーブランチ型アクリルオリゴマー，STAR-501

連結分子として多官能チオールを用い，特殊な反応制御を駆使して，過剰の多官能アクリレートを球状に集積させたハイパーブランチポリマー型アクリレートを図5に示す。

3.3.2　硬化速度の向上

STAR-501の硬化速度に関して確認を行った。比較対照にはジペンタエリスリトールヘキサアクリレートを選択した。一定量の光開始剤を配合した同一膜厚の薄膜を作製し，UV照射を行い，IRで二重結合の消失速度を測定したところ，二重結合の残存率が比較対照よりも減少した。よって硬化速度の向上が確認された（図6）。

3.3.3　酸素阻害の抑制

STAR-501の酸素阻害に関して確認を行った。比較対照にはジペンタエリスリトールヘキサアクリレートを選択した。硬化速度の測定と同じ要領で，$0.1\,\mu m$，$0.5\,\mu m$，$1.0\,\mu m$の膜厚を調整

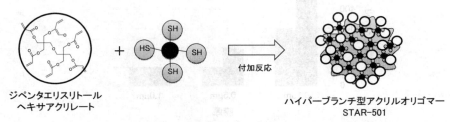

図5　ハイパーブランチ型アクリルオリゴマー，STAR-501の製法

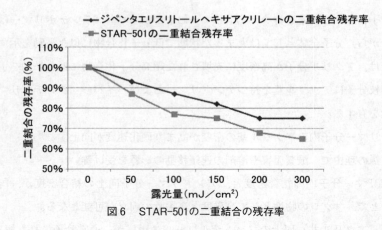

図6　STAR-501の二重結合の残存率

し，粘着性が無くなるまでの露光量を測定した。その結果，STAR-501は膜厚が薄くても，少ないエネルギーで硬化することが確認された。よって酸素阻害を受け難いことが推察される（図7）。

3.3.4　高硬度と高柔軟性の両立

STAR-501の硬度と柔軟性に関して確認を行った。比較対照はジペンタエリスリトールヘキサアクリレートを選択した。同一膜厚，同一重合度における鉛筆硬度（JIS）と碁盤目試験（JIS）を行った。その結果，STAR-501は，比較対照より，高い硬度と，高い密着性が確認された（表1）。

3.3.5　硬化収縮の低減

STAR-501の硬化収縮に関して確認を行った。ペンタエリスリトールトリアクリレート，トリメチロールプロパントリアクリレート（何れも大阪有機化学工業製），DPCA-20，DPCA-30，DPCA-60（何れも日本化薬製），STAR-501の硬化収縮を測定し，アクリル当量との相関グラフ

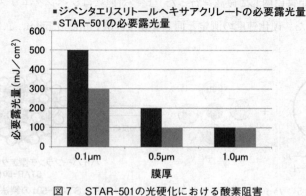

図7　STAR-501の光硬化における酸素阻害

第5章 これからの展開が期待されるUV硬化材料

表1 STAR-501のハードコート材としての評価

		ジペンタエリスリトールヘキサアクリレート	STAR-501
光学特性	反射率	5.9	6.0
	透過率	90	89
	ヘイズ	0.8	0.8
物理特性	鉛筆硬度	2H	3H
	碁盤目試験	40/100	99/100
	カール	NG	OK
	耐擦傷性（SW 200 g）	NG	OK

を作成した。通常，硬化収縮とアクリル当量には一定の関数曲線が得られるが，STAR-501はこの曲線から離れたところに位置することが判明した。よって通常のアクリルモノマーより硬化収縮が小さいことが確認された（図8）。

硬化収縮は重合前のファンデルワールス距離と，重合後の結合距離のギャップから生じるとされている。しかしジペンタエリスリトールヘキサアクリレートをデンドリマーの枝に配置したことで，重合前のファンデルワールス距離が短くなり，重合後の結合距離とのギャップが小さくなったと考えられる（図9）。

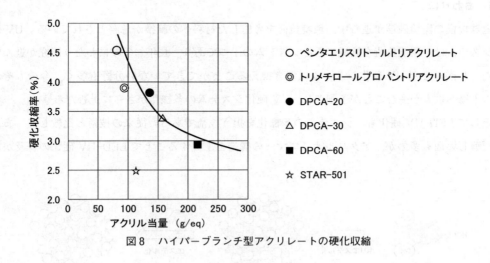

図8 ハイパーブランチ型アクリレートの硬化収縮

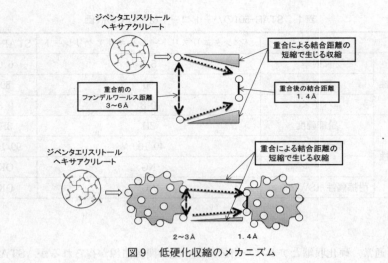

図9　低硬化収縮のメカニズム

3.3.6　V#1000

STAR-501とは異なるハイパーブランチ型アクリレート，V#1000を紹介する。

水酸基とカルボン酸を持つ分子から球状のハイパーブランチポリオールを合成し，さらにアクリル化したハイパーブランチポリマー型アクリレートを図10に示す。V#1000もSTAR-501と同じ傾向が観測される。

3.4　おわりに

地球規模の環境破壊が進む中，環境負荷を考慮した材料への転換が急務とされている。UV硬化システムは，環境負荷を低減できるシステムの1つであり，長年，多岐にわたり研究が進んできた。しかしまだUV硬化システムに置き換えることができていない分野も多く，今後もそれらの市場へ拡大が進むことが予測され，UV硬化システムの多様化がさらに進むだろう。

そしてLED-UV硬化も，システムの多様化を担う技術である。従来の技術と比較して，まだまだ難しい面も多いが，アクリルオリゴマーの構造を工夫することでLED-UV硬化の普及が加

図10　V#1000の製造方法

第 5 章　これからの展開が期待される UV 硬化材料

速することを期待したい。

文　　献

1) 岡田鉦彦, デンドリマーの科学と機能, ㈱アイピーシー（2000）

4 量産可能なデンドリマーの合成とその硬化挙動

青木健一[*1], 市村國宏[*2]

4.1 はじめに

デンドリティック高分子（Dendritic polymer）とは，中心部分から多分岐モノマーが三次元的に繰り返し結合している球状化合物の総称である[1]。単一分子量を有するものをデンドリマー（Dendrimer），分子量分布が存在するものはハイパーブランチポリマー（Hyperbranched polymer）と呼ばれ，両者は明確に区別される。ハイパーブランチポリマーの大量生産は比較的容易であり，商品として供給されている。たとえば，コアポリオールとジメチロールプロピオン酸の酸触媒縮合反応から製造されるポリエステルポリオール（Boltornシリーズ）は多くの特徴的な特性を持ち，分子末端をアクリル化あるいはグリシジル化した材料が開発されている。NMRなどによる解析に基づき図1に示す分子構造が提案されているが[2]，実際には，多様な分子構造からなる混合物である。

一方，デンドリマーは，①所望の官能基を分子最表面に選択的に配置でき，高い化学反応性を誘起できること，②さまざまな有機溶媒に対し高い溶解性を示し，高濃度でも低粘性を保持できるなど，優れた物理物性を示すこと，といった理由から，広範な研究が進められている。デンドリマーを合成するには，2種類の結合反応を交互に行い，しかも，それらの反応が個別に定量的に進行しなければならない。そのため，精密な合成過程と煩雑な精製工程が必要となり，ラボス

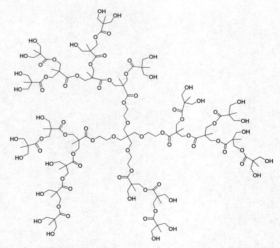

図1 高分岐型ポリエステルポリオール（H40）の分子構造の例

---

*1 Ken'ichi Aoki　東邦大学　理学部　先進フォトポリマー研究部門　特任講師
*2 Kunihiro Ichimura　東邦大学　理学部　先進フォトポリマー研究部門　特任教授

第5章 これからの展開が期待されるUV硬化材料

ケールの小規模合成に限られている。その中にあって、ポリアミドアミンが各世代別に試薬として市販され、それを原料とするさまざまな機能性材料の研究が積み重ねられてきたが、非常に高価であり汎用材料としての展開は非常に難しい。こうした観点から、いくつかの新たなデンドリマー合成法が提案されてきた。その1つがアセチレン基とアジド基との環化付加反応に基づくClick chemistryを取り込む方法であり、幅広い応用が進められている[3]。しかし、前駆体であるハロゲン化合物をアジド基に置換する過程が含まれる。そこで、近年、デンドリマーのワンポット合成[4]や大量合成[5]に関する研究例がいくつか報告されている。しかし、いずれも保護・脱保護反応とそれに付随する精製工程を必要とする。したがって、簡便なデンドリマーの大量合成法は、系統的な研究が開始された1985年以来[6]最大の課題であるといって良い。

以上のような背景のもとで、著者らはデンドリマーの簡便な大量合成法を探索し、ごく最近、「多段階交互付加（AMA，Alternate Multi-Addition）法」[7]と呼称する新規なデンドリマー合成法を開拓するに至った。本手法は、図2に示すように、2種類の付加反応を交互に繰り返すことが特徴的である。したがって、副反応生成物や脱離基が生じないので精製工程が不要となるうえ、仕込んだ化合物全量がデンドリマーに組み込まれるので無駄がない。しかも、原料はいずれも市販されている。本手法により、ポリアクリレートおよびポリオールデンドリマーを百グラムスケールで合成することが確認されている。また、このようにして得られたデンドリマーは、分子鎖末端に水酸基やアクリル基を多数保有しているため、合成化学的に容易に所望の機能性残基を導入することができる点も大きな特徴の1つである。

本節では、デンドリマーの末端修飾による機能材料創製の一例として、不飽和結合部位を多数有する新規なポリエンデンドリマーを取り上げる。本化合物は、汎用のポリチオール誘導体、および光重合開始剤とともに用いることにより、高性能なエン・チオール系紫外線硬化材料として利用することができる[8]。デンドリマーを用いたエン・チオール系フォトポリマーに関しては、著者らの知るかぎり、これまでにNilssonらによる報告[9]がなされているのみである。デンドリマー系に特有の硬化膜物性が発現するという興味深い報告がなされているものの、末端官能基数（世代数）と重合反応活性に関する知見はこれまでに例を見ない。すなわち、デンドリマー骨格を用いることにより、活性な分子表面に重合性部位を局所濃縮できるため、従来の系とは異なる高い光重合特性が期待され、それを検証することは大変意義のあることである。

本節では、前半部分でAMA法に基づくデンドリマーの簡易合成法について述べ、後半部分では、得られたポリアクリレートデンドリマーを骨格母体として用い新規なポリエンデンドリマーを合成し、それらを利用した紫外線硬化材料の光硬化特性について解説する。

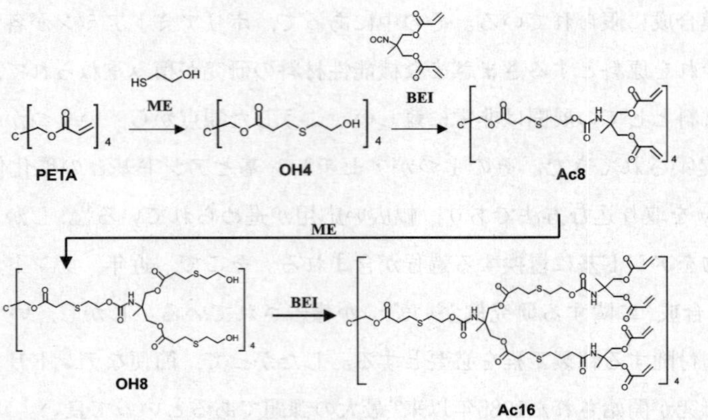

図2 多段階交互付加（AMA）法によるデンドリマー合成スキーム

4.2 多段階交互付加（AMA）法によるデンドリマーの簡易合成

多段階交互付加（AMA）法では，図2に示すように，マイケル付加とウレタン形成反応という2種類の付加反応を交互に多段階で繰り返すことが基礎となっている。それぞれの反応は高収率で進行するので，仕込み量は等モルである。コア分子として，ペンタエリスリトールテトラアクリレート（**PETA**），ビルディングブロックとして2-メルカプトエタノール（**ME**），およびイソシアネートモノマー（**BEI**）を用いたが，いずれの化合物も工業的に入手可能である。

AMA反応の第1段階は，**PETA**と**ME**とのマイケル付加反応であり，塩基触媒であるトリエチルアミン（**TEA**）存在下，THF中で室温撹拌することにより，容易に4官能性ポリオール（**OH4**）が得られる。次に，**OH4**末端の水酸基と**BEI**のイソシアネート基との付加反応によりウレタン結合を形成させるが，有機スズ触媒（Dibutyltin dilaurate, **DBTDL**)[10]を用いることにより収率良く進行し，8官能性ポリアクリレートデンドリマー（**Ac8**）が得られる。すなわち，2種類の付加反応を交互に施すことにより，末端アクリル基数が2倍に成長したデンドリマーが得られる。このようにして得られた**Ac8**を原料とし，同じ付加反応を繰り返すことにより，8官能性ポリオールデンドリマー（**OH8**），および16官能性ポリアクリレートデンドリマー（**Ac16**）が得られ，容易に世代拡張を行うことができる。

各デンドリマーは，クロマト精製などの工程を行うことなく単離可能である。各反応での粗製物についてMALDI-TOF/MS測定を行った結果を図3に示す。各デンドリマーについて，ナトリウム付加体（$[M+Na]^+$），あるいはカリウム付加体（$[M+K]^+$）に起因するイオンピークが良好に観測され，欠陥構造に基づくピークが見られないことより，目的とする構造を有するデンドリマーが精度良く得られていることが分かった。

第5章 これからの展開が期待される UV 硬化材料

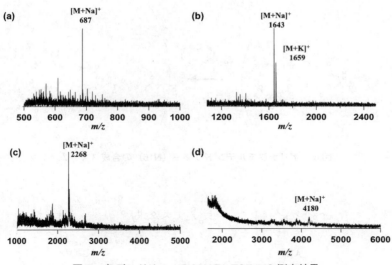

図3 各デンドリマーの MALDI-TOF/MS 測定結果
(a) OH4, (b) Ac8, (c) OH8, (d) Ac16

4.3 ポリアクリレートデンドリマーの末端修飾

以上のように，AMA 法を用いた合成により，末端基数が系統的に異なるポリアクリレートデンドリマーを簡便に得ることができる。出発原料（コア分子）として用いた **PETA** を含めると，末端アクリル基数は，4，8，16個と段階的に増加する。アクリル基は所望の求核試薬を用いることにより容易にマイケル付加反応を起こすため，簡便に末端修飾を行える。まず，求核試薬として 2-ナフチルチオールを選択し，末端アクリル基とのマイケル付加反応性を検討した[7]。その結果，図4に示すように，塩基触媒（**TEA**）存在下，THF 中で室温撹拌することにより，容易に付加反応が進行することが分かった。得られたポリナフチルデンドリマー（**N8**, **N16**）をカラムクロマトグラフィーにより精製し，GPC 測定を行った結果，**N8** については，$M_w = 2701$（理論値：2903），$M_w/M_n = 1.04$，**N16** については，$M_w = 5519$（理論値：6724），$M_w/M_n = 1.06$であった。すなわち，十分な単分散性を有するデンドリマーが得られることが分かった。

次に，それぞれのポリアクリレートデンドリマーにジアリルアミン（**DAA**）をマイケル付加させることにより，図5に示すようなポリアリルデンドリマー（**AL**(n), $n = 8 \sim 32$）を1段階で合成することを試みた。ポリアクリレートデンドリマーと **DAA** とのマイケル付加反応性はそれほど高くないが，ルイス酸触媒源を多数有するモンモリロナイト鉱物[11]を触媒として用い THF 中で還流することにより，ほぼ定量的に反応が進行することが分かった。用いたモンモリロナイト触媒は，反応液をろ過することにより，容易に系外除去することができる。

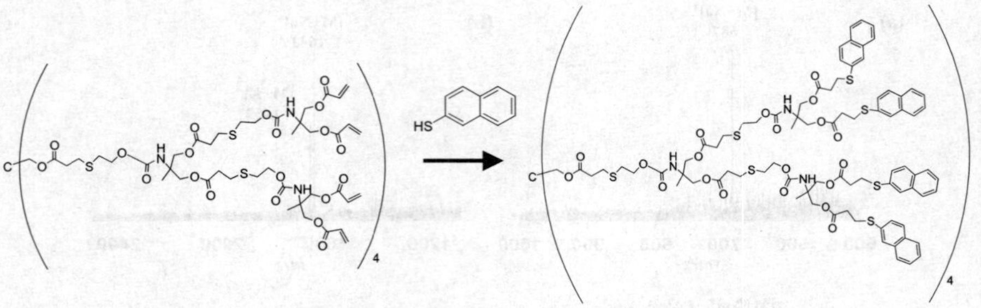

図 4　ポリナフチルデンドリマー（N16）の合成スキーム

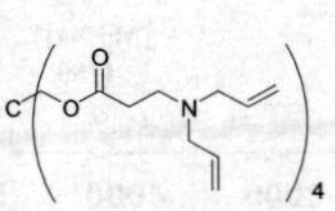

AL8

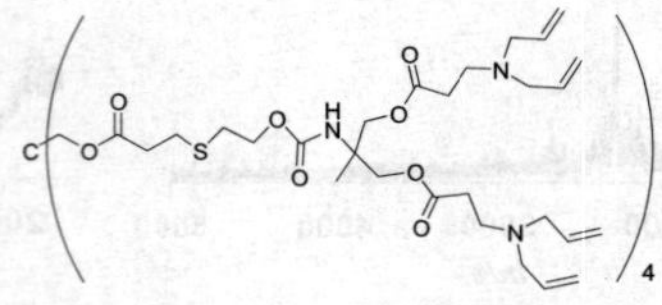

AL16

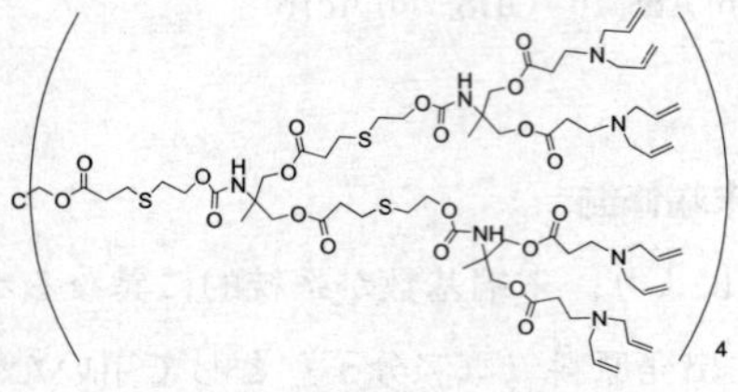

AL32

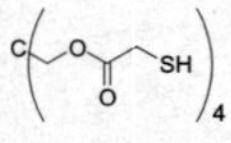

SH4

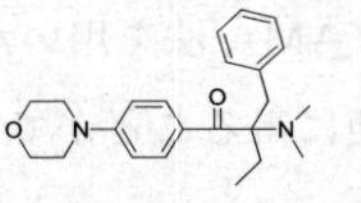

Ir-369

図 5　本研究で用いたポリアリルデンドリマー，ポリチオール，および光重合開始剤の化学構造

4.4　ポリアリルデンドリマーのエン・チオール系紫外線硬化材料への展開

得られたポリアリルデンドリマーを，図 5 に示す汎用の 4 官能性ポリチオール（**SH4**），および光ラジカル重合開始剤（**Ir-369**）とともに塗膜処理を施すことにより，感光性塗膜を調製した。いずれの塗膜も紫外光照射前は鉛筆硬度で 6B 以下の柔粘な状態であったが，大気中で紫外光（365 nm）を照射することにより硬化し 2H 程度の硬度を呈した。これらの紫外光硬化反応のメカニズムを検討するために，塗膜の赤外線吸収スペクトル測定を行った。その結果，いずれの塗膜も紫外光照射により，メルカプト基の伸縮振動吸収帯（ν_{SH}，2570 cm^{-1} 付近），および C=C 結合の伸縮振動吸収帯（$\nu_{C=C}$，1630～1670 cm^{-1}）の吸収強度が有意に減少していることが分かった。すなわち，紫外光照射に伴い，SH 基，C=C 基のいずれの官能基も消費されることが明らかとなり，一連の光硬化反応が，エン・チオール光重合反応により進行していることが確認された。すなわち，図 6 に示すように，紫外光照射により生じたラジカル種（In・）がチオール誘導体から水素を引き抜きチイルラジカル（R-S・）が生じることにより，①チイルラジカルがアリ

第5章 これからの展開が期待されるUV硬化材料

ル基に付加し，新たなラジカル種が生じる過程，②およびこのラジカル種が別のチオール部位からさらに水素を引き抜きチイルラジカルが再生する過程という2段階の過程が逐次的に繰り返されて重合反応が起こるというものである[12]。エン・チオール光重合反応は，酸素阻害を受けないことが知られており，そのため，本系のような大気中でも十分な硬化が引き起こされたものと考えられる。

このようなエン・チオール光硬化の速度に関する知見を得るために，PET基板上に調製した一連の塗膜に365 nmの紫外単色光を所定時間照射し，鉛筆硬度測定を行った。図7は，紫外光照射エネルギーに対する塗膜硬度の変化をプロットしたものである。本図より，2Hの硬度に達するのに必要な紫外光照射エネルギーを見積もると，**AL8/SH4**系，**AL16/SH4**系，**AL32/SH4**系塗膜で，それぞれ2200，960，450 mJ cm^{-2}であった。すなわち，ポリアリルデンドリマーの末端官能基数の増加に伴い，硬化速度が大幅に向上することが明らかとなった。以上の結果は，アリル基がデンドリマー末端に局所的に濃縮されたことに起因して，チイルラジカルとの付加反応性が向上したためと考えられる。

4.5 エン・チオール系紫外線硬化材料のさらなる高感度化

上記では，デンドリマー骨格を有するポリアリル化合物について，それらのエン・チオール光硬化特性を系統的に調べた。その結果，アリル基をデンドリマー末端に多官能化することにより紫外線硬化能が著しく向上するという重要な知見を得ることができた。そこで次に，ポリチオール化合物の化学構造が紫外線硬化特性にどのように影響するか検討を行った。

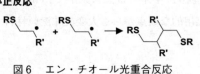

図6 エン・チオール光重合反応

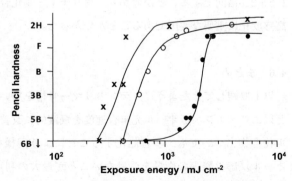

図7 ポリアリルデンドリマーを用いたエン・チオール系塗膜の光硬化特性
AL8/SH4系（●），AL16/SH4系（○），AL32/SH4系（×）

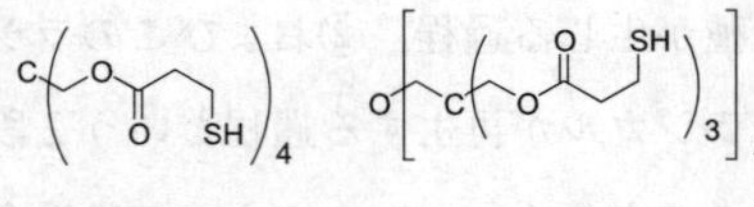

図8 メルカプトプロピオン酸系ポリチオールの化学構造

表1 2Hの硬度に達するまでに必要な紫外光照射エネルギー量
(単位：mJ cm^{-2})

		ポリアリルデンドリマー		
		AL8	AL16	AL32
ポリチオール	SH4	2200	960	450
	SH4'	200	37	26
	SH6	90	15	17

　まず，これまでに用いていたメルカプト酢酸エステル型（**SH4**）をメルカプトプロピオン酸エステル型（**SH4'**，図8）ポリチオール化合物に代えて同様に感度評価を試みた。このようなポリチオール化合物は，メルカプト基が分子内のカルボニル基と環状水素結合を形成することにより特異的に酸性度が高くなっており，オレフィン部位との付加反応性も高くなることが知られている[12(a)]。2Hの硬度に達するまでに必要な光照射エネルギー量を表1にまとめた。従来のメルカプト酢酸エステル型のポリチオールと比して，10倍以上感度が向上することが分かった。

　次に，ポリチオール化合物についても，ポリアリル化合物と同様に多官能化した系について検討を行った。具体的には，図8に示す6官能性ポリチオール化合物（**SH6**）を用いた。その結果についても，表1に示している。4官能性のポリチオールを用いた場合と比べて，感度はさらに1.5～2.5倍向上することが分かり，ポリチオール化合物の多官能化も本系での紫外線硬化材料の高感度化に重要な要因であることが分かった。

4.6 まとめ

　以上概観してきたように，デンドリマー骨格を用いてオレフィン部位を局所的に濃縮させることにより，エン・チオール光重合速度を飛躍的に改善できることが分かった。また，ポリチオール化合物についても，多官能化することにより同様な重合速度の向上が確認された。エン・チオール反応は酸素の影響を受けないことが最大の利点であり，本系では，大気中で15 mJ cm^{-2}程度の紫外光照射で十分な硬化が起こっている。これは実用的な観点からも大変興味深い材料であると考えている。

第5章　これからの展開が期待される UV 硬化材料

謝辞
　本節で述べた成果の一部は，北海道大学　電子科学研究所　玉置信之教授，産業技術総合研究所　ナノテクノロジー研究部門　秋山陽久博士，および東邦大学　理学部　化学科　鈴木繭子氏の協力により遂行された。

文　　献

1) (a) 青井啓悟，柿本雅明，「デンドリティック高分子」，㈱エヌ・ティー・エス（2005）(b) J. M. Fréchet, D. A. Tomalia , "Dendrimers and other dendritic polymers", John Wiley & Sons, Ltd（2001）
2) (a) E. Žagar, M. Žigon, *Macromolecules*, **35**, 9913（2002）(b) E. Žagar, M. Huskić, M. Žigon, *Macromol. Chem. Phys.*, **208**, 1379（2007）
3) P. Wu, A. K. Feldman, A. K. Nugent, C. J. Hawker, A. Scheel, B. Voit, J. Pyun, J. M. J. Fréchet, K. B. Sharpless, V. V. Fokin, *Angew. Chem. Int. Ed.*, **43**, 3928（2004）
4) (a) S. P. Rannard, N. J. Davis, *J. Am. Chem. Soc.*, **122**, 11729（2000）(b) M. Okaniwa, K. Takeuchi, M. Asai, M. Ueda, *Macromolecules*, **35**, 6232（2002）(c) F. Koç, M. Wyszogrodzka, P. Eilbracht, R. Haag, *J. Org. Chem.*, **70**, 2021（2005）(d) C. Ornelas, J. R. Aranzaes, E. Cloutet, D. Astruc, *Org. Lett.*, **8**, 2751（2006）
5) (a) K. L. Killops, L. M. Campos, C. J. Hawker, *J. Am. Chem. Soc.*, **130**, 5062（2008）(b) A. Chouai, E. E. Simanek, *J. Org. Chem.*, **73**, 2357（2008）
6) D. A. Tomalia, H. Baker, J. Dewald, M. Hall, G. Kallos, S. Martin, J. Roeck, J. Ryder, P. Smith, *Polym. J.*, **17**, 117（1985）
7) K. Aoki, K. Ichimura, *Chem. Lett.*, **38**, 990（2009）
8) (a) K. Aoki, K. Ichimura, *J. Photopolym. Sci. Technol.*, **21**, 75（2008）(b) K. Aoki, M. Suzuki, K. Ichimura, *J. Photopolym. Sci. Technol.*, **22**, 363（2009）
9) (a) C. Nilsson, N. Simpson, M. Malkoch, M. Johansson, E. Malmström, *J. Polym. Sci. Part A: Polym. Chem.*, **46**, 1339（2008）(b) C. Nilsson, E. Malmström, M. Johansson, S. M. Trey, *J. Polym. Sci. Part A: Polym. Chem.*, **47**, 589（2009）
10) K. Wongkamolsesh, J. E. Kresta, *ACS Symp. Ser.*, **270**, 111（1985）
11) N. S. Shaikh, V. H. Deshpande, A. V. Bedekar, *Tetrahedron*, **57**, 9045-9048（2001）
12) (a) A. F. Jacobine, "Radiation Curing in Polymer Science and Technology III", Elsevier, London, 219-268（Chapter 7）（1993）(b) C. E. Hoyle, T. Y. Lee, T. Roper, *J. Polym. Sci. Part A: Polym. Chem.*, **42**, 5301（2004）

5 高屈折率プラスチック用有機—無機ハイブリッド UV 硬化ハードコート

中山徳夫*

5.1 はじめに

　近年，様々な分野，用途において，プラスチック製品によるガラス代替が進んでいる。これはプラスチックが，ガラスに比べて軽量性，加工性，柔軟性，耐衝撃性などにおいて優れた特性を有していることが理由に挙げられる。特に眼鏡レンズ素材においては，重くて割れやすいガラスに代わり，軽くて割れ難いプラスチックへの代替が急速に進んでいる。現在，薄型化可能な高屈折率レンズとしては屈折率が1.60～1.74程度のレンズが市販されている。これらの大部分は屈折率を上げるため，樹脂の分子構造内に原子屈折の大きい硫黄原子が導入されているものであり，特に加工性，耐衝撃性に優れた「チオウレタン系材料」が一般的に用いられている（図1）[1]。
　一方で，プラスチックはガラスに比べ耐擦傷性において著しく劣るという欠点を有している。このことは実用光学器具である眼鏡レンズにおいては致命的な問題である。そのため，表面の保護，すなわちハードコート処理は必要不可欠となっている。現在，眼鏡レンズのハードコートとしては熱硬化型シリコーン系材料が広く用いられている。熱硬化型シリコーン系材料によるハードコート処理は成熟した技術であるが，欠点としては熱硬化の時間として数時間程度必要であること，オーブンでかかるエネルギー消費量が大きいことなどが挙げられる。この点で短時間硬化・低温硬化が可能な UV 硬化ハードコート処理の実用化が望まれている。短時間での処理が実現すれば，生産効率の改善によるコスト低減や，受注して顧客に届けるまでの時間の大幅な短縮によるクイックデリバリーが可能になるなど，眼鏡レンズ製造技術の進歩に大きく寄与する。

5.2 眼鏡レンズに求められるハードコート剤の特性

　UV 硬化ハードコート材料としては多官能（メタ）アクリレートモノマーと希釈溶剤，光ラジカル開始剤を主剤とした材料が PC（ポリカーボネート），PMMA などのプラスチック板，あるいはフィルムなどの耐磨耗性付与のため広く用いられているが，それらの材料の大部分はチオウレタン系材料のハードコート剤として使用することができない。チオウレタン樹脂に対しては充分な密着性（接着性）が得られないからである。密着性を調べる方法としては碁盤目テープ剥離試験が一般的であるが，大部分の一般的アクリレート系ハードコート剤は剥離し合格は得られない。この理由として，①多官能（メタ）アクリレートモノマーは重合時の硬化収縮が大きく，硬化膜と基材の界面での歪みが生じる。②熱可塑性樹脂である PC，PMMA の場合，耐溶剤性に

---

* Norio Nakayama　三井化学㈱　研究本部　マテリアルサイエンス研究所　先端技術 U 主席研究員

第5章 これからの展開が期待されるUV硬化材料

劣るため,基材表面層がアクリレートモノマーや希釈溶剤によりわずかに溶解しコート層と一体化する,いわゆる"solvated layer:基材-コート層界面での溶解層"の形成による"アンカー効果"が働くが,熱硬化性のチオウレタン樹脂は結合が網の目状に発達しているため耐溶剤性が高く,溶解層の形成は期待できないことなどが挙げられる。また,眼鏡レンズの場合,実用光学器具であり最高の耐擦傷性が要求されるため,有機材料だけからなるハードコート剤では不十分である。そこで筆者らは眼鏡レンズの基材であるチオウレタン樹脂に対して密着性が高く,耐擦傷性の高いハードコート剤の検討を行った。

5.3 ハードコートの密着性向上技術(密着性付与材料の検討)

筆者らはチオウレタン樹脂への密着性を向上させる手段として,まず(メタ)アクリレートの分子構造中へのチオウレタン骨格導入を検討した。チオウレタン骨格を導入した(メタ)アクリレートを密着性付与材料として用いることにより,チオウレタン樹脂への密着性が高くなるものと考えた。3種類の液体(水,n-ヘキサデカン,ジヨードメタン)を用いてチオウレタン樹脂表面と種々の(メタ)アクリレート硬化物表面の接触角を測定し,次にFowkesの文献[2]および北崎らの文献[3]に基づいて拡張Fowkesの式を解き界面の接着エネルギーを計算し,分子構造を最適化した。その結果,図1に示す2官能チオウレタンメタクリレート,MES-TUMAおよびIPDI-MES-TUMAがチオウレタン樹脂に良好な密着性を示すことを見出した。これらの合成方法および評価については詳細な報告を行っている[4]。表1に,この2官能チオウレタンメタクリレートを密着性付与材料としたハードコート材料の組成を示す。多官能(メタ)アクリレートオ

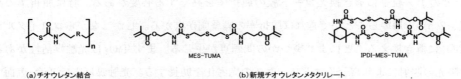

図1 (a)チオウレタン結合,(b)新規チオウレタンメタクリレートの構造

表1 溶剤系ハードコート剤の主成分と組成比

成分	(wt %)
コロイダルシリカ	14.4
チオウレタンメタクリレート	4.1
多官能ウレタンアクリレートオリゴマー	16.9
光ラジカル開始剤	3.5
レベリング剤	<0.1
エチルセロソルブ	57.4
DMF	3.6
	100

リゴマー／2官能チオウレタンメタクリレートをベースとし，有機溶剤に分散したSiO_2ナノ粒子（コロイダルシリカ），希釈溶剤，光ラジカル開始剤，極微量の各種添加剤（レベリング剤，表面調整剤など）からなる有機―無機ハイブリッド材料系がチオウレタン樹脂への密着性，耐擦傷性の点で最適であるという結論に至った。多官能（メタ）アクリレートオリゴマー／2官能チオウレタンメタクリレートの配合比，すなわち反応性基（架橋点）の数を調節することにより硬化後の架橋密度を最適化し，耐擦傷性と密着性のバランスを制御した。また，シリカナノ粒子を配合することにより大幅に耐擦傷性を向上し，硬化時の体積収縮を抑制した。このハイブリッド材料は，UV照射によってオリゴマー／モノマーが重合し，最終的に高分子マトリックス中にシリカナノ粒子が凝集することなく均一に分散したコート膜となる。用いたシリカナノ粒子の粒径は10～20 nmであり，可視光波長に比べて充分に小さいため，散乱などによる曇りの問題は生じていない。

5.4　高屈折率化（干渉縞抑制）技術

コロイダルシリカ（SiO_2）を用いた組成ではコート膜の屈折率が1.5程度であるため，1.6以上の屈折率を有するチオウレタン樹脂にコートした場合，わずかなコート膜の厚みムラによって干渉縞が生じる（図2）。この干渉縞は実使用上全く問題ないものの，意匠性の観点からは無い方が好ましい。干渉縞を解消するには，コート膜の厚みムラを無くし均一にすることが重要であるが，コート膜の屈折率をチオウレタン樹脂に合わせ，レンズ基材とハードコート膜との界面反射を無くすことが抜本的対策である。そのためにはコロイダルシリカを屈折率の高いTiO_2, ZrO_2, SnO_2などのナノ粒子に置き換えコート膜の屈折率を高くする必要がある。特に屈折率の高いTiO_2（>2.5）を用いることができれば屈折率の調整幅が広がる。しかしながらコロイダルシリカをTiO_2に置き換えることにより幾つかの問題点が生じる。まずTiO_2は光触媒活性があるため，太陽光の照射により高分子マトリックスの光劣化を助長する。光触媒反応はTiO_2表面での反応であることから，筆者らはその対策として図3に示すように，TiO_2表面をZrO_2で被覆することにより屈折率を下げることなく光触媒活性をほぼ抑制した。さらに表面をアクリル酸で被覆すれば粒子の分散安定化が図れると同時に，重合時にアクリレートモノマー類と架橋し，より強靭な皮膜とすることが期待できる（図3）。またTiO_2は紫外線に対する吸収が大きいため，アクリレートモノマー類の重合を阻害し，密着性や耐擦傷性が低下する問題が生じる。この問題に対しては，TiO_2の吸収と重ならない光吸収域を有する光ラジカル開始剤を用いることにより改善することができた。特にTMDPO（2,4,6-trimethylbenzoyl-diphenyl-phosphineoxide）は可視光域近くまで光吸収域があり，反応後の黄色着色も無く良好であることがわかった（図3）[5]。

第5章 これからの展開が期待されるUV硬化材料

図2 干渉縞

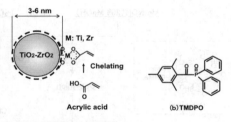

図3 (a)アクリル酸修飾 TiO_2-ZrO_2 粒子，(b) TMDPO

5.5 無溶剤化への対応（光カチオン硬化系の検討）

近年，コート装置（スピンコーター）内で飛散した UV 硬化ハードコート液を回収再使用することにより，コート液のロスを低減する機構が開発され，特に米国などで普及している。また環境への配慮などからも揮発性有機化合物（VOC）を含有しない無溶剤型コート材料の要望が増している。しかしながら，前述の多官能（メタ）アクリレートモノマー，有機溶媒に分散したナノ粒子をベースとしたハードコート剤の場合，無溶剤化に対応することは難しい。そこで筆者らは全く異なる材料系である光カチオン硬化系有機—無機ハイブリッド系による無溶剤型ハードコートの検討を行った。

図4に示す POSS（Polyhedral Oligomeric Silsesquioxane）を成分として用いた。POSS は有機構造と無機構造を分子レベルで複合化したナノマテリアルであり，有機材料との親和性に優れ，非常に規則的な SiO_2 ユニットと硬化性官能基を持つためハードコート材料として非常に有望である。図5には硬化性官能基としてエポキシ基を6個持つ POSS-OG の合成方法を示している。

筆者らは図6に示すエポキシ化合物，シルセスキオキサン，シラン化合物，光酸発生剤を主成分とするハイブリッドハードコート剤の組成によって無溶剤化を実現した（表2）。紫外線により光酸発生剤から生成した酸により，ゾル—ゲル反応とエポキシ基の開環反応が，in-situ で進行し硬化する。膜の断面 TEM（透過型電子顕微鏡）観察の結果もあわせて図6に示しているが，

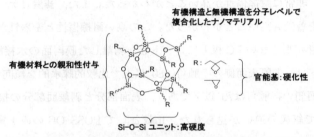

図4 POSS（Polyhedral Oligomeric Silsesquioxane）の特徴

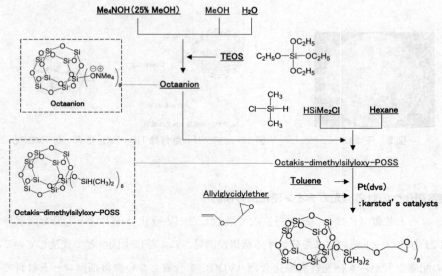

図5　POSS-OGの合成方法

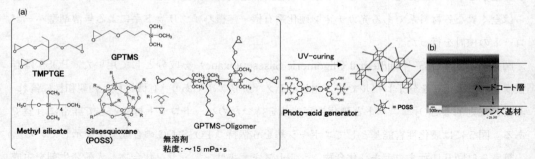

図6　(a)ハードコート剤の主成分，(b)コーティング層の断面TEM像

非常に均一な膜が得られている。チオウレタン樹脂製レンズ上にコートし，耐擦傷性，碁盤目テープ剥離試験の結果を図7に示している。耐擦傷性の評価はスチールウール #0000を用い，1 kgの荷重下往復させることにより傷の付き具合により調べた。その結果，コートを付けた部分では傷は見られず，非常に耐擦傷性が高いことがわかった。また，碁盤目テープ剥離試験では全く剥離が見られず密着性も高いことがわかった。この高い耐擦傷性と密着性が両立する要因を調べるために，密着性が高くないPC板上にコートし，剥離した膜両面の水接触角測定を行った。ハイブリッドハードコート膜表面側の接触角は80°以上で比較的疎水的な傾向を示した。一方で，基材より剥離した面側の接触角は70°以下であり，表面部分と剥離面部分の接触角が異なっており，膜の断面方向で組成の違いが見られた。比較としてPOSS-OGのみを硬化させた膜表面，POSS-OG未添加の膜表面の接触角を測定したところ，ハイブリッドハードコートの膜表面側は

第5章 これからの展開が期待される UV 硬化材料

表2 無溶剤系ハードコート剤の主成分と組成比

成分	(wt %)
GPTMS	48
GPTMS-Oligomer	9
Silsesquioxane（POSS）	17
TMPTGE	13
Methyl silicate	9
Photo-acid generator	4
	100

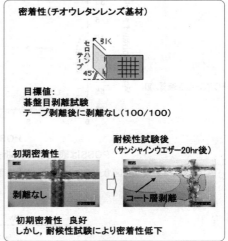

図7　ハードコート材の評価

POSS-OG のみの接触角に，剥離面側は POSS-OG 未添加の接触角に近いことがわかった。このことは膜表面側近傍では POSS-OG が偏析して存在し，無機物がリッチな硬い層を形成しており，基材側近傍では POSS-OG の少ない有機物がリッチな柔軟な層を形成している可能性を示唆している。これがこの高い耐擦傷性と密着性が両立する要因であると考えられる（図8）。

図7に記したが，問題点として耐候性不良が挙げられた。サンシャインウエザー試験による加速試験において20hr 程度で密着性が急激に低下した。当初，この密着性低下は硬化膜と基材の界面での単なる剥離と考え，組成の再検討を種々行ったが改善することはできなかった。そこで，この急激な密着性低下の原因を根本的に調べるため，サンシャインウエザー試験後に剥離した膜および剥離後の基材（どちらも剥離面側）の元素分析を XPS（X-ray photoelectron spectroscopy）を用いて行った。その結果，剥離した膜面側および基材の両方から，基材のチオウレタン結合が切断され，生成したと考えられるアミン類，スルフォン酸類由来のピークが観察された（図9）。これはもちろんコート前のチオウレタン基材には見られないピークである。こ

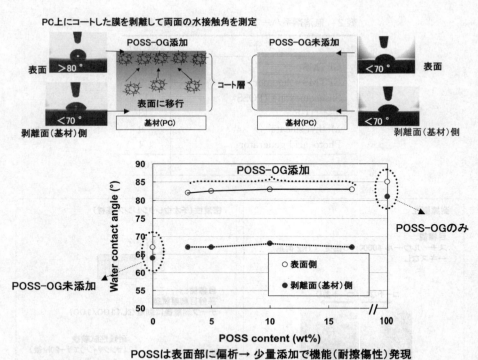

図8　POSS 添加による耐擦傷性発現のメカニズム

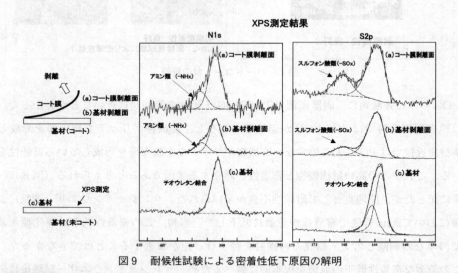

図9　耐候性試験による密着性低下原因の解明

耐候性試験後の剥離面（膜，基材）から，チオウレタンの分解物（-NHx, -SOx）が検出された。

のことから，コート膜剥離は基材そのものが光劣化を起こし基材のチオウレタン結合が切断され，その劣化部分での凝集破壊（構造破壊）が原因であると考えられた。これは前述のアクリレート系の有機─無機ハイブリッド材料では見られない現象である。詳細については省略させて

第5章 これからの展開が期待される UV 硬化材料

いただくが，水分による加水分解とともに，光酸発生剤から生成する酸 $H^+PF_6^-$ も基材の光劣化を加速させていることがわかっている（図10）。

基材の光劣化を抑制するため，コート剤に紫外線吸収剤（UV-absorber）の添加を検討した。特に2,2',4,4'-tetrahydroxybenzophenone（THBP）は，紫外線を有効に吸収するため効果的であった。THBP を添加した結果，耐候性が大幅に向上した。サンシャインウエザー試験において実用レベル（>80hr）の耐候性をクリアーした（図11）[6]。

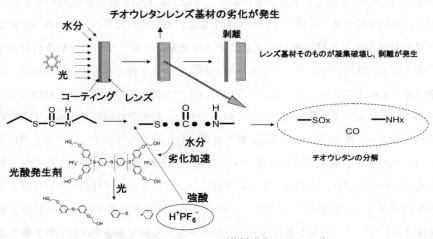

図10 チオウレタンレンズ基材劣化のメカニズム

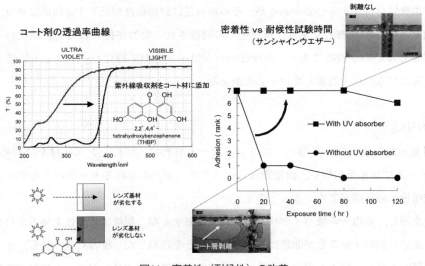

図11 密着性（耐候性）の改善

5.6 その他の眼鏡レンズ用ハードコート剤に求められる特性

眼鏡レンズ用ハードコート剤に求められる一番重要な特性は耐擦傷性と基材との密着性であるが，さらに求められている特性が幾つかある。国内で流通しているほとんどの眼鏡レンズのハードコート表面に，さらに光の反射を防止する反射防止層が設けられている。反射防止層は光学設計により反射が数%以下になるようにZrO_2, TiO_2, TiO, Ti_2O_3, Ti_2O_5, Al_2O_3, Ta_2O_5, CeO_2, MgO, Y_2O_3, SnO_2, WO_3などの無機高屈折率層とSiO_2, SiO, MgF_2などの無機低屈折率層が数百nmの厚みでハードコート層上にスパッタ法や蒸着法などによって積層し形成するのが一般的である。そのため，レンズ基材とハードコート材界面と同様に，ハードコート材と反射防止層の界面の密着性についても考慮する必要がある。また，反射防止層は無機質の硬く脆い層であり，そのため耐衝撃性が著しく低下し割れやすくなる。耐衝撃性はある一定の高さから剛球を落下させ，ひび割れが生じた時の剛球の重量により評価を行うが，反射防止層を付けた場合数g程度まで低下する。熱硬化型シリコーン系材料をハードコート材として用いる場合は，反射防止層との密着性を確保するため，ハードコート層表面をプラズマ照射や化学的な処理により表面層を親水化することにより密着性を向上させている。また，耐衝撃性の低下を抑止するためにレンズ基材とハードコート層の間にもう一層柔軟な有機成分からなるプライマーの層を設ける方法を取っている。プライマー層を設けることにより耐衝撃性を数百g以上まで著しく向上させることができる。しかしながら，このような工程を加えることにより処理時間がさらに長くなる。短時間処理を利点とするUV硬化ハードコート剤の場合，特別な処理をせずに反射防止層との密着性が確保され，プライマー層を設けなくてもハードコート層で衝撃を吸収し耐衝撃性が得られる性能が要望されている。耐衝撃性を向上させる方策としては，有機成分を増やしハードコート層自体に柔軟性を付与する必要があるが，その場合逆に耐擦傷性が低下する傾向にあり，全ての特性を両立させるのが難しくなる。現在全ての期待される物性が得られるUV硬化ハードコート剤が存在しないのが現状であり，熱硬化ハードコートをUV硬化ハードコートに置き換えるには，今後これらの点を改善していく必要がある。

5.7 おわりに

今回開発した新規有機―無機ハイブリッドコート材料は，眼鏡レンズ基材をはじめとして，FPD用ディスプレイ用基板や，樹脂表面のハードネスが要求されるタッチパネルディスプレイなど各種用途への展開が期待できると考えている。

本検討を通じ，有機―無機ハイブリッド材料を作製する際，期待する物性を得るためには，ナノ構造を正確に制御することが非常に重要であることを認識した。筆者らは今後も，ナノ構造制御技術の研究を進め，様々な用途，分野に新規有機―無機ハイブリッドコート材料が使用できる

第 5 章　これからの展開が期待される UV 硬化材料

よう貢献していきたいと考えている。

文　　献

1) 富田純一, 経営力創成研究, **3**(1), 15 (2007)
2) F. M. Fowkes, *Industrial and Engineering Chemistry*, **56**(12), 40 (1964)
3) 北崎寧昭, 畑敏雄, 日本接着協会誌, **8**(3), 131 (1972)
4) N. Nakayama *et al.*, *Progress in Organic Coatings*, **62**(3), 274 (2008)
5) N. Nakayama *et al.*, *Composites Part A: Applied Science and Manufacturing*, **38**(9), 1996 (2007)
6) K. Y. Mya, N. Nakayama *et al.*, *Journal of Applied Polymer Science*, **108**(1), 181 (2007)

6 光塩基発生剤を活用する高感度感光性ポリイミドの開発

福田俊治[*1], 片山麻美[*2], 坂寄勝哉[*3]

6.1 はじめに

感光剤は，光硬化剤の一成分であり塗料や印刷インキからフォトリソグラフィーにいたるまで様々な方面で利用されている。例えば，プリント配線板の絶縁部のパターン形成などに利用されている感光性ポリイミドや感光性エポキシは，ラジカル重合やカチオン重合といったメカニズムが応用されたものが実用化されており，光ラジカル発生剤，光酸発生剤などが感光剤として添加されている。

一方で，電子部品においては，配線の微細化・高密度化に伴い，感光性樹脂に含まれる感光剤などの添加剤由来の不具合が見受けられる場合がある。特に絶縁膜中に残存した光酸発生剤由来の酸が，配線や接合部を腐食し電子部品の信頼性を低下させることが課題の1つとされ，対策が検討されている。

この課題に対する解決策として，腐食性のない塩基性成分を発生するため，金属を腐食させるおそれのない感光剤である光塩基発生剤への注目が高まりつつある。しかし，既存の感光剤に比較して，十分な耐熱性と感度を両立させた化合物が見出されておらず，現在実用化を目指して鋭意検討が進められている。

本節では，光塩基発生剤の実用化を目指した最近の研究例について，ポリイミドの感光化への適用を中心に紹介する。

6.2 光塩基発生剤について

光塩基発生剤とは，光照射によって塩基を発生する化合物であり，フォトレジストやUV硬化材料などの感光性材料への応用を目指して検討が進められている[1,2]。表1に光塩基発生剤の光開始剤としての特徴について，従来から用いられている光ラジカル発生剤，光酸発生剤と比較した形で示す。

光塩基発生剤の課題としては，十分な高感度化がなされていない点とともに，開発例が少ないことから，他の光開始剤のように露光波長に応じた化合物を選択することが難しく，露光可能な波長領域が限られる点が挙げられる。しかし，酸素阻害を受けず，配線の腐食のおそれもないこ

[*1] Shunji Fukuda　大日本印刷㈱　ナノサイエンス研究センター　プロセス材料研究部
[*2] Mami Katayama　大日本印刷㈱　ナノサイエンス研究センター　プロセス材料研究部
[*3] Katsuya Sakayori　大日本印刷㈱　ナノサイエンス研究センター　プロセス材料研究部
　　　　　　　　　　エキスパート

第5章 これからの展開が期待される UV 硬化材料

表1 各種光開始剤の特徴

	光ラジカル発生剤	光酸発生剤	光塩基発生剤
重合方式	ラジカル重合	カチオン重合	アニオン重合
酸素による重合阻害	受ける	受けない	受けない
感度	高い	高い	低い
金属の腐食性	なし	あり	なし
適用ポリマー	アクリル, マレイミド etc.	エポキシ, ビニルエーテル, ポリイミド etc.	エポキシ, ウレタン, ポリイミド etc.

とから,上記の課題が解決すれば,非常に有用な光開始剤として機能することが期待される。

光塩基発生剤としては,塩基成分が塩を形成することにより中和されたイオン性のものと,ウレタン結合やオキシム結合などにより潜在化された非イオン性のものが提案されている。イオン結合を有するものとしては,遷移金属化合物錯体[3]や,アンモニウム塩[4,5]などの構造を有するものが報告されており,非イオン性のものにはカルバマート誘導体[6],オキシムエステル誘導体[7]などの化合物が報告されている。

光塩基発生剤の感光波長領域の問題は,樹脂と組み合わせて感光性樹脂とした際に顕著となる。例えば,光塩基発生剤と組み合わせる樹脂成分が芳香族成分を含有する場合は,芳香環の吸収により350 nm以下の領域の紫外線の透過が阻害されることが多い。そのため,より高感度な感光性樹脂を構築するためには,光塩基発生剤が少なくとも350 nmより長波長側の光に感度を有していることが必要である。

特に,ポリイミドならびにポリイミドの前駆体であるポリアミック酸の多くは350 nm以下の波長領域に強い吸収を有していることから,感光性ポリイミドに適用する際には,350 nm以上の波長領域に感度を有する光塩基発生剤が求められている。

一方,既存の光塩基発生剤の多くは,350 nmよりも短波長側にしか吸収波長を有しておらず,吸収波長を高波長化するにつれて,感度を決める重要な要因である量子収率が低下するとともに,構造が不安定となり熱安定性が劣化する傾向にあるため,結果として,感度と耐熱性の両立が難しくなっている現状がある[8]。

現在,高圧水銀灯に代わる新たな露光光源として注目されているUV-LEDは,発光波長領域が狭いこと,省エネルギー,省スペースなどの特徴から幅広い応用が期待されている。UV-LEDを用いた露光に対応するためには,感光剤は特定の波長のみの照射に高い感度を示す必要があり,特に,高圧水銀灯の主発光波長であるi線(365 nm)にピークを持つLEDの高出力化が進められている現在においては,光塩基発生剤も,365 nm付近の波長の光に対して高い感度を示すことが重要となる。

6.3 光塩基発生剤型感光性ポリイミド

これまで、ネガ型の感光性ポリイミドとして、ポリイミドの前駆体であるポリアミック酸（PAA）のカルボキシル基にエステル結合を介して感光基を導入したもの、イオン結合を介して感光基を導入したものなどが、ポジ型の感光性ポリイミドとしては、ジアゾナフトキノンなどのアルカリ溶解抑制剤を添加したものが実用化されている[9〜14]。

ポリアミック酸に光塩基発生剤を添加することにより、ネガ型の感光性ポリイミドとすることが可能であることが報告されている[15]。ポリアミック酸はカルボキシル基を有するため、アルカリ水溶液に可溶であるが、脱水環化反応によりポリイミド（PI）となるとアルカリ水溶液に不溶となる。塩基性物質は脱水環化反応を促進する触媒として作用するため、塩基性物質の存在の有無により選択的に、アルカリ水溶液に対して溶解する部分、不溶な部分を作り出すことが可能である（図1）。

すなわち、光塩基発生剤を添加したポリアミック酸を製膜した後、マスクを介して紫外光を照射すると、露光部の光塩基発生剤が分解し、塩基が発生する。その後、100〜200℃程度で露光後加熱処理（PEB：Post Exposure Bake）をすることにより、この塩基が脱水環化反応を促進し、露光部の方が未露光部に比べてポリアミック酸からポリイミドへの環化反応の反応率が高くなる。そのため、未露光部に対して露光部のアルカリ水溶液に対する溶解性が低下するため、アルカリ水溶液を現像液として用いることによりネガ型パターンを得ることができる。

光塩基発生剤型の感光性ポリイミドは、ポリアミック酸に感光剤として、光塩基発生剤を添加するだけで感光化が可能であるため、調製が簡便であり、ポリイミドの骨格に制限を与えないという利点がある。また、発生する塩基がパターン形成のための触媒として作用することから、添加剤の添加量を低減できるため、低アウトガス性および硬化後の膜物性の向上に効果が期待される。さらに、アルカリ現像可能であるため、環境負荷が小さいという利点がある。

6.4 新規光塩基発生剤の開発状況

前述のように、ポリイミドの感光化に適用する際には、光塩基発生剤は、350 nm 以上の波長領域に感度を有するとともに、PEB工程の加熱の際に、熱分解しない耐熱性を有する必要がある。365 nm 付近の波長領域に感度を有しておりかつ耐熱性がある光塩基発生剤の一例として、

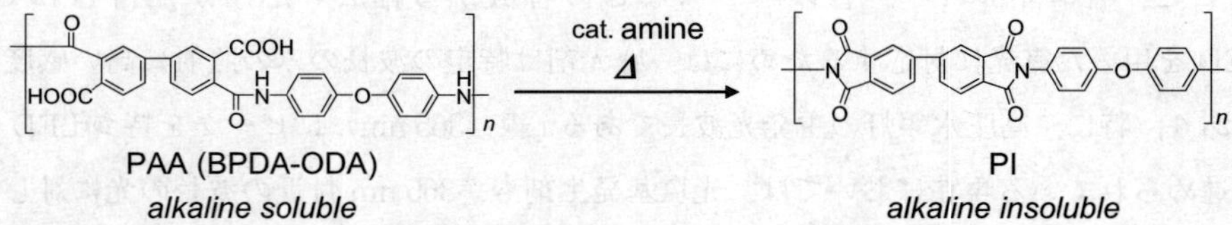

図1 光塩基発生剤型感光性ポリイミドのメカニズム

第5章 これからの展開が期待される UV 硬化材料

カルバミン酸 o-ニトロベンジル誘導体 {[(4,5-dimethoxy-2-nitrobenzyl)oxy]carbonyl} 2,6-dimethyl piperidine (DNCDP) が挙げられる[16]。この化合物については,感光性ポリイミドへの適用検討が報告されており,アルカリ現像により露光量1000 mJ/cm^{2}で硬化後膜厚2.4 μm,解像度8 μm (L/S) の良好なパターンを得ることに成功している[17]。

光塩基発生剤型の感光性ポリイミドのさらなる高感度化を図るため,耐熱性と感度を両立させた光塩基発生剤の開発が進められている。その1つとして,一般的な感光剤に利用されるような光開裂反応を経由せず,光異性化反応を利用したメカニズムによって塩基を発生させる光塩基発生剤が注目されている。

光による脱保護が可能なアミンの保護基として trans-o-クマル酸誘導体が報告されている。この化合物は,アミド結合の形でアミンの塩基性が潜在化されており,trans 体から cis 体へ光異性化後,安定なクマリン誘導体への環化反応の際にアミンを発生させる(図2)[18,19]。この骨格をベースとした,200 ℃前後の耐熱性を示しつつ,従来の光塩基発生剤に比べて365 nm 付近の波長領域において高い感度を有する光塩基発生剤が報告されている[20]。

trans-o-クマル酸誘導体は,アミン発生の際の閉環反応でフェノール性水酸基が消失し,アルカリ性水溶液に対して不溶となる。そのため,この化合物を感光剤として利用し,アルカリ性水溶液を現像液としてネガ型パターンを形成する場合には,未露光部は,フェノール性水酸基の作用によりアルカリ水溶液に可溶な溶解促進剤として,露光部における光分解生成物は溶解阻害剤として機能し,溶解性コントラストを向上させる。この光塩基発生剤と芳香族ポリイミド前駆体

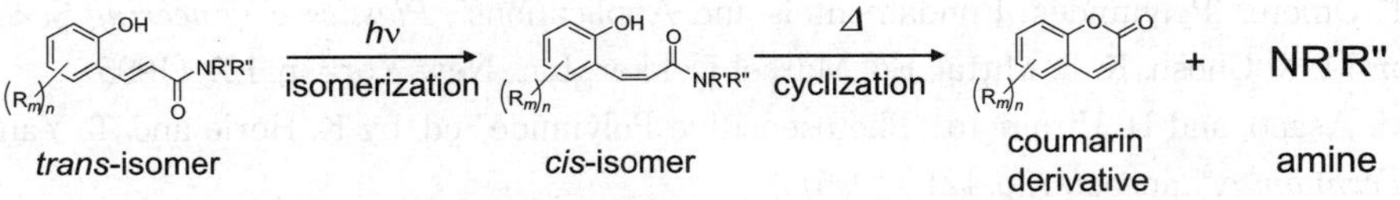

図2 *trans-o*-クマル酸誘導体型光塩基発生剤の塩基発生メカニズム

図3 感光性ポリイミドパターンの SEM 像
露光量:500 mJ/cm^2,硬化後膜厚:10.4 μm

の組み合わせにより，露光量500 mJ/cm^{2}で，硬化後膜厚10.4 μm，解像度18 μm（L/S）のネガ型感光性ポリイミドパターンが得られている（図3）[21]。高温高湿下での絶縁信頼性試験の結果も良好であり，この光塩基発生剤が高い信頼性を示すことが確認されている。

6.5 おわりに

本節では，光塩基発生剤の開発状況に関して，主にポリイミドへの適用について述べた。光塩基発生剤は，ポリイミド以外の多種多様な樹脂についても適用可能であり，今後，さらなる高感度化を中心とした技術の進展により，幅広い分野において実用化が進むことを期待する。

文　献

1) M. Shirai, and M Tsunooka, *Prog. Polym. Sci.*, **21**, 1 (1996)
2) 角岡正弘，高分子加工，**46**, 2 (1997)
3) C. Kutal, *Coord. Chem. Rev.*, **211**, 353 (2001)
4) Y. Kaneko, A. Sarker, and D. Neckers, *Chem. Mater.*, **11**, 170 (1999)
5) H. Tachi, M. Shirai, and M. Tsunooka, *J. Photopolym. Sci. Technol.*, **13**, 153 (2000)
6) M. Winkle, and K. Graziano, *J. Photopolym. Sci. Technol.*, **3**, 419 (1990)
7) M. Tsunooka, H. Tachi, and S. Yoshitaka, *J. Photopolym. Sci. Technol.*, **9**, 13 (1996)
8) J. Cameron, C. Willson, and J. Fréchet, *Polym. Mat. Sci. Eng.*, **74**, 323 (1996)
9) T. Omote, "Polyimides: Fundamentals and Applications", *Plastics Engineering Ser.*, **36**, ed. by M. K. Ghosh, K. L. Mittal, Ed, Marcel Dekker, Inc., New York, p. 121 (1995)
10) M. Asano, and H. Hiramoto, "Photosensitive Polyimide" ed. by K. Horie and T. Yamashita, *Technomic*, Lancaster, p. 121 (1995)
11) 望月周，最新ポリイミド・基礎と応用，今井淑夫，横田力男，エヌ・ティー・エス，p. 339 (2002)
12) 上田充，日本写真学会誌，**66**, 367 (2003)
13) 福川健一，上田充，高分子加工，**54**, 346 (2005)
14) 上田充，UV・EB硬化技術の最新動向，シーエムシー出版，p. 115 (2006)
15) 特開平5-197148，インターナショナル・ビジネス・マシーンズ・コーポレイション
16) A. Mochizuki, T. Teranishi, and M. Ueda, *Macromolecules*, **28**, 365-369 (1995)
17) K. Fukukawa, Y. Shibasaki, and M. Ueda, *Polym. Adv. Technol.*, **17**, 131-136 (2006)
18) B. Wang, and A. Zheng, *Chem. Pharm. Bull.*, **45**, 715 (1997)
19) K. Arimitsu *et al.*, *Polymer Preprints*, **56**, 4263 (2007)
20) 片山麻美，福田俊治，坂寄勝哉，第18回ポリマー材料フォーラム，高分子学会，p. 59 (2009)
21) S. Fukuda, M. Katayama, and K. Sakayori, *J. Photopolym. Sci. Technol.*, **22**, 391-392 (2009)

7 UV硬化を利用する新しい感光性高分子の開発

東原知哉[*1], 上田　充[*2]

7.1 はじめに

　小型・高速動作の携帯電話，パソコン，デジタル家電などの急激な普及に伴って，近年の半導体集積回路の大規模化，高密度化，超微細化の発展には目覚しいものがある。さらなる発展を目指して，集積回路を構成するバッファーコート膜，層間絶縁膜をはじめとする高分子材料にも，厳しい要求特性が突きつけられている。本節では，半導体実装の要となるUV硬化技術に注目し，ポリイミド，ポリベンゾキサゾール，ポリフェニレンエーテルに代表されるスーパーエンジニアリングプラスチックに感光性を付与した新しい高分子材料の開発について紹介する。詳細については，分かり易く包括的に解説した総合論文[1～3]を参照されたい。

7.2 光リソグラフィー

　感光性高分子を用いた光リソグラフィーは半導体実装において重要な役割を果たしている。光リソグラフィーとは，あらかじめ設計された回路パターンを基盤上に形成された感光性樹脂（フォトレジスト）に転写する技術である。半導体集積回路の微細化や高積層化は，この光リソグラフィー技術の発展により支えられてきた。光リソグラフィーを用いた画像形成プロセスを図1に示す。従来法ではレジスト材料を基盤上に塗布し，光照射，エッチング，レジスト材料の除去，熱硬化を経て画像が形成される。一方，感光性ポリイミド（PSPI），感光性ポリベンズオキサゾール（PSPBO），感光性ポリ（フェニレンエーテル）（PSPPO）などの感光性高分子材料は，レジスト材料が不要で，プロセスを大幅に簡便化できるため，工業的見地から極めて重要である。典型的には，シリコンウエハなどの基板上に感光性高分子材料を塗布後，マスクを介してUV照射し，パターンを転写する簡便な手法である。上記の全芳香族系高分子材料では，UV光として，マトリックスポリマーの比較的吸収の少ない領域の436 nm（g-line）や365 nm（i-line）がよく用いられる。UV照射後，（場合によっては露光後加熱処理後），露光部の材料において，脱保護，主鎖切断，極性変化，架橋，イミド（ベンゾキサゾール）化などの化学変化を伴うことで，露光部と未露光部における現像液に対する溶解性差が得られる。露光部が現像液に溶解し，未露光部が残ってパターンが形成される場合がポジ型，露光部が硬化（不溶化）してパターンが形成される場合がネガ型である。本節では，UV硬化を利用したネガ型の新しい感光性高分子の開発

[*1] Tomoya Higashihara　東京工業大学　大学院理工学研究科　有機・高分子物質専攻　助教

[*2] Mitsuru Ueda　東京工業大学　大学院理工学研究科　有機・高分子物質専攻　教授

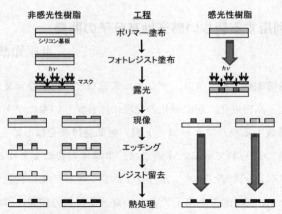

図1　従来法および感光性材料を利用した手法による光リソグラフィーの画像形成プロセス

に焦点を当てて紹介する。

7.3　ポリ（アミック酸エステル）を利用したPSPI[4,5]

エステル結合を介してメタクリロイル基が側鎖に導入されたポリ（アミック酸エステル）は，UV硬化型PSPIとして用いられている（図2(a)）。光ラジカル発生剤とポリ（アミック酸エステル）の混合フィルムは，光照射後の架橋により，有機溶剤系の現像液に不溶となり，ネガ型パターンが得られる。続く熱閉環反応により，架橋部位の脱離を伴いながらイミド化され，PIフィルムを得ることができる。このPSPIでは，ポリアミック酸がカルボキシル基を持たないため，汎用のアルカリ現像溶液に溶けない。したがって，現像液はN-メチル-2-ピロリドンなどの極性溶媒とアルコールを組み合わせた有機溶剤系であり，多大なコストがかかると共に環境負荷が大きい。最近では，アルカリ現像可能なメタクリル酸グリシジルを導入したポリ（アミック酸エステル）が開発されている（図2(b)）[5]。20%エステル化された2.0 μmのフィルムにおいて50 mJ/cm^{2}で8 μmの良好なパターンが得られている。

7.4　ケイ皮酸誘導体の光二量化反応を利用したPSPIおよびPSPBO

主鎖のクロロメチル化およびケイ皮酸との反応により，側鎖にケイ皮酸エステルを有するPIが合成されている（図2(c)）。このポリマーは，UV照射によりケイ皮酸エステル部位の［2＋2］付加による架橋が進行するため，感光剤を必要としないネガ型PSPIになる[6]。また，主鎖にビニレンアミド骨格を含むポリ（o-ヒドロキシアミド）（PHA）の合成（図2(d)）も検討され，ネガ型PSPBOの開発もなされている[7]。PHAはフェノール性水酸基を有するのでアルカリ現像可能である。

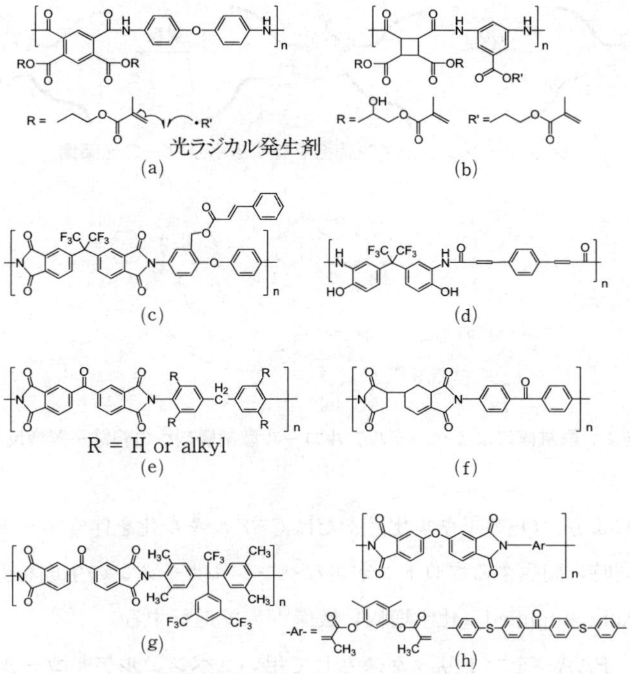

第5章 これからの展開が期待される UV 硬化材料

図2 ネガ型 PSPI および PSPBO の例

7.5 ベンゾフェノン誘導体の光ラジカル反応を利用した PSPI

感光剤を必要としない PSPI のもう1つの典型例として，ベンゾフェノン骨格を主鎖に導入した PSPI が挙げられる。例えば，3,3',4,4'-ベンゾフェノンテトラカルボン酸二無水物と o-アルキル基置換のジアミンからなる PSPI（図2(e)）[8]は，UV 照射後の露光部で，ラジカルカップリングによる架橋が進行し，有機溶媒に不溶となる（図3）。半脂環式の骨格[9]やフッ素[10]を導入した PSPI も報告されている（図2(f),(g)）。さらに，ベンゾフェノン骨格とメタクリロイル基を両方導入した新しい PSPI が開発された（図2(h)）[11]。前者が UV 照射によりラジカルを発生し，それにより後者の重合・架橋が効率的に進行する。この PSPI は i-line を使用し，2μm 厚のフィルムで感度 150 mJ/cm^2 を示す。

7.6 光酸発生剤を利用した感光性高分子

側鎖にフェノール骨格を有するポリ（ヒドロキシイミド）(PHI) は，アルカリ水溶液に可溶なため，アルカリ現像可能なネガ型 PSPI の構築が可能となる。実際に［PHI／架橋剤／光酸発生剤］からなる PSPI が開発された（図4）[12]。ベンジルアルコール部位を複数有する架橋剤に露光部で発生するプロトンが反応して，ベンジルカチオンが生成し，次いで，マトリックスとの

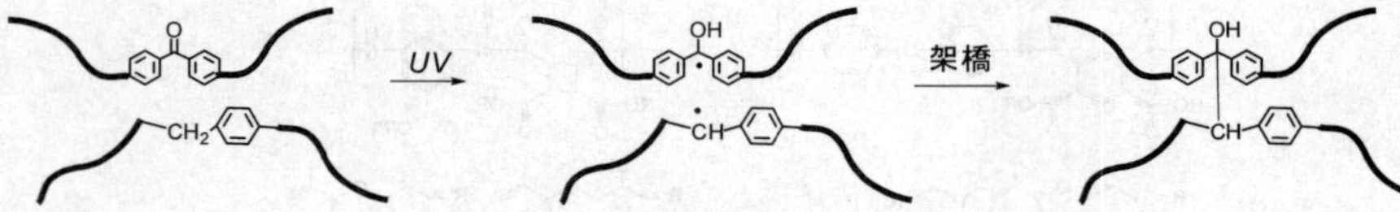

図3　ベンゾフェノン骨格を有するポリマーの光架橋

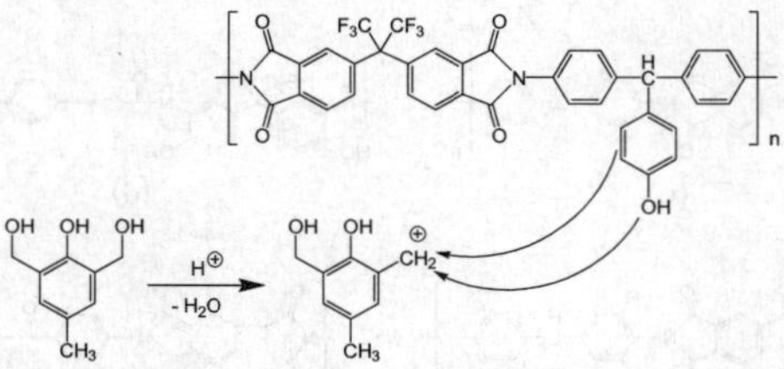

図4　酸触媒によるベンジルアルコール型架橋剤への親電子置換反応

芳香族親電子反応により，O-アルキル化，またはC-アルキル化を伴うネットワーク構造が形成する。架橋反応と同時に副生するプロトンが再びベンジルカチオンの生成を引き起こすことにより，架橋がchemically amplified（化学増幅）機構[13〜15]で進行する。

ポリアミック酸（PAA）をマトリックスとして用い，ベンジルアルコール型架橋剤と光酸発生剤を組み合わせたアルカリ現像可能なネガ型化学増幅PSPIも開発されている（図5(a)）[16]。前駆体のPAAをアルカリ現像可能なマトリックスにできる上，加熱処理後の最終PIは，ヒドロキシル基のような極性基を持たない不溶不融のPIとなる。この系では，感度30 mJ/cm^2（膜厚1.8 μm），コントラスト3.0の良好なネガ型パターンが得られている。同様の手法により，マトリックスに半脂環式PIを用いたPSPIも報告されている[17]。かさ高いアダマンチル基を主鎖に組み込むことによって，PIフィルムの誘電率は，屈折率（n_{AV}=1.57）より換算して2.72と低誘電性が示されている。

こうしたカチオン経由の反応機構はマトリックスをPHAに換えても同様に高感度PSPBOを与える（図5(b)）[18]。さらに，厚膜でもパターン形成を可能にするような高透明性と，絶縁膜に求められる低誘電性を両立させるために半脂環式PSPBOも開発されている（図5(c)）[19]。最近では，市販スーパーエンジニアリングプラスチックのポリ（フェニレンエーテル）（PPE）[20,21]やポリ（エーテルエーテルスルホン）（PEES）[22]をマトリックスとして使用し，同様の反応機構で簡便に画像が形成できることが報告されている（図5(d),(e)）。PSPPEの系では，ポリ（2,6-ジメチル-1,4-フェニレンエーテル）／架橋剤／光酸発生剤=73/20/7（wt%）で感度58 mJ/cm^2（膜厚1.5 μm），コントラスト9.5を達成している。また，熱硬化したPSPPEフィルムは，低吸水率<0.05%と低誘電率2.46を示している。ごく最近では，自己縮合性のない架橋剤（HOAD）が開発され，さらなる高感度化（43 mJ/cm^2，膜厚1.5 μm），高コントラスト化（9.5）が達成さ

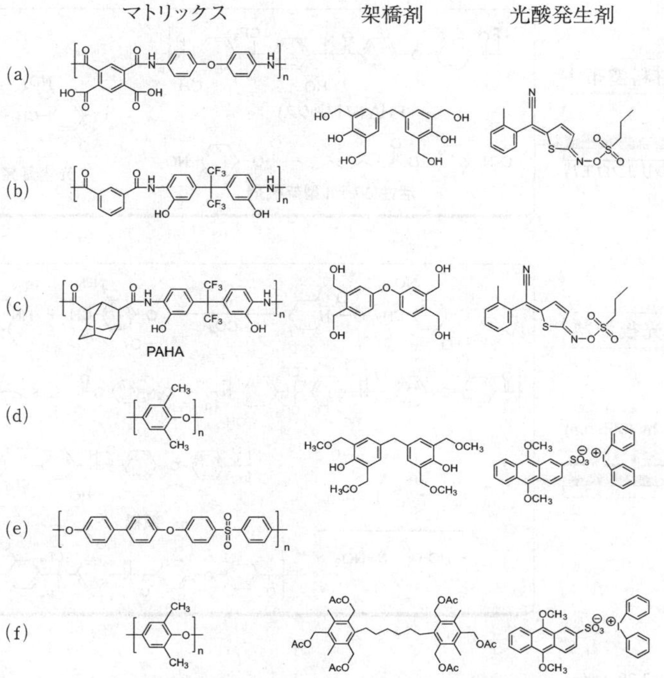

第5章 これからの展開が期待される UV 硬化材料

図5 光酸発生剤を用いたネガ型感光性材料

れている（図5(f)）[23]。PSPEES では，ポリ（オキシビフェニル-4,4'-ジイロキシ-1,4-フェニレンスルホニ-1,4-フェニレン）／架橋剤／光酸発生剤＝85/10/5（wt%）で高感度21 mJ/cm^2（膜厚1.5 μm），コントラスト2.1が得られる。さらに線幅 4 μm の明確なパターンが得られている。これらのシステムでは，有機溶媒現像の難点はあるが，PI や PBO のように環化反応のための高温熱処理を必要としないため，近年のシリコンウエハの薄層化に伴う熱歪みの問題を回避できると期待される。

7.7 光塩基発生剤を利用した感光性高分子

前項では，露光部で光酸発生剤から生じたプロトンが架橋剤と反応し，マトリックスポリマーの橋架けによる化学増幅機構での画像形成技術を紹介した。昨今の電子機器の小型化，搭載するLSIの低実装面積化および高積層化に伴い，銅配線パターンの微細化が白熱する中で，前述の光酸発生剤から発生する酸による銅線の腐食が問題視されるようになっている。そこで酸の代わりに，光により発生する塩基が架橋反応を開始する仕組みが開発されている。図6に示すように，PHAをマトリックスとして用い，活性エステル型架橋剤のスベロイル酸ビス（p-ニトロフェノール）および光塩基発生剤 N-{[(4,5-ジメトキシ-2-ニトロベンジル)オキシ]カルボニル}-2,6-ジ

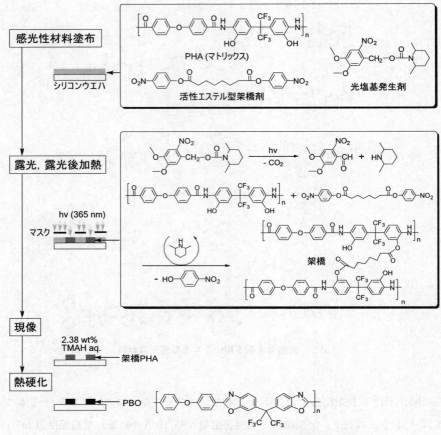

図6 光塩基発生剤を利用したネガ型PSPBOの画像形成プロセス

メチルピペリジンから構成されるPSPBOが報告された[24]。UV照射下での塩基発生機構はベンジルプロトンの引き抜き，ラジカル結合による5員環の形成，ニトロソの生成，脱炭酸を伴う（図7）。このようにして露光部で発生する2,6-ジメチルピペリジンがBNPSとPHA中のフェノール部位のエステル交換反応の触媒として働く。マトリックス分子間でのエステル架橋後，熱によるPBO化によりネガ型パターンが形成される。4-ニトロフェノキシドの脱離時に2,6-ジメチルピペリジニウムイオンからプロトンを受け取ることで，2,6-ジメチルピペリジンが再生し，化学増幅機構を可能にする。この系では，PHA／エステル型架橋剤／光塩基発生剤＝80/5/15（wt％）で感度78 mJ/cm^2，コントラスト4.0の良好なネガ型パターン（膜厚2.5 μm，解像度6 μm）が得られている。また，9.3 μmの厚膜でも十分な解像度を示す（図8）。さらに，銅を塗布したシリコン基板上で光塩基発生剤を用いた腐食の加速試験を行い，低腐食性が確認されている。

しかしながらこのシステムでは，架橋反応時に揮発成分のp-ニトロフェノールを副生し，着

第5章　これからの展開が期待される UV 硬化材料

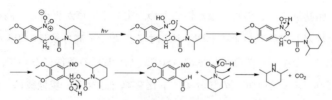

図7　光塩基発生剤の塩基発生機構

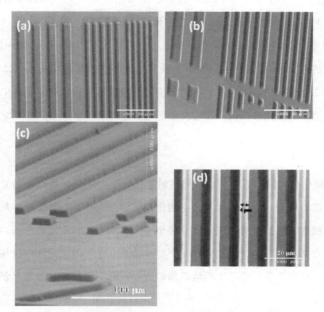

図8　2.5μm 薄膜フィルムのネガ型パターンの SEM 像
(a)硬化前および(b)硬化後，9.3μm 厚膜フィルムのネガ型パターンの SEM 像
(c)線幅20，30μm および(d)線幅4μm

色の原因にもなるため，新たな架橋剤1,6-ヘキサン-ビス（ビニルスルホン）が開発された（図9(a)）。露光部において光塩基発生剤から生成する2,6-ジメチルピペリジンが，マトリックス PHA と架橋剤のマイケル付加反応の触媒として機能する。架橋による脱離成分を副生しないため，前述の問題を解決することができる。PHA／マイケル付加型架橋剤／光塩基発生剤＝75/10/15（wt%）で感度62 mJ/cm^2，コントラスト4.1の良好なネガ型パターン（膜厚2.1μm，解像度8μm）が得られた[25]。

既に述べたように，シリコンウエハの熱歪みの低減も非常に重要である。剛直性が高く，低い熱膨張係数（CTE）を有するネガ型半脂環式 PSPI の開発が行われた（図9(b)）[26]。この手法では，光塩基発生剤を添加するのみで，架橋剤を必要としない。マトリックスとなる PAA は，ビフェニルタイプの酸二無水物と *trans*-1,4-ジアミノシクロヘキサンの開環重付加により得られるが，

通常の条件では，脂肪族アミンの高い塩基性のため，重合中に塩が析出し，高い重合度が全く得られない。アミンに対して等量以上の酢酸を添加することで，高分子量のPAAが簡便に得られることが見出された。PAA／光塩基発生剤＝80/20（wt%）の条件において，露光部で発生する2,6-ジメチルピペリジンがPAAの部分イミド化を進行させる。現像後に，250℃，1時間の熱処理を施すことで，塩基触媒による低温イミド化が可能となる。実際に1.0μmの膜厚において，感度70mJ/cm^2，コントラスト10.3の良好なネガ型パターン（解像度6μm）が得られた。さらに，得られたPSPIは期待通りの低いCTE値（16 ppm/K）を示した。

これまで量子収率の良い光塩基発生剤がなく，マトリックスに対して20～25wt%も使用する必要があった。坂寄らはo-ヒドロキシケイ皮酸アミドが感光性ポリイミドにおいて高感度の光塩基発生剤になることを報告している[27]。光塩基発生機構は図10に示すように，光照射によりトランス型からシス型に異性化した後，環化反応が起こりピペリジンとクマリンを生成する。

7.8 おわりに

本節では，UV硬化を利用する新しい感光性耐熱高分子の開発に焦点を当て，従来法からごく最近の研究例まで広く概説した。半導体の微細化に伴い，シリコンウエハの熱歪み，銅配線の腐食に対応した感光機構・感光材料の開発は今後ますます求められるであろう。とりわけ，本質的に材料特性に優れたスーパーエンジニアリングプラスチックへの感光性の付与は非常に期待される所であり，簡便，低コスト，そして環境負荷の少ない形で開発されることが望ましい。

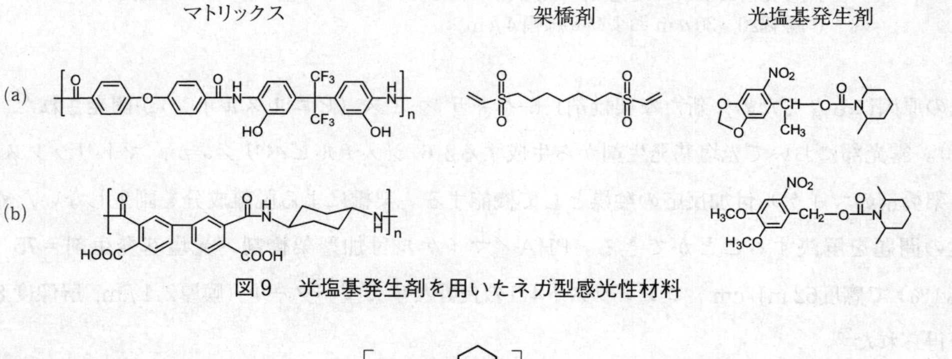

図9 光塩基発生剤を用いたネガ型感光性材料

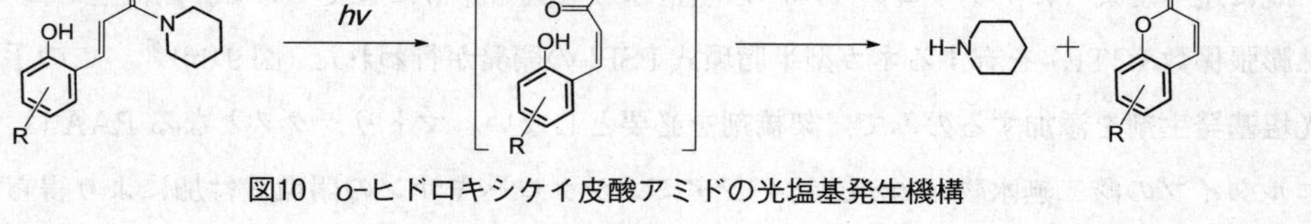

図10 o-ヒドロキシケイ皮酸アミドの光塩基発生機構

第5章 これからの展開が期待される UV 硬化材料

文　献

1) K. Fukukawa, M. Ueda, *Kobunshi Ronbunshu*, **63**, 561 (2006)
2) K. Fukukawa, M. Ueda, *Polym. J.*, **38**, 405 (2006)
3) K. Fukukawa, M. Ueda, *Polym. J.*, **40**, 281 (2008)
4) R. Rubner, H. Ahne, E. Kuhn, G. Koloddieg, *Photogr. Sci. Eng.*, **23**, 303 (1979)
5) S. M. Choi, S. -H. Kwon, M. H. Yi, *J. Appl. Polym. Sci.*, **100**, 2252 (2006)
6) A. Zhang, X. Li, C. Nan, K. Hwang, M. Lee, *J. Polym. Sci., Part A: Polym. Chem.*, **41**, 22 (2003)
7) T. Yamaoka, N. Nakajima, K. Koseki, Y. Maruyama, *J. Polym. Sci., Part A: Polym. Chem.*, **28**, 2517 (1990)
8) J. C. Dubois, J. M. Bureau, "*Polyimides and Other High-Temperature Polymers*", M. J. M. Abadie, B. Sillion, Eds., Elsevier Science Publishers, Amsterdam, p. 461 (1991)
9) E. Y. Chung, S. M. Choi, H. B. Sim, K. K. Kim, D. S. Kim, K. J. Kim, M. H. Yi, *Polym. Adv. Technol.*, **16**, 19 (2005)
10) H. -S. Li, J. -G. Liu, J. -M. Rui, L. Fan, S. -Y. Yang, *J. Polym. Sci., Part A: Polym. Chem.*, **44**, 2665 (2006)
11) X. Jiang, H. Li, H. Wang, Z. Shi, J. Yin, *Polymer*, **47**, 2942 (2006)
12) M. Ueda, T. Nakayama, *Macromolecules*, **29**, 6427 (1996)
13) Q. Lin, T. Steinhäusler, L. Simpson, M. Wilder, D. R. Medeiros, C. G. Wilson, *Chem. Mater.*, **9**, 1725 (1997)
14) J. M. Havard, M. Yoshida, D. Pasini, N. Vladimirov, J. M. J. Fréchet, D. R. Medeiros, K. Patterson, S. Yamada, C. G. Wilson, J. D. Byers, *J. Polym. Sci., Part A: Polym. Chem.*, **37**, 1225 (1999)
15) H. Ito, *Adv. Polym. Sci.*, **172**, 37 (2005)
16) Y. Watanabe, K. Fukukawa, Y. Shibasaki, M. Ueda, *J. Polym. Sci., Part A: Polym. Chem.*, **43**, 593 (2005)
17) Y. Watanabe, Y. Shibasaki, S. Ando, M. Ueda, *Polym. J.*, **37**, 270 (2005)
18) K. Fukukawa, K. Ebara, Y. Shibasaki, M. Ueda, "*Advances in Imaging Materials and Processes*", SPE, Mid-Hudson Section, PA, p. 339 (2003)
19) K. Fukukawa, Y. Shibasaki, M. Ueda, *Macromolecules*, **37**, 8256 (2004)
20) K. Mizoguchi, K. Tsuchiya, Y. Shibasaki, M. Ueda, *J. Photopolym. Sci. Technol.*, **20**, 187 (2007)
21) K. Mizoguchi, Y. Shibasaki, M. Ueda, *J. Polym. Sci., Part A: Polym. Chem.*, **46**, 4949 (2008)
22) K. Mizoguchi, Y. Shibasaki, M. Ueda, *Polym. J.*, **40**, 645 (2008)
23) K. Mizoguchi, T. Higashihara, M. Ueda, *Macromolecules*, **43**, 2837 (2010)
24) K. Mizoguchi, T. Higashihara, M. Ueda, *Macromolecules*, **42**, 1024 (2009)
25) K. Mizoguchi, T. Higashihara, M. Ueda, *Macromolecules*, **42**, 3780 (2009)
26) T. Ogura, T. Higashihara, M. Ueda, *J. Polym. Sci., Part A: Polym. Chem.*, **48**, 1317 (2010)
27) S. Fukuda, M. Katayama, K. Sakayori, *J. Photopolym. Sci. Technol.*, **22**, 391 (2009)

8 リワーク能を有する UV 硬化樹脂の現状と展望

白井正充[*]

8.1 はじめに

UV 硬化樹脂は，印刷製版，インキ，接着剤，塗料，パッケージング材料，フォトレジストなど，いろいろな分野で利用されている[1]。硬化樹脂の特徴は，一度硬化すれば不溶・不融になり，優れた耐熱性や機械的強度が得られることである。しかし，このような性質は場合によっては取り扱いにくいものである。例えば，プリント配線板上に配置された電子部品や配線回路は硬化樹脂で封止されている。修理のための部品の交換や廃棄後の部品回収のためには，これらの部品やまわりの回路を傷つけることなく硬化した樹脂を取り除くことが必要である。また，接着を目的とする用途では，一度接着したものを使用後に剥離することが必要な場合も多い。従来から用いられている架橋・硬化樹脂の除去方法には，強アルカリや強酸による過酷な条件下での化学反応を用いる分解法や，有機溶剤による膨潤と機械的手段を併用する除去法などがある。しかし，基材を傷つけずにその上の架橋・硬化樹脂を完全に除去するのは極めて困難である。

UV 光照射によって架橋・硬化するが，その後，適切な波長の光を照射するか，あるいは加熱することにより三次元の架橋構造を破壊し，溶剤に可溶になるような特性を持った硬化樹脂はリワーク型 UV 硬化樹脂と呼ばれる。このような樹脂は使用後の除去・回収が容易なことや，被塗布基板の再利用が容易である点などの特徴を有しているので環境に優しい樹脂であるとともに，新しいタイプの高機能性樹脂でもある。本節ではリワーク型 UV 硬化樹脂の研究開発の現状を我々の研究を中心に紹介するとともに今後の展望を述べる。

8.2 リワーク型 UV 硬化樹脂の設計概念

リワーク型 UV 光硬化樹脂は，解裂ユニットを分子内に組み込んだ多官能モノマーをベースにしたものである。分子設計の概念を図1に示す。重合する官能基とコアユニットとの間に分解可能なユニットを導入する。重合可能な基としては，ラジカル重合型のビニル基やカチオン重合型のエポキシ基などを用いることができる。解裂ユニットとしては，第3級炭酸エステル，第3級カルボン酸エステル，カルバマート，アセタール，ヘミアセタールエステル，スルホン酸エステル結合などを用いることができる。用いる解裂ユニットのタイプにより，硬化樹脂の分解温度をコントロールすることができる。分子中に解裂ユニットを有するこれらのモノマーは通常の光ラジカル重合や光カチオン重合で硬化する。硬化した樹脂は，加熱あるいは硬化時とは異なる波長の光照射と加熱の併用により，解裂ユニットが分解して直鎖ポリマーと低分子化合物に変化す

---

[*] Masamitsu Shirai　大阪府立大学　大学院工学研究科　教授

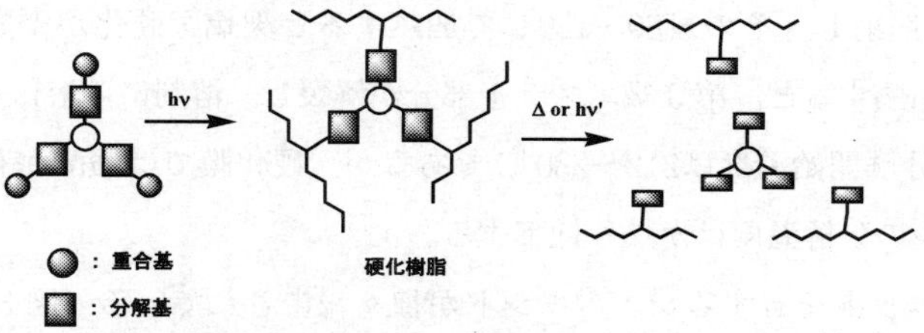

第 5 章　これからの展開が期待される UV 硬化材料

図1　リワーク型 UV 硬化樹脂の設計概念

る。これらは溶剤に可溶であり，溶解除去できる。

8.3　多官能エポキシ系樹脂

　エポキシドはカチオン重合が可能な官能基であり，UV 硬化樹脂の重合基として用いることができる。解裂基として第3級カルボン酸エステルを分子内に含む多官能エポキシドが開発されている（図2）。これらのエポキシドは，光酸発生剤と組み合わせるとリワーク型 UV 硬化系として用いることができる[2,3]。エポキシド **1a〜b** および **2a〜d** は，酸存在下においても単独では硬化しない。しかし，これらエポキシドとポリビニルフェノール（PVP）とのブレンド物に光酸発生剤を添加した薄膜は，光照射とそれに続く比較的低温（80〜100℃）での加熱により，効率よく架橋・硬化し，溶剤に不溶になる。光照射で発生した酸を触媒とするエポキシユニットとフェノールの OH 基との反応によるものである。架橋・硬化樹脂の分解は第3級エステル部分で起こる。**2a〜d** では，架橋効率はエポキシドの官能基数の多いものほど高い。例えば，**2a〜d**，PVP および強酸を発生する光酸発生剤からなるブレンド薄膜（約0.5μm）（エポキシ：PVP の

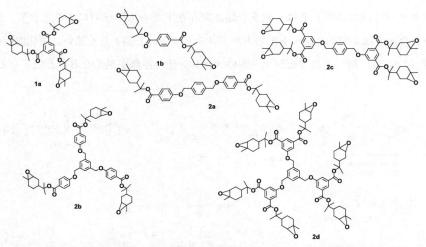

図2　第3級カルボン酸エステル結合を解裂基としたリワーク型多官能エポキシド

263

OH＝1：0.4）に光照射し，その後80〜120℃で加熱すると架橋・硬化が優先的に起こる。硬化膜を140〜160℃で加熱すると，第3級エステル部分が解裂し，溶剤に可溶になる。熱重量分析から求めた **2a〜d** の分解開始温度は212〜230℃であるが，硬化膜では強酸が存在するので第3級カルボン酸エステルの分解温度はかなり低下する。

　分子内に分解ユニットを有するジエポキシドが種々報告されている（図3）。**3a〜c** はカルボン酸エステルを分子内に含むジエポキシドである[4]。これらのジエポキシドが熱分解し，その重量の50％が減少する時の温度（T_d^{50}）は，**3a**（370℃）＞**3b**（350℃）＞**3c**（315℃）の順に低下し，第1級のカルボン酸エステルユニットを含む **3a** の T_d^{50} が最も高い。類似のジエポキシドとして **4** がある[5]。**4** の T_d^{50} は300℃以下であり，**3c** よりも若干低い。ジエポキシド **5** は分解基として，炭酸エステル結合を含むものであり，その T_d^{50} は約250℃である[6]。**6** は第3級の炭酸エステル結合を含んでおり，**5** よりもさらに低い温度で分解する。**6** の基本構造であるフェノールの第3級炭酸エステルユニットの熱分解生成物は，オレフィン，フェノールおよび CO_2 である。**5** および **6** は，リワーク型の半導体封止材としての用途が考えられている[6]。

　エポキシ基を両末端に持つスルホン酸エステルは光酸発生剤と組み合わせると，熱分解型の光架橋・硬化性樹脂として利用できる。ジエポキシド **7** と光酸発生剤とのブレンドでは硬化しないが，PVPをブレンドした系ではリワーク型のUV架橋膜として機能する[7]。架橋膜は約130℃で分解して溶剤に可溶になる。

8.4　多官能アクリル系樹脂

　UV照射により架橋・硬化する多官能アクリル型モノマーにリワーク機能を付与したものが種々報告されている。加熱により解裂しやすい第3級エステル部分を含んだジアクリル酸エステルやジメタクリル酸エステル **8** は，光重合開始剤存在下でのUV照射により重合し，硬化する（図4）。重合速度はジアクリレート型の方がジメタクリレート型よりも速い。硬化樹脂のガラス転移温度（Tg）は，用いる第3級ジオールのメチレン鎖の距離が長くなるほど低くなる。また，

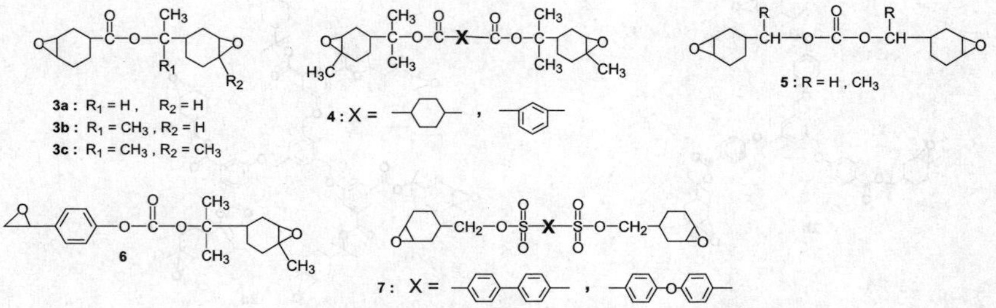

図3　分子内に解裂基を含む2官能エポキシド

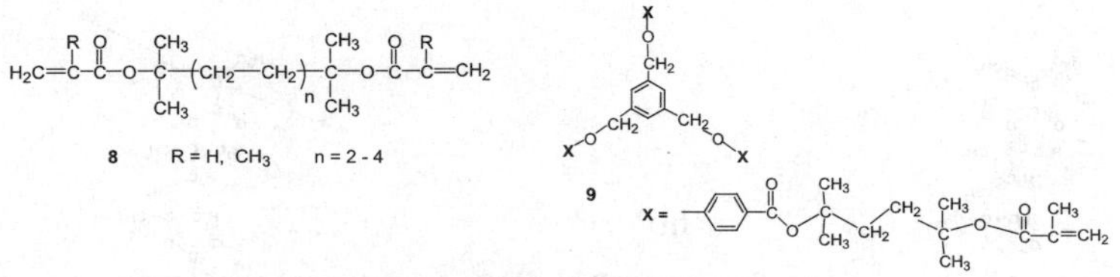

第5章 これからの展開が期待される UV 硬化材料

図4 第3級カルボン酸エステル結合を解裂基とする多官能メタクリラート

Tgはアクリレート型の方がメタクリレート型より低い。これらの硬化樹脂は150℃までは安定であるが，180〜200℃で分解し，部分的に酸無水物の構造を有するポリアクリル酸あるいはポリメタクリル酸を生成する[8]。これらの分解生成物はジメチルホルムアミドやメタノール，あるいは水には不溶であるが，NaOH水溶液やアンモニア水には溶解する。

リワーク型のUV硬化樹脂では，効率のよい硬化と効率のよい分解・可溶化が求められる。このような視点から，1分子内に6箇所の分解部位を有する3官能メタクリラート9が検討された[9]。9と光ラジカル開始剤よりなる系は，通常のUV照射条件でラジカル重合により硬化する。硬化物の分解開始温度は約200℃である。一方，9と390 nmよりも長波長光で感光する光ラジカル開始剤（例えば，DAROCURE TPO），および365 nm光に感光する光酸発生剤（例えば，1,8-ナフタルイミド　トリフルオロメタンスルホナート）よりなる系を組むと，390 nm光照射で硬化させることができるが，365 nm光照射と約85℃の加熱で硬化膜は分解・可溶化できる。9のUV硬化と硬化膜の分解機構を図5に示す。

解裂基としてアセタール結合やヘミアセタールエステル結合を分子内に有する多官能アクリラートやメタクリラートがリワーク型のUV硬化樹脂として研究されている。代表的なものの化学構造を図6に示す。10は熱分解が良好なUV硬化性バインダー材料としての用途展開が試みられている。トリメチロールプロパントリアクリラートとカルボキシル基含有ポリメタクリル酸メチル（重量比で4：6）をブレンドしたものとの比較では，10の方がUV硬化効率や熱分解性の点で優れている[10]。

11〜15は分子内にアセタール結合あるいはヘミアセタールエステル結合を含んだジアクリラートあるいはジメタクリラートである。いずれのモノマーも光ラジカル重合開始剤とあわせて用いると窒素雰囲気下で効率よくUV硬化する[11〜13]。硬化物の熱分解温度は約200℃であり，分子中の中心骨格の構造にはあまり依存しない。一方，これらのモノマーとジメトキシフェニルアセトフェノンのような光ラジカル重合開始剤，およびトリフェニルスルホニウムトリフラートのような光酸発生剤との組み合わせでは，365 nm光を照射すると硬化する。さらに硬化物に254 nm光照射し，次いで60℃程度の温度で加熱すると，硬化樹脂は分解しメタノールに溶解する。UV硬化樹脂への光酸発生剤の添加の有無により，硬化物の分解・可溶化温度を選択できる。モノマー

265

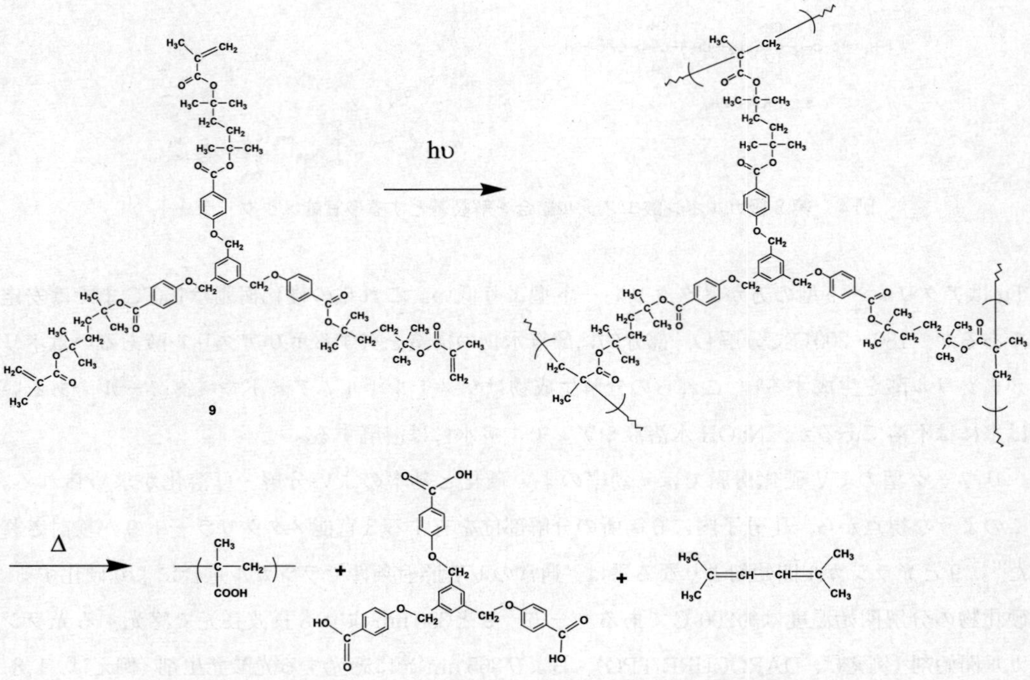

図5　リワーク型モノマー9のUV硬化・解架橋の反応機構

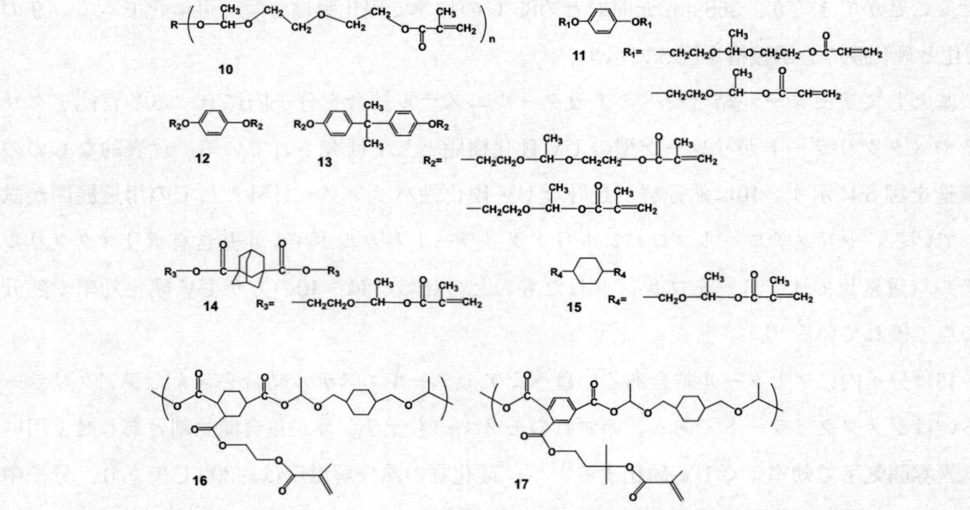

図6　アセタールやヘミアセタールエステル結合を解裂基とする多官能メタクリラート

11〜15の解裂基はアセタール結合やヘミアセタールエステル結合であるので，酸存在下での解裂反応には水が必要である．一般に，薄膜系での使用では空気中の水分で十分であり，特に水に浸漬する必要はない．

第5章　これからの展開が期待される UV 硬化材料

　主鎖にヘミアセタールエステル結合を有し，側鎖にメタクリラートを有するオリゴマー**16**をリワーク型の UV 架橋・硬化樹脂として用いることが提案されている[14]。**16**はシクロヘキサン-1,2,4-トリカルボン酸無水物とヒドロキシエチルメタクリラートから得られるジカルボン酸と1,4-シクロヘキサンジメタノールジビニルエーテルとの重付加で得られる。末端のビニルエーテル基をシクロヘキサンカルボン酸で保護して安定化する。**16**，Irgacure 907およびトリフェニルスルホニウム塩型の光酸発生剤からなる樹脂は，365 nm 光で硬化し，254 nm で分解・可溶化する。**16**の硬化物を分解した時の主成分は，大きな側鎖を有するポリメタクリル酸エステルであり，必ずしもその溶解性はよくない。硬化樹脂の分解生成物の高溶解性を目指して，**17**が開発されている。**17**は硬化物の分解で生成するポリメタクリル酸エステルの側鎖をも分解することを考慮して，第3級のメタクリル酸エステル結合がオリゴマーの側鎖に導入されている[15]。

8.5　高機能材料としての活用

　これまでに，リワーク能を有する UV 硬化樹脂が多数開発され，それらの UV 硬化特性や硬化樹脂の分解特性が明らかにされている。リワーク能を有する UV 硬化樹脂の活用については，リサイクル，リユースあるいはリペアを念頭に置いた環境調和材料としての利用や高性能機能材料などへの利用がある。高機能材料としては，剥離型接着剤，剥離が容易なネガ型フォトレジスト，剥離型コーティング材などが挙げられる。最近，リワーク型 UV 硬化樹脂を高機能材料として利用する立場から，UV ナノインプリント用樹脂として用いることが研究されており，関心を集めている[16,17]。

　UV ナノインプリントリソグラフィーは光硬化樹脂に石英モールドを押し当て，光照射で樹脂を固めた後，モールドを取り外し，超微細パターン（～10 nm）から比較的サイズの大きいパターン（数～数百 μm）を得るものであり（図7），種々の用途展開が研究されている。UV ナノインプリント用樹脂としては，汎用の光硬化樹脂を用いることができるが，硬化樹脂による高価な石英モールドの汚損が問題になる。一般に，石英モールド表面は含フッ素樹脂を主成分とする離型剤で処理することが不可欠である。しかしながら，多数回のインプリント過程を繰り返すと，石英モールド表面の離型剤が破壊され，離型効果が薄れ硬化樹脂が石英モールドに付着する。モールドに付着・残留した硬化樹脂を取り除くことは容易ではない。一方，リワーク型光硬化樹脂を用いれば，仮にモールド汚染が生じても，樹脂の剥離は極めて容易である。リワーク性を有し且つ硬化収縮が小さい多官能アクリルモノマーはインプリント用 UV 硬化樹脂として関心が持たれている。UV ナノインプリント材料として**14**を用い，20 μm 線幅や200 nm 線幅のパターンが得られている。通常の多官能アクリルモノマーの硬化収縮は 8～15％程度とかなり大きい。一方，**14**を用いて作製した20 μm 線幅のパターンに対して，高さ方向の収縮率は 1～2％程度と小

さいものである。

また、モールドの汚損を避けるための1つの方法として、モールドのレプリカを作製して用いることが提案されている。モールドのレプリカを作製する方法はいくつか報告されているが、リワーク型 UV 硬化樹脂を用いるとモールドのプラスチックレプリカが容易に作製できる。リワーク型 UV 硬化樹脂を用いたレプリカ作製法を図8に示す。この方法では、シリコンのモールドを用い、365 nm 光を用いて石英板の上にリワーク型 UV 硬化樹脂のインプリントパターン（一次パターン）を得る。次いで、一次パターンをモールドにして汎用の UV 硬化樹脂を用いて 365 nm 光でインプリントを行う。一次パターンのモールドを剥離するために、254 nm 光照射を行い、リワーク型樹脂で作製した一次パターンを分解し、メタノールで溶解除去してレプリカモールドを得る。シリコンモールドのプラスチックレプリカを PET フィルム上に作製したものを図9に示す。20 μm 線幅のような比較的サイズの大きい場合も 200 nm 線幅のような微細な

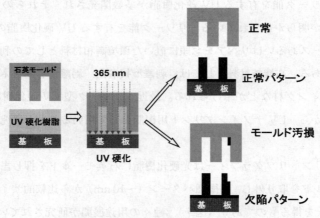

図7　UV インプリントプロセス

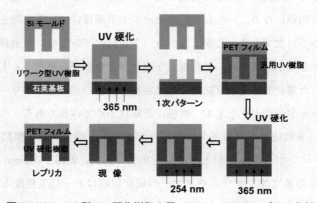

図8　リワーク型 UV 硬化樹脂を用いたモールドのレプリカ作製

第5章　これからの展開が期待されるUV硬化材料

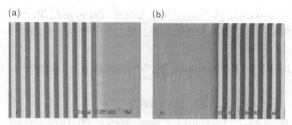

図9　14を用いた(a) UVインプリント一次パターンとそれを用いて得た
(b)プラスチックレプリカモールド（線幅200 nm）

サイズの場合も元のモールドのサイズを精確に反映したレプリカが得られている。リワーク型UV硬化樹脂の高機能性材料としての応用例として注目されている。さらに、最近の研究ではプラスチックレプリカモールドを用いたUVインプリントも研究され、オリジナルモールドを用いた場合と同等の精度でインプリントパターンが得られることが示されている。

8.6　おわりに

リワーク能を有するUV硬化樹脂は、環境調和型材料や高機能材料として強い関心が持たれている。これまでに、多くのタイプのリワーク型UV硬化樹脂が研究され、それらのUV硬化過程や硬化樹脂の分解過程が明らかにされている。リワーク型UV硬化樹脂の活用に際しては、いろいろな可能性がある。これまでは一般的な用途展開を念頭に置いた研究がなされてきたが、今後は具体的な用途を決めた樹脂開発に重心が移るものと思われる。リワーク型硬化樹脂についてはこれまでにも解説・総説があるのであわせて参考にされたい[18～20]。

文　　献

1) 上田充監修, "UV・EB硬化技術の最新動向", シーエムシー出版 (2006)
2) 岡村晴之, 新嘉津夫, 白井正充, ネットワークポリマー, **28**, 42 (2007)
3) H. Okamura, K. Shin, M. Shirai, *Polym. J.*, **38**, 1237 (2006)
4) S. Yang, J. Chen, H. Korner, T. Breiner, C. K. Ober, *Chem. Mater.*, **10**, 1475 (1998)
5) H. Li, L. Wang, K. Jacob, C. P. Wong, *J. Polym. Sci.: Part A: Polym. Chem.*, **40**, 1796 (2002)
6) L. Wang, H. Li, C. P. Wong, *J. Polym. Sci.: Part A: Polym. Chem.*, **38**, 3771 (2000)
7) Y. –D. Shin, A. Kawaue, H. Okamura, M. Shirai, *Polym. Degrad. Stab.*, **86**, 153 (2004)
8) K. Ogino, J. Chen, C. K. Ober, *Chem. Mater.*, **10**, 3833 (1998)

9) H. Okamura, T. Terakawa, M. Shirai, *Res. Chem. Intermed.*, **35**, 865 (2009)
10) 深田亮彦, 万木啓嗣, 吉宗壮基, 五味知紀, 第15回ポリマー材料フォーラム講演予稿集, p. 204 (2006)
11) M. Shirai, K. Mitsukura, H. Okamura, M. Miyasaka, *J. Photopolym. Sci. Technol.*, **18**, 199 (2005)
12) M. Shirai, *Prog. Org. Coatings*, **58**, 158 (2007)
13) M. Shirai, K. Mitsukura, H. Okamura, *Chem. Mater.*, **20**, 1971 (2008)
14) 菱田有希子, 姜義哲, 石戸谷昌洋, 第16回ポリマー材料フォーラム講演予稿集, p. 86 (2007)
15) D. Matsukawa, T. Mukai, H. Okamura, M. Shirai, *Eur. Polym. J.*, **45**, 2087 (2009)
16) D. Matsukawa, H. Wakayama, K. Mitsukura, H. Okamura, Y. Hirai, M. Shirai, *J. Mater. Chem.*, **19**, 4085 (2009)
17) D. Matsukawa, H. Wakayama, K. Mitsukura, H. Okamura, Y. Hirai, M. Shirai, *Proc. SPIE*, **7273**, 72730T-1 (2009)
18) 白井正充, 高分子論文集, **65**, 113 (2008)
19) 角岡正弘・白井正充監修, "高分子架橋と分解の新展開", シーエムシー出版 (2007)
20) 角岡正弘・白井正充監修, "高分子の架橋と分解", シーエムシー出版 (2004)

第6章　UV硬化における分析法の現状と展望

1　UV硬化樹脂の硬化度および硬化挙動の評価の現状と展望

高瀬英明*

1.1　硬化度および硬化挙動の評価の現状

　オプトエレクトロニクス分野においてUV硬化樹脂が多用されている。その際，UV硬化樹脂の設計や製品の品質管理，あるいは品質異常が発生した際の原因究明として，硬化度や硬化挙動の評価が有力なツールとなっている。硬化度は，UV硬化樹脂の硬さや基材への密着性などの性状を，弾性率や硬度，密着力のような物理的特性で定量化（数値化）し，それらの飽和値や目標値に対し，どの程度まで到達したのかの割合で算出される。コーティング材料や接着剤などの用途では，物理的な特性として弾性率やゲル分率（有機溶剤への非抽出成分の割合）が広く用いられ，これらの飽和値に対する到達度合いから硬化度を算出し，製品レベルで評価，管理されている。特に，硬化度は製品異常を検知する手段になるため，工業的な意味合いは大きい。

　しかしながら，物理的特性から算出される硬化度だけでは，材料設計や品質管理，あるいは品質異常発生時の原因究明のツールとしては十分ではなくなっているのが現状である。これは特性や品質管理の要求レベルが高度化していることが理由として考えられる。この現状を打開する上で，化学的な特性変化を追跡することでの硬化度評価が重要視されている。特に最近の高度化，緻密化する樹脂の特性発現には，光反応性基の重合転化率や重合挙動，あるいは重合転化率の樹脂内での分布の理解が無視できなくなっている。特に，UV硬化樹脂は硬化時の条件や環境が異なると最終の硬化物性は変化し[1]，それに重合挙動や形成される架橋ネットワーク構造が大きく関与している。

　化学的な特性変化の評価法としては，分光学的な手法と熱的な手法が報告されている。いずれの手法ともこれまでは学術的な見地で広く研究に用いられたが，徐々に工業的な有用性が認知され，材料設計や品質管理に応用され始めている。分光学的な評価法には赤外吸収（IR）法があり，光反応性基の振動由来のIR吸収（吸光度）ピークの減衰変化を測定する。一方，熱的な評価法としては示差走査熱量計（DSC：Differential Scanning Calorimeter）による手法で，光重合時の発熱量を測定する。いずれの評価法からも光反応性基がどの程度重合したかを示す重合転化率を算出でき，その消費（減衰）挙動の追跡は重合挙動の理解に繋がる。ただし，いずれの評価法と

---

*　Hideaki Takase　JSR㈱　ディスプレイ研究所　主任研究員

も長所短所があるため，測定したいとする対象物や目的に合った手法を選択する必要がある（表1）。これらの詳細な説明は別節を参照されたい。

1.2 硬化度および硬化挙動の今後の展望

工業的に硬化度や硬化挙動をより一層活用していく上でのキーワードとして，"微小領域"，"リアルタイム"，"インライン"を挙げたい（図1）。光硬化で留意すべきことは，硬化が均一に起こらないこと（があること）と瞬時に完結することである。特に樹脂が厚い場合やUV照射量が少ない場合，あるいは異物や金属配線などでUV光が当たりにくい領域が生ずる場合には，硬化度は均一であると考えるべきでない。これが製品の不具合に繋がることが往々にしてあるため，特定の"微小領域"の硬化度を知る意味合いは大きい。バルク全体の特性や硬化度として検出されないため，注意を要する。

先述のように，最終硬化物の特性や硬化度は，そこに行き着く過程に大きく関わっている。どのような過程を経て硬化が進行するのか，つまり"リアルタイム"で硬化の挙動を知り，材料設

表1　IR法とDSC法

	IR法	DSC法
スキャン速度	数十～数ミリ秒	数百ミリ秒
最適膜厚	薄膜（～数 μm）	厚膜（≥数百 μm）
硬化温度	変更可能	変更可能
硬化雰囲気	変更可能	変更可能
長所	各反応性基の重合転化率の同時追跡が可能である 高速な重合反応に適する	操作が簡便である 厚膜評価に適する
短所	厚膜試料では十分な吸光度が確保できず精度が落ちる	検出速度が遅い 総発熱量しか検出できない

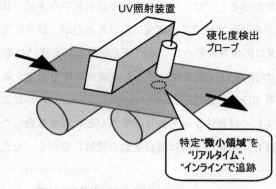

図1　硬化度，硬化挙動評価のキーワード

第 6 章　UV 硬化における分析法の現状と展望

計や硬化条件に反映させることが，特性を最大限発現させる上で重要である。硬化過程のうち，重合挙動の追跡として有用な評価法は，先の IR 法や DSC 法があり，学術的に数多くの報告例が見られる。特に Decker らによって提案されたリアルタイム IR[2] は，アクリル／エポキシ混合のハイブリッド系樹脂においてアクリル，エポキシそれぞれの反応性基を区別して追跡できるため[3]，工業的にも役立っている。リアルタイムという観点では，IR 法や DSC 法による化学的評価法が先行する。一方，硬化過程のうち，架橋ネットワークの形成挙動など，リアルタイムでの物理的な特性変化の評価法の拡充は今後期待したいところである。リアルタイムでの物理的な評価も一部，報告例や市販評価装置が見られ，その点は後述したい。今後，化学的特性と物理的特性をリアルタイムで同時収集できるようになれば，より高度な樹脂設計の手助けになるであろう。

さらにその延長線上として望まれることは，*in situ*，つまり"インライン"で測定できることである。これまでの評価法のほとんどが生産ライン上の製品を抜き出し，評価に供したり，生産の硬化条件を模して生産現場とは別の場所（例えば，評価室）で評価したりするものであった。製品の生産ライン，つまり，"インライン"で"リアルタイム"に硬化度や硬化挙動を評価できれば，製品の品質異常を未然に防げ，歩留まり向上に繋がるものと期待できる。その際には勿論，非破壊での評価が前提であり，この点で最近，分光学的な手法による報告が見られるため，この手法も次項で紹介する。

1.3　"微小領域"での分光学的な評価法
1.3.1　顕微 IR と ATR-IR 法

ここでは"微小領域"に絞った評価法を述べる。特定な微小領域を測定する場合に有効な分光学的手法として，顕微 IR 法と ATR（Attenuated Total Reflection）-IR 法がある。それぞれ対象とする測定領域が異なる。顕微 IR 法は樹脂の平面上の特定微小領域を，ATR-IR 法は樹脂の厚さ（深さ）方向の特定領域，特に表層の微小領域を測定できる。

顕微 IR 法では，試料を透過した IR 光は検出器に入る前にアパーチャーで測定領域だけに絞り込まれ，試料平面の数十 μm 領域の IR 吸収だけが検出される。工業的な意味合いは大きく，樹脂中に含まれる異物の周辺部などの特定領域での反応性基の重合転化率評価に有用である。

一方，ATR-IR 法は高屈折率の材質でなる ATR プリズム（結晶）を試料に密着させ，試料界面で全反射させた時の反射スペクトルを測定する。厳密には，ATR プリズムに IR 光を入射させた際，全反射時に試料側に極微量の IR 光がしみ込みエバネッセント波と呼ばれる減衰波を利用した手法である。ATR プリズムと試料の屈折率（n_1, n_2），入射角（θ），入射波長（λ）によってエバネッセント波の浸入する深さ（d_p）が決まる（式1）。

$$d_\mathrm{p} = \frac{\lambda}{2\pi(n_1^2 \sin^2\theta - n_2^2)^{0.5}} \tag{1}$$

アクリル基のC-H変角振動由来のIR吸収（810 cm^{-1}）においては，市販プリズム（ZnSe, Ge, ダイヤモンド）を選択することで，おおよそ0.8 μmから3 μmの深さまでのIRスペクトルが測定できる。異なる膜厚の試料を複数点準備し，照射裏面側のIRスペクトルをATR-IR法で測定することで，深さ方向の重合転化率を見積もれる。Scherzerはこの方法を用いて，深さ方向の重合転化率や最大重合速度（$R_{p,max}$）に及ぼす光開始剤やUV吸収剤の影響を報告している。光開始剤の量が多い時（図2）や，UV吸収剤を添加した際には，重合転化率や$R_{p,max}$の深度依存性は大きくなる[4]。本手法により，設計膜厚に対して，最適な光開始剤種や量を見積もることができる。

最近では顕微IR法とATR-IR法とを組み合わせた，つまりATRプリズムの形状を微小にすることで平面0.01 mm^2，表面深度数μm程度の微小領域のIRスペクトルを測定できるプリズムも市販されている。これは樹脂最表面に混在した微小異物の分析やその周辺部の重合転化率測定に有効な手法となっている[5]。

1.3.2 ラマン分光法

ATR-IR法でも重合転化率の深度分布を測定できることを先に述べたが，樹脂厚の厚い試料では測定において膜厚の異なる幾つかの試料が必要である。この手法では，実試料の重合転化率の深度分布を直接観察しているとは言い難い。これを解決する手段として，共焦点（Confocal）ラマン顕微鏡が提案されている。ラマン分光測定は古くから知られた測定法であり，可視光あるいは近赤外光（532〜940 nm）を試料に入射させると，分子固有の振動に由来するラマン散乱光

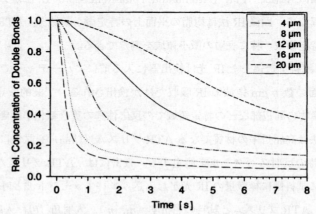

図2　TPGDA（2官能アクリレート）/5.0 wt%-BDMBの異なる膜厚での底部の光重合挙動[4]
照射波長：313 nm，照度：60 mW/cm^2

第6章 UV硬化における分析法の現状と展望

が検出される。アクリル樹脂の場合には1640 cm^{-1}のC=C伸縮振動，エポキシ樹脂の場合には790 cm^{-1}のエポキシ環変角振動由来のラマン散乱ピークをモニタリングし，重合転化率を算出できる。このラマン分光装置に共焦点光学系を組み入れることで，特定の微小空間領域のラマンスペクトルが測定できる。最近では1 μm^{3}程度の空間分解能を有する装置が市販され，焦点位置を試料深度方向にずらしていけば，ラマンスペクトルの深度情報を非破壊で測定できる。Jessopらはメタアクリル／エポキシ含有モノマー（METHB）における各反応性基の重合転化率の深度依存性を測定し，アクリル基の光重合の酸素阻害の影響やエポキシ基の重合転化率の深度依存性，暗反応の効果を深さ4 μmごとのデータプロットをもとに議論している（図3）[6]。

1.4 "リアルタイム"での分光学的，物理的な評価法
1.4.1 リアルタイムIR法

アクリル基の光重合反応を"リアルタイム"で測定する分光学的手法として，Deckerらによって初めてIR法による報告がなされた[2]。本報告がなされる前までは，DSC装置の試料台上部にUV照射装置を取り付け，UV光を照射しながら重合発熱量をリアルタイムで追跡するphoto-DSC（あるいはDPC：Differential Photo Calorimeter）法の報告が数多く見られた[7]。しかしながら，photo-DSC法は検出が熱であるが故に検出速度が遅く，高速硬化系の樹脂の挙動追跡には不向きである。その点，リアルタイムIR法は検出が光であるため，photo-DSCが不得意であった高速硬化系の追跡が可能である。リアルタイムIR法は試料にUV光を照射しなが

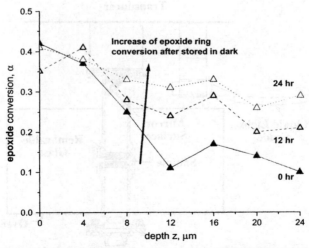

図3 METHB/0.25 wt%-DMPA（ベンジルケタール系光開始剤）/0.5 wt%-DAI中のエポキシ基の重合転化率の深部依存性と後硬化[6]
照度：100 mW/cm^2

ら，IR スペクトルをリアルタイムでモニタリングするものである。単一の IR 吸収波長であれば数ミリ秒ごとに，特定波長域の連続スペクトルであれば数十ミリ秒ごとにデータが採取できる。さらに，試料への IR の入射の仕方として，透過法や反射法を用いれば試料全体の重合挙動を，ATR プリズムを用いれば最表層だけの重合挙動を測定できる。

リアルタイム IR による挙動解析は Decker らを含め精力的に研究され，UV 光照度や重合温度，あるいは光反応性基種，光開始剤種，量の重合転化率への影響など，多数報告されている[8]。さらに，生長速度定数や停止速度定数を算出し，重合過程での速度論的な議論もなされている。ハイブリッド系樹脂や高速硬化系樹脂の硬化挙動の解析に威力を発揮するため，最近では製品設計開発においても多用されている。

1.4.2 粘弾性的測定

分光学的な手法で重合反応をリアルタイムで追跡できる手法が有用である一方，工業的見地では最終の硬化物性を決定付ける物理的特性のリアルタイムでの挙動変化を追跡できる手法も望まれる。しかしながら，これまでの報告事例は少なく，粘弾性測定（レオメーター）や剛体振り子[9]によるものなどに限られる。以下に述べる粘弾性による測定法は，光照射とともに架橋ネットワークがどのように形成されるのかを示唆する情報が得られる。

レオメーターのコーンプレートの回転部，もしくは固定プレートのいずれかを石英板にし，石英板を通して UV 光を照射しながら，リアルタイムで粘弾性挙動を測定することで，硬化挙動をモニタリングできる（図4）。液体樹脂が光硬化で固体へと変化する際，弾性モジュラス（G'

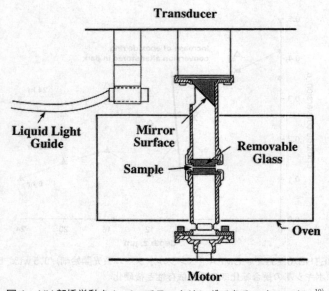

図4　UV 架橋挙動を *in situ* でモニタリングできるレオメーター[10]

第6章 UV硬化における分析法の現状と展望

がゲル化点近傍で粘性モジュラス（G″）を上回る挙動が観察される。Chiouらはチオール／エン系の光硬化挙動に関し，物理的特性の観点からチオールの官能基数の弾性モジュラスへの影響を報告している（図5）[10]。ここでゲル化点は粘性，弾性モジュラスの周波数依存性が同じになる点で定義され，本報告ではゲル化に要する時間で架橋形成挙動を議論している。Chiouらによると，チオールの官能基数が多いほど，また硬化時の温度が高いほど弾性モジュラスが飽和する時間が短く，ゲル化時間が短くなる結果を得ている。こうした粘弾性による架橋形成挙動と，化学的手法による重合挙動とを結び付けた報告例も見られ[11]，今後，樹脂の最終硬化物性の予測確度が高まることを期待したい。

1.5 "インライン"での分光学的な評価法

1.5.1 蛍光プローブ法

"インライン"で硬化度をモニタリングできる手法の報告は数少ない。その中の1つとして，樹脂中に蛍光を発する化合物（蛍光プローブ）を添加し，蛍光スペクトルを測定する手法の報告が見られる。蛍光化合物はUV光を吸収すると，励起状態に励起される。その後，分子内電荷移動を起こし，より安定な別の励起状態へと緩和する。この時，蛍光スペクトルを測定すると，2つの励起状態から基底状態に戻る際に発する2つの蛍光スペクトル（433 nmと520 nm）が観測される。系中のミクロ場の粘度が変わると，一方の励起状態からより安定な別の励起状態に移る速度が影響される。粘度は硬化とともに増加するため，2つの蛍光スペクトル挙動をモニタリングすることで，硬化度や硬化挙動を追跡できる（図6）。Neckersらは本手法での硬化挙動が

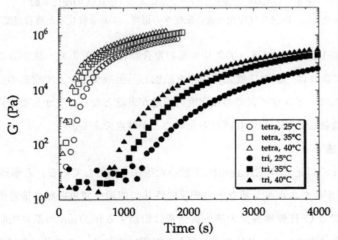

図5　チオール・エンの光架橋における弾性モジュラスのリアルタイム挙動[10]
　　チオール官能基数と硬化温度を変量

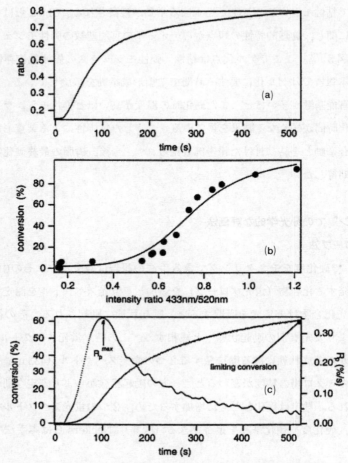

図6 TEGDA の蛍光プローブ法による TEGDA の硬化挙動[13]
(a)蛍光強度, (b)蛍光強度比と重合転化率の相関, (c)重合転化率と重合速度挙動

リアルタイム FT-IR 法での結果（アクリル基の重合転化率）とよく一致することを報告している[12,13]。本報告によれば，樹脂に蛍光化合物を添加し，製造ライン上で樹脂の蛍光スペクトルをモニタリングすれば，インラインでの硬化度の追跡が可能となる。しかしながら，製品である樹脂の中に蛍光化合物を添加しなければならないことが難点である。

1.5.2 Near-IR 法

最近，Scherzer らは近赤外 (Near-IR) を使った手法を報告している。近赤外領域 (720～2500 nm) にはアクリル基やエポキシ基などの光反応性基の伸縮や変角振動の倍音由来の吸収が現れる。アクリル基では C-H 伸縮振動の第一次倍音に相当する1620 nm の孤立吸収帯が他の吸収帯との重なりが少ないため，モニタリング波長として用いられる。この吸収の減衰挙動を追跡することで，IR 法と同様な算出処理で重合転化率や重合挙動を見積もれる。赤外領域と比べて，近

第6章 UV硬化における分析法の現状と展望

赤外領域では吸収ピークがブロードになり，かつ吸収ピークの重なりが減るケースがあるため，特に膜厚の厚い試料を高感度，高精度に測定できる。この点は，IR法にはないメリットである。Scherzerらによると，近赤外分光光度計の光軸に光ファイバプローブを取り付け，プローブヘッドを樹脂に近付けNear-IRの反射光を測定している。光ファイバを用いることでNear-IR光を試料近傍まで近付けられるようになり，インラインでのNear-IRスペクトルのモニタリングを可能とした。これまでは精度よい結果が得られていなかったが，校正にPLS回帰分析に代表されるケモメトリックスを適用し，モニタリングをUV照射前後の二箇所にすることで，薄膜の試料でもIR法やHPLC法での結果とよい一致が得られている[14,15]。実際にポリエチレンフィルム上に塗布した10μm厚のUV硬化樹脂の重合転化率を，コンベア式UV照射装置のコンベア速度とUV強度を変えながら，インライン，リアルタイムで測定できることを実証している（図7）。本報告によると，毎秒15スペクトルという速いスキャン速度で測定でき，高速硬化性のアクリル樹脂や早いコンベア速度に対しても対応可能である。本結果は実生産ラインでも，瞬時に正確な重合転化率をインラインで測定できることを示唆している。

1.6 おわりに

硬化度や硬化挙動の評価は，工業製品の材料設計や品質管理，あるいは品質異常時の原因究明などで重要な地位を占め始めている。特に分光学的手法から導き出される重合挙動や重合転化率は，特性面，品質面で高度化する要求に応えるためのツールとして重要視されつつある。UV照

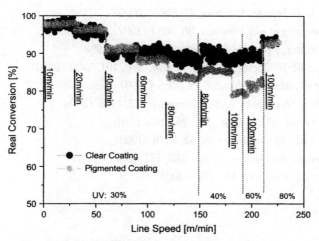

図7 クリア／白顔料分散コーティングのインラインでのNear-IR法による光重合モニタリング挙動[15]
図中の縦書きの数値はコンベア速度，図下の横書きの数値はUV強度（最大出力に対する相対出力）を表す

LED-UV 硬化技術と硬化材料の現状と展望

射時の重合と架橋ネットワーク形成を含めた硬化挙動は最終の硬化物性に大きく影響を与えるため，重合がどのような過程を経て，どのような架橋ネットワークを形成するのかを理解することは，樹脂の特性を最大限に引き出す上で今後ともその重要度は増すに違いない。本節で述べたように，硬化度や硬化挙動の評価法の進歩により，数秒で硬化が完結する高速硬化を特徴としたUV硬化樹脂においても，その挙動が明らかにされつつある。今後，製品が製造される現場において，"インライン"，"リアルタイム"で，特定の"微小領域"の硬化度や硬化挙動を評価できることは品質の向上に繋がるだけでなく，得られた情報を材料設計やプロセス条件にフィードバックできれば，より高度な特性を発現できる製品を世の中に提供できるようになるであろう。そのためには，化学的手法による挙動追跡と物理的手法とを結び付けた樹脂の設計が必要であると考えられ，ますますの評価法の進歩，拡充を期待したい。

文　献

1) 髙瀬, 成型加工, **19**, 68 (2007)
2) C. Decker and K. Moussa, *Makromol. Chem.*, **189**, 2381 (1988)
3) C. Decker et al., *Polymer*, **42**, 5531 (2001)
4) T. Scherzer, *Vibr. Spectrosc.*, **29**, 139 (2002)
5) 服部, 東亞合成グループ研究年報, **10**, 48 (2007)
6) Y. Cai and J. L. P. Jessop, *Polymer*, **47**, 6560 (2006)
7) 例えば, L. Lecamp et al., *Polymer*, **38**, 6089 (1997)
8) 例えば, C. Decker, *Polymer International*, **45**, 133 (1998)
9) H-T. Chiu and M-F. Cheng, *J. Appl. Polym. Sci.*, **101**, 3402 (2006)
10) B-S. Chiou et al., *Macromolecules*, **29**, 5368 (1996)
11) A. Botella et al., *Macromol. Rapid Commun.*, **25**, 1155 (2004)
12) D. C. Neckers et al., *Poly. Eng. Sci.*, **36**, 394 (1996)
13) B. Strehmel et al., *Macromolecules*, **32**, 7476 (1999)
14) T. Scherzer et al., *Macromol. Symp.*, **205**, 151 (2004)
15) G. Mirschel et al., *Polymer*, **50**, 1895 (2009)

2 UV硬化におけるリアルタイムFT-IRの原理と使い方

中野辰彦*

2.1 はじめに

　FT-IR（フーリエ変換型赤外分光光度計）は，有機・無機化合物の赤外吸収スペクトルを測定し，分子構造を解析する装置である。FT-IRによる分析の最大の特長は，「非破壊」で「迅速」，そして「データベース」が豊富な点である。非破壊であることは少量の試料を回収できること，迅速であることは作業効率の向上につながる。最近のFT-IRには，一般的な分析に加え，高速かつ連続的にデータ取得が行えるものがあり，UV硬化樹脂などの反応挙動をリアルタイムで分析できるものが登場してきた。

　硬化性樹脂の分析では，一般に硬化反応前後の樹脂をサンプリングし，組成や構造変化，未反応分などを解析する。例えば，硬化後の樹脂から未硬化分を抽出し，GPCで分取した後に質量分析やNMRで解析するなど，通常は静的な状態で分析が行われている。これに対し，リアルタイムFT-IRは，実際に光や熱などの外的な刺激を与えながら，硬化反応を逐次モニターできるので，利用価値の高い分析手法といえよう。樹脂がどのような速度で，どのような反応を経て硬化するかなど，硬化中の挙動を分析することは，硬化技術の改良や実用技術を高度化していくための重要な情報となる。

　ここでは，赤外分光の基礎から装置，UV硬化樹脂の硬化度評価に適したサンプリング法，リアルタイムFT-IRでの実際の分析例などを紹介する。

2.2 赤外分光でわかること，スペクトルの解析方法

2.2.1 赤外分光法の原理

　赤外分光法は，物質の「分子振動」に起因する赤外吸収スペクトルから，その化学構造を推定する手法である。特に有機化合物，樹脂の分析に威力を発揮し，モノマー，オリゴマー，ポリマー，液体，固体など，分子量や物質の状態を問わずに分析をすることが可能である。

　化合物に赤外線を照射すると，分子構造に依存して特定波長の光が吸収される（図1）。その吸収パターンを赤外スペクトルと呼ぶ。物質の化学構造によって，スペクトルの形状が異なるため，しばしば定性分析に利用される。一方，赤外光の吸収強度は，成分の濃度に比例するので，定量分析も可能となる。

　赤外線を吸収する「分子振動」は，伸縮振動と変角振動の2つに大別される。赤外線の波長領

---

*　Tatsuhiko Nakano　サーモフィッシャーサイエンティフィック㈱　SIDアプリケーション部ダイレクター

LED-UV 硬化技術と硬化材料の現状と展望

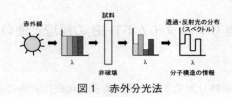

図1　赤外分光法

域の中でも特に2.5μmから25μmの領域に，これらの振動と同じ周波数の電磁波が存在する。一般にこの領域は中赤外領域と呼ばれ，近赤外領域（プロセスモニタリングや農作物，製剤などの品質管理に利用される）と区別されている。中赤外領域のスペクトルは，横軸を波長の逆数（$1/\lambda$），波数（Wavenumber，領域：$4000 \sim 400 \, \text{cm}^{-1}$）で表す。

特定の原子団に局在する振動に基づく吸収帯は，特性バンドと呼ばれ，官能基や分子構造により，異なる波長に各々吸収帯を持つ。硬化性樹脂の分析では，①樹脂に含まれる官能基の定性（-OH，C=C，N=C=O，エポキシ，イミドなど），②官能基の赤外吸収強度の増減による重合度（硬化度）の評価などの分析に役立つ。

2.2.2　赤外スペクトルの解析

(1) ピークの位置と強度について

各官能基の伸縮振動の波数位置は，バネの振動をモデルとして，質量や結合距離，力の定数から，近似値を計算することはできる。しかし，実際に得られるスペクトルでは必ずといってよいほど「ずれ」が生じる。分子間・分子内水素結合，立体効果，近接した極性基の電子効果などの内的な要因，張力や温度などの外的な要因が，ピーク位置のシフトをもたらす。特にポリマーの分析では，$5 \sim 10 \, \text{cm}^{-1}$ 程度のピークシフトがあることを考慮しておくほうがよい。

官能基の振動には，先述のように伸縮・変角振動（さらに細かく，対称・非対称，面内・面外，倍音といった）モードがあり，同じ官能基でも複数の領域にピークが出現する。同じ官能基に帰属されるピークや，分子構造に特徴的なピーク群を「グループ」として捉えると，理解しやすくなる。ポリマーの場合，既知の分子構造を持つ物質のスペクトルで，一連のパターンを覚えると，意外と容易に見分けることが可能となる。

ピークの強度は，赤外線を吸収する官能基の極性（遷移双極子モーメント）に依存する。例えば，水酸基（OH）やカルボニル基（C=O）など極性の大きな官能基ではピーク強度が強く，アルケン（C=C）など対称なものは比較的弱い。市販参考書やFT-IR用部分構造解析ソフトウェアを利用することで，各ピークの帰属が可能となり，官能基や分子構造を推定することができる。

(2) 代表的な UV 硬化樹脂の赤外スペクトル

図2～4に，代表的な UV 硬化樹脂の赤外スペクトルチャートを示す。化学構造が既知のポリマーのピークパターンを学習することは，スペクトル解釈のよい手助けとなる。

第6章 UV硬化における分析法の現状と展望

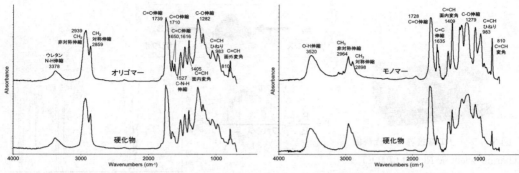

図2　UV硬化樹脂（ウレタンアクリレート系）の赤外スペクトル

図3　UV硬化樹脂反応性希釈剤（アクリレート系）の赤外スペクトル

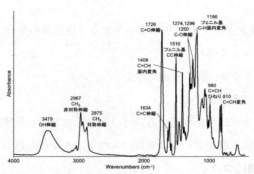

図4　エポキシ樹脂（光硬化型）の赤外スペクトル

2.3　分光装置

2.3.1　FT-IR

　FT-IR（図5）は，①高速で検出能力が高い，②参照レーザを搭載し横軸再現性がよい（波数精度0.01 cm^{-1}），③豊富なサンプリングアクセサリが市販されているなどの理由で，ポリマーや異物の分析用装置として多用される[1]。

　FT-IRの内部には，赤外光源，干渉計，反射鏡，検出器などの主要光学部品が含まれ，現在の市販品では光学調整は自動で行われるものが多い。肝心の「分光」は，装置を制御するコンピュータ側でフーリエ変換により瞬時に行われる。ソフトウェアに依存した分光分析法であるため，ブラックボックスに例えられることもあるが，標準試料による適格性確認（バリデーション）で，局方やASTM（米国材料試験協会）で発行された試験法により，分析データの信頼性や装置性能を確認する方法がある。

　FT-IRは単光束方式のため，リファレンスとサンプルを別々に測定し，シングルビームスペクトル同士のレシオ計算により赤外スペクトルが得られる。その手順は次の通りである（図6）。

283

図5 フーリエ変換赤外分光装置
Thermo Scientific Nicolet 6700 FT-IR

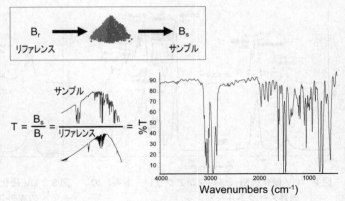

図6 FT-IRによるスペクトル測定

① FT-IRにサンプリングアクセサリをセットする（透過法の場合は透過基板，反射法の場合は反射基板のみセットする）。
② リファレンススペクトル（B_r）を測定する。
③ 試料をアクセサリにセットする。
④ サンプルスペクトル（B_s）を測定する。リファレンスとのレシオ計算が自動で行われる。
⑤ 透過率・反射率・吸光度などの縦軸を持つスペクトルが得られる。

2.3.2 スペクトルの縦軸について

赤外スペクトルの縦軸は，「透過率」あるいは「吸光度」のいずれかで表示される。リファレンスとサンプルのレシオを百分率で表したものが透過率となり，レシオの逆数を対数で表したものが，吸光度となる。

$$透過率（\%T） = T \times 100 = (B_s/B_r) \times 100 \tag{1}$$

$$吸光度（Absorbance） = -\log T = -\log(B_s/B_r) \tag{2}$$

透過率はJISや局方で利用される他，市販のデータ集に収録されたスペクトルも%Tで表記されている。一方，吸光度はピーク強度が成分の濃度や厚みに比例すること（Lambert-Beerの法則），差スペクトルの計算が可能であることなどの利便性のため，近年多用される表示形式となっている。

$$吸光度（Absorbance） = 吸光係数(\varepsilon) \times 濃度(C) \times 試料の厚み(L) \tag{3}$$

赤外スペクトルで硬化度の評価を定量的に行う際，特に縦軸の直線性（リニアリティ）に注意を払う必要がある。定量分析を行う場合，吸光度は最大でも1.0（透過率＝10％）程度に抑えた

第6章　UV硬化における分析法の現状と展望

ほうがよい（試料厚みは3～5μm程度）。また，官能基によっては吸光係数が大きく異なる（例えば，C＝O基とC＝C基など）ので，目的に応じて試料厚みを調整する必要がある。

2.4　サンプリング法

FT-IRによる分析は，装置性能はもちろんだが，試料の前処理やサンプリング法に大きく依存するといっても過言ではない。ほとんどの化合物では赤外吸収が強いため，試料厚みを薄くする，または希釈するなどの工夫が必要となる。

2.4.1　透過法

透過法は，最もスタンダードな手法である。硬化性樹脂の場合，オリゴマーを光学窓材に直接塗布し，窓材を専用のホルダーに固定した後，FT-IRの試料室にセットして測定する。赤外透過板としてKBrやNaClなどが使われるが，吸湿性があるため，水分を嫌う樹脂の測定には，フッ化バリウム（BaF_2）やセレン化亜鉛（ZnSe）などの窓材を利用する。透過板は，中赤外領域において各々透過特性があるため，リファレンススペクトルの測定には，必ず同じ基板を利用することを忘れてはならない。

透過板は，図7に示すように試料室内で垂直に立てなければならないので，粘度が低く流れやすい試料については，透過板を2枚重ね合わせて液垂れを防ぐ必要がある。大気中の水蒸気や酸素に触れさせたくない場合も同様である。測定後は，各種溶剤を使って透過板に塗布した試料を拭い取って洗浄し，再利用する。

オリゴマーの赤外スペクトルを測定した後，そのまま熱や光などの刺激を加え，硬化させた後に同様にスペクトルを測定することで，反応前後の化学状態の変化を直接比較することができる。硬化反応に寄与する官能基のピーク強度の増減を計算することで，硬化度を求めることが可能となる。ただし硬化後に窓剤に接着し，透過板を再利用できないケースもあるので注意が必要である。

成型品については，そのままでは透過測定が困難である。削り取ったポリマーを細かく粉砕してKBr錠剤法で測定するか，あるいはFT-IR ATR法で測定する。顕微赤外システムを利用できる環境下では，小さく削った試料をダイヤモンドセルでつぶし，厚みを薄くした状態で，そのまま透過測定（～700 cm^{-1} まで）を行うことができる。

2.4.2　反射法

オリゴマーを反射板に塗布し，図8に示すような配置で反射測定を行うことができる。この手法では，試料を通過した光が基板で反射し，もう一度試料を透過する「透過反射」となる。反射率のよい基板を用いることで，非常に良好なスペクトルが得られる。

成型品では表面反射による測定が可能であるが，S/Nが比較的悪く，ピークも微分形に歪む

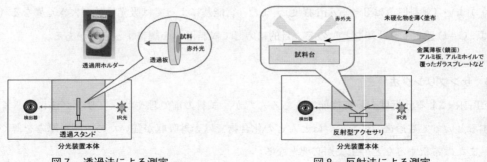

図7　透過法による測定　　　　　図8　反射法による測定

ため，正確な解析を行うには積算回数を増やし，得られたスペクトルをKramers-Kronig（クラマースークロニッヒ）変換で透過スペクトルに近似させる必要がある。

最近の市販の反射アクセサリは，高感度反射型のものを含め，水平に試料を置くタイプのものが多い。

反射測定用の基板には，金蒸着板など高コストのものを使う必要はない。加工しやすいアルミ薄板（厚み〜50μm）を適当な大きさに切り出して利用するのがよい。アルミの鏡面は，中赤外領域では非常に良好な反射特性を持つため，スペクトルの感度も良好である。

金属板上にコーティングされたフォトレジストなど，サブミクロン以下の薄膜の場合には，赤外光入射角度が75°〜80°の高感度反射アクセサリを利用すれば，感度よく測定することができる。

図9に，試料面を上に向けるタイプの反射アクセサリを示す。試料面が上向きのため，モノマーのように粘度が低く流れやすい試料でも安心して測定することができる。この反射型アクセサリの特長は，試料上部がオープンであるため，硬化性樹脂が感応する波長の光を導入したり，試料ステージを加工して温度調整機構を組み込んだりすることができるなど，自由度が高いことが挙げられる。反射基板は，先述と同様のアルミ薄板を用いればよい。基板に樹脂を塗布する場合，スピンコートや，バーコーターを用いて一定の厚みにコントロールするのがよい。吸光度が試料の厚みに比例するので，試料間で定量的な評価を行う分析には，このような前処理が不可欠となる。

2.4.3　ATR法

FT-IR ATR（Attenuated Total Reflection，図10）は，赤外透過材料でできた屈折率の大きいクリスタルに試料を密着させることで，非常に高感度な赤外スペクトルを得る手法である[2,3]。フィルム，ファイバー，成型品の他，オリゴマーやモノマーなど，液状の材料を分析する手法として威力を発揮する。ATRアクセサリは従来，多重反射型クリスタルを用い，フラットで測定面が広いものや液状の物質を分析対象としたアタッチメントとして発展してきたが，90年代後半に，1回反射型ATRが登場すると，その適用範囲が拡大し，パウダーや複雑な形状，曲面，比

第6章　UV硬化における分析法の現状と展望

図9　FT-IR 用反射アクセサリ
試料面：上向き

図10　FT-IR ATR システム
フーリエ変換型赤外分光光度計 + ATR アクセサリ

較的堅い試料の測定も可能となった。さらに，クリスタルとしてダイヤモンドが使えるようになったことで，利便性も増している。

(1) ATR の原理

屈折率の異なる物質（それぞれの屈折率を n_1, n_2 ただし $n_1 > n_2$ とする）の界面において，大きな屈折率 n_1 を持つ物質側から，小さな屈折率 n_2 を持つ物質側へ入射角 θ で光が入射する時，臨界角（$\theta c = \sin^{-1}(n_2/n_1)$）より大きい入射角では，図11に示すように光は内部反射する（逆に，小さい屈折率の物質側から大きい屈折率の物質へと光が入射したときの界面での反射を「外部反射」という）。この時，反射界面においてミクロ的に考察すると，n_2 側へ僅かながら（波長程度），光が「しみ込む」現象が起きている。このしみ込みを「エバネッセント波」という。エバネッセント波は n_2 側の物体に吸収がなくても，界面からのしみ出し光強度が指数関数的に減衰する特徴を持つ。ATR法では，n_1 がクリスタル側，n_2 が試料に相当する。

波長 λ の光のエバネッセント波強度が，界面での強度の $1/e$ になる距離をしみ込み深さ d_p（μm）と定義すると，試料側に吸収がない場合には，次式でその距離が決まる。

$$d_p = \frac{\lambda}{2\pi n_1 \sqrt{\sin^2\theta - (n_1/n_2)^2}} \tag{4}$$

実際に樹脂などの物体を分析する場合，すなわち物体の膜厚が，しみ込み深さを十分に上回っている場合，ATRスペクトルの吸光度（A）は，d_p を用い次式で与えられる。ここで，E_0 は n_1, n_2, θ により決まる電場の強さである。また α は試料の単位厚さ当たりの吸収係数である。

$$A = -\log_{10}(\text{ATR}) = (\log_{10} e)\frac{n_2}{n_1}\frac{E_0^2}{\cos\theta}\frac{d_p}{2}\alpha \tag{5}$$

(2) ATR アクセサリの種類（1回反射型と多重反射型）

市販の FT-IR ATR アクセサリには，面積の大きなクリスタルを使った多重反射型と，小さなクリスタルを使った1回反射型がある。

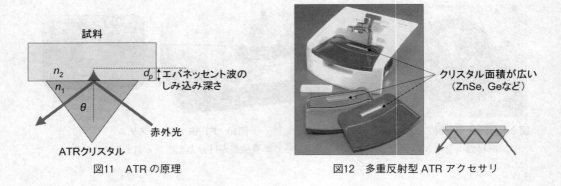

図11　ATRの原理　　　　　　　図12　多重反射型ATRアクセサリ

① 多重反射型ATR（図12）の特長と測定に適したサンプル

　多重反射型のクリスタルは，フラットで大きな面を持つので，試料の量が十分にあり，かつ，オリゴマー・モノマーのように液状でクリスタルとの密着性に長けた試料に適している。ATRスペクトルのピーク強度は，クリスタルの内部反射回数に比例するので，小さなピークの検出に威力を発揮する。樹脂成型品の場合は，フィルムのようなフラットな面でかつ広い状態であることが望まれる。

② 1回反射型ATR（図13）の特長と測定に適したサンプル

　1回反射型ATRは，1箇所の内部反射ポイントでATRスペクトルを測定するように設計されている。ATRクリスタルのサイズが小さく（3mm程度），圧着機構の先端も細いため，クリスタルに試料を高圧で密着させることができる。クリスタルとの密着性がよい液状物質はもちろんだが，粉状のものや，複雑な形状で多重反射型ではクリスタルにうまく密着しないものなど，いずれの形状にも対応する。1回反射のため，多重反射型に比較してスペクトルの吸収強度は弱くなるが，クリスタルとの密着性がはるかによいため，結果として非常によいS/Nのスペクトルが得られる。

　この方式のさらなる長所は，ダイヤモンドクリスタルが利用できることである。試料に無機系の添加剤や異物が混入する場合，GeやZnSeではクリスタルが破損する場合があるが，ダイヤモンドクリスタルは耐久性があり長期的に使用できるので，不特定多数のオペレーターが使用する共通機器に取り付けるアクセサリとして好まれている。

2.5　リアルタイムFT-IRによるUV硬化樹脂の硬化挙動解析

　最近の市販FT-IRでは，スペクトル取得の繰り返し速度が数十ミリ秒の高速なものから，数秒あるいは数時間などのインターバルを設けて測定を繰り返すソフトウェアオプションが充実している。反応系を追跡する手法は，リアルタイムFT-IR[4〜6]（図14）と呼ばれるが，反応に寄与

第6章　UV硬化における分析法の現状と展望

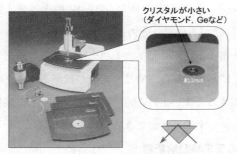

図13　1回反射型 ATR アクセサリ

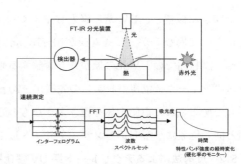

図14　リアルタイム FT-IR 法

する官能基や構造の変化を逐次モニターすることができるので，硬化反応の収束時間や反応機構を解析する手段として非常に有効である[7〜9]。ハイブリッド型硬化樹脂では，混合物中の各成分の反応挙動を別々に観察することも可能となる。

2.5.1　装置

図15に，UV 硬化樹脂用のリアルタイム FT-IR システムの概観を示す。UV 光は集光レンズを取り付けた光ファイバーを利用して，FT-IR 試料室上部から導入する。UV 照射量は，ファイバーの先端に取り付けたレンズと試料の距離で調整できる。高速なリアルタイム測定で FT-IR と UV 照射装置を同期制御する必要がある場合，例えば外部トリガー発生装置を利用して FT-IR によるデータサンプリングを先に起動させ，一定時間の後に，UV 照射装置のシャッター開閉が作動するように遅延時間を設けることで，常に同じ開始点でのリアルタイム FT-IR スペクトル測定が可能となる。

UV 硬化樹脂によって，例えばラジカル重合型樹脂では酸素，イオン重合型樹脂では水分が硬化反応の阻害原因となり得るので，FT-IR 試料室を窒素などでパージする場合がある。試料室の容積が大きな場合，15 L/min 程度の流量となるが，パージガス量を最小限に抑えたい場合は，試料面のみに窒素ガスを噴き付けながら測定するといった工夫も必要となる。

図16に，リアルタイム FT-IR の試料室内部の様子を示す。角度可変型反射アクセサリで試料

図15　UV 硬化反応を追跡するために改造されたリアルタイム FT-IR システム

図16　反射型アクセサリを搭載し，上部から試料面へ UV 光を照射する様子

を上向きに設置し、UV光を導入しやすくなっている。反射測定の場合、FT-IRの赤外光入射角によって異なるが、ビーム径が10～15 mm程度に拡がるので、その領域を全てカバーできるように試料面でのUV光の拡がりを調整する必要がある。UV用光ファイバーは、先端の集光レンズのフォーカス位置がレンズの先（10～20 mm）にあり、試料面でビーム径が拡がることを考慮して塗布された樹脂全体を覆うようなものを選択するとよい。UV光照射量は、測定前に試料面と同じ位置に小型UVセンサーをセットしてモニターすることができる。

2.5.2 反射法によるアクリレート系UV硬化樹脂の反応挙動解析例

光ラジカル重合型の硬化反応初期過程では、オリゴマーに不飽和C＝C結合が多く存在する。UV光の照射によって重合開始剤から発生するフリーラジカルが、不飽和結合部分を切断し、ラジカル付加重合による連鎖反応を引き起こす。赤外スペクトル上では、ビニル基C＝C伸縮振動や、＝CH変角振動のピークをモニターすることにより、硬化率の変化を求めることができる。

図17に、市販のウレタンアクリレートオリゴマーのUV硬化過程を0.5秒間隔でリアルタイム測定した結果を示す。図18は各々810 cm^{-1}（＝CH面外変角）、1611 cm^{-1}（C＝C伸縮）のピーク強度の経時変化を示す。1640～1620 cm^{-1}の領域では重合反応によって生成する化学結合のピークや、雰囲気中の水蒸気の吸収帯が重畳することがあるので、比較的バックグラウンドの変化の少ない810 cm^{-1}のピークを用いて硬化率の変化を求めた。

吸光度の変化を樹脂の反応率に換算するには、反応前の初期状態を硬化率0とし、反応性官能基がほぼ完全に消費され、ピーク強度がゼロになる状態を100として次式により求める[2]。

$$反応率(\%) = 100 \times \left[1 - \frac{(A_v)_t}{(A_v)_0}\right] \tag{6}$$

ここでA_vは任意波数のピーク強度、tは経過時間（0は反応開始前）を表わす。この式を用い、810 cm^{-1}のピーク強度の変化から硬化率を推定した例を、図19に示す。図より、ウレタンアクリレートにUV光を照射後、約6秒でほぼ硬化反応が完了（約80％）し、その後、緩やかに反

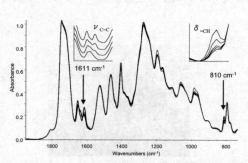

図17 ウレタンアクリレート系UV硬化樹脂の硬化反応追跡

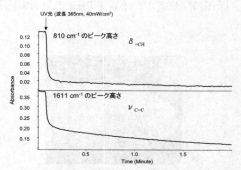

図18 C＝C、＝CH基に帰属されるピークのプロファイルカーブ

第6章 UV硬化における分析法の現状と展望

応が進行する様子が見て取れる。

硬化率計算における注意点として，樹脂の収縮などの影響で試料の厚みが変化する場合，厚み補正のピークを選択し，それを基準にしたピークプロファイルを計算する必要がある[8]。アクリレート系樹脂では，C＝Cのピーク強度の減少とともに，CH_2のピーク強度が増加するので，脂肪族に帰属されるピークを選ぶことができない。今回のウレタンアクリレート樹脂では，反応に寄与しないウレタンのC-N-Hピーク（1530 cm^{-1}付近）が，リファレンスピークとして妥当と考えられる。

2.5.3 ATR法によるUV硬化ポリマーインクの硬化度の評価

FT-IRは，リアルタイム法による反応率の評価以外にも，静的な状態で硬化度を評価することができ，硬化後の樹脂の品質管理などに利用することができる。UVインクの硬化度を非破壊で求めることを目的として，FT-IR ATR法による分析を行った結果を示す。

マイラーフィルム上にインクを塗布し，UV照射して硬化させたものを，多重反射型ATRを用いて分析した。ATRクリスタルにはZnSeを使用した。ATR測定では，基材として使用したマイラーフィルムの影響を受けずにインクの表面近傍の硬化度が求められる。

図20に，UVインクのATRスペクトルを示す。ここでは，アクリレート＝CH基の面外変角振動に帰属される810 cm^{-1}のピークに注目した。図21は，硬化度が各々0％～87％に対応したポリマーインクのATRスペクトルの領域拡大図である。830 cm^{-1}と810 cm^{-1}のピーク強度がほとんど同一のスペクトルは，ポリマーインクが硬化していない状態を示し，810 cm^{-1}のピーク強度が最も低いものが，硬化率87％のものに相当する。830 cm^{-1}のピークをリファレンスとして6つのスペクトルを比較すると，硬化度と連動して810 cm^{-1}のバンドの強度が変化することが明らかである。

静的な測定により硬化度を評価する場合，分析しようとする測定試料の他に，未反応試料（硬化率0％）と硬化終了試料（硬化率100％）が必要となる。それぞれの試料の吸光度スペクトル

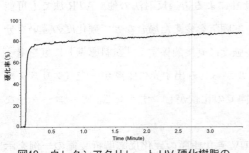

図19 ウレタンアクリレートUV硬化樹脂の硬化率の経時変化

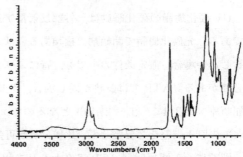

図20 多重反射型ATRによるマイラーに塗布したポリマーインクのATRスペクトル

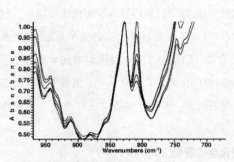
図21 硬化度が0％～87％に対応した
ポリマーインクのATRスペクトル

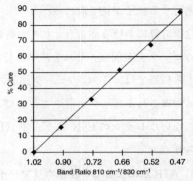
図22 ポリマーインクの硬化度と＝CH基の
ピーク強度の相関

を測定し，硬化反応に伴って強度の変化するピークおよび変化のないピークの高さ（または面積）の比を用いて硬化率を計算する．

$$硬化率(\%) = [1 - (R_t - R_c)/(R_0 - R_c)] \times 100 \tag{7}$$

ここで，R_tは測定試料のピーク高さまたはピーク面積，R_0は未反応試料のピーク高さまたはピーク面積，R_cは硬化終了試料のピーク高さまたはピーク面積である．

ピーク強度による硬化度の計算において，ATR法では同一試料の場合赤外光のしみ込み深さが一定のため，クリスタルとの密着状態が同一であれば，定量計算における誤差が少なくなる．しかしながら，多重反射型クリスタルでは測定面積が広いため，密着のムラを考慮し，厚み補正ピークとして，830 cm^{-1}のピークを選択した．

図22に，硬化度と810 cm^{-1}/830 cm^{-1}のピーク強度比の相関を示す．図から明らかなようにUVインクの硬化度とATRスペクトル上のピーク強度比は非常によい相関を示し，硬化度の分析法として適していることがわかる．

2.5.4 ATR法によるUV硬化樹脂の硬化挙動解析

UV硬化樹脂の硬化挙動は，外部反射型アクセサリによる透過反射法の他，ATR法でも可能である．光硬化樹脂で開始剤の種類あるいは濃度，雰囲気を変えた場合などで硬化度の違いを分析したい場合，測定条件の中でも，特にスペクトル強度に直接関係する「試料厚み」に気を遣う必要がある．ATRでは試料が同じ場合，クリスタルからしみ出す光の距離が一定（クリスタル屈折率 $n_1=2.4$で，1～2μm）となるので，試料間での比較がしやすくなる．バーコーターなどでの厚み調整を必要とせず，比較分析が可能になる．

図23に，1回反射型ATRアクセサリを用いたUV硬化樹脂の硬化反応解析装置の一例を示す．透過反射法では，樹脂内部までの平均的な硬化率が求められるが，ATRでは，クリスタル

第6章　UV硬化における分析法の現状と展望

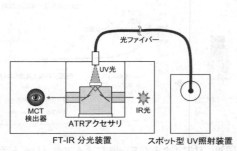

図23　1回反射型ATRアクセサリを用いた
UV硬化樹脂の硬化反応解析装置の一例

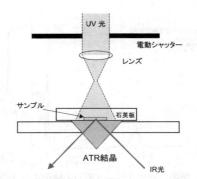

図24　1回反射型ATRによるUV硬化樹脂の
リアルタイム測定のセットアップ[10]

に接触した表面近傍の硬化反応のみを分析する。測定面の逆側からUV光を照射するため，UV光の透過率が低い樹脂に対しては，不向きである。

図24に，Deckerら[10]がアクリレートUV硬化樹脂のリアルタイム測定に用いた1回反射型ATRアクセサリの模式図を示す。測定面はクリスタルに接触し，UV光導入面は石英窓でカバーしてあるため，この系では，酸素による反応阻害は影響しない。測定面の吸収長が一定になるため，試料間での定量的な比較が容易となる。このシステムを用い，重合開始剤の種類やUV照射強度，パルス照射時間の違いによるアクリレート系UV硬化樹脂の硬化速度の違いが報告されている。Mullerら[11]は，シリコンウェハ内で赤外光が全反射する系を用いて，ウェハ上に展開したUV硬化性薄膜の硬化速度を観察している。

ATR法によるUV硬化樹脂の分析は，ATRクリスタルとの接触面が測定の対象となるため，外気に触れることがない。したがって，酸素や水分などによる反応の阻害を考慮しなくともよいという長所がある。図25に，一回反射型ダイヤモンドATRアクセサリを用いたアクリレート系UV硬化インクの赤外スペクトルを示す。ダイヤモンドクリスタルでは赤外光のエバネッセント波はおよそ$1〜2\mu m$程度であるが，僅かの積算時間でもMCT検出器を用いることによりS/Nのよいスペクトルが得られる。$1622 cm^{-1}$にC＝C伸縮振動に帰属されるバンド，ならびに$811 cm^{-1}$にC＝CH面外変角振動に帰属されるバンドが明瞭に観察される。

図26に，リアルタイムFT-IR ATRによる同UV硬化インクの反応率の分析結果を示す。図中，上の段の反応率は，同じ樹脂を用いて反射法で分析を行った結果である。反射法では，反応率が緩やかに変化する傾向が見られたが，これはFT-IRの試料室内を窒素雰囲気で置換しても十分な量ではない場合，酸素による反応阻害が起こりうることを示している。

ATR法は，酸素に触れずに分析できる長所があるが，クリスタルとの接触面のみを分析しているという点に注意しなければならない。樹脂全体の硬化，バルク評価を行う必要がある場合

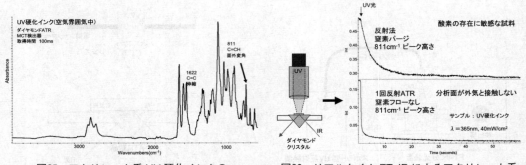

図25　アクリレート系 UV 硬化インクの FT-IR ATR スペクトル

図26　リアルタイム FT-IR によるアクリレート系 UV 硬化インクの反応率プロファイル
上段：反射法，下段：1回反射 ATR 法

は，透過あるいは反射（透過反射）法を用いて分析を行う必要がある。

文　　献

1) 田隅三生編著，FT-IR の基礎と実際，東京化学同人（1986）
2) N. J. Harrick, Internal Reflection Spectroscopy, John Wiley & Sons Inc. (1967)
3) 錦田晃一，岩本令吉，赤外法による材料分析 基礎と応用，講談社サイエンティフィク（1986）
4) N. S. Allen, S. J. Hardy, A. F. Jacobine, D. M. Glaser, B. Yang and D. Wolf, *Eur. Polym.*, **26**, 1041 (1990)
5) T. Nakano, S. Shimada, R. Saitoh and I. Noda, *Appl Spectrosc.*, **47**, 1337 (1993)
6) 中野辰彦，実用分光法シリーズ「赤外分光法」尾崎幸洋編著，p. 95，アイピーシー（1998）
7) 中野辰彦，UV 硬化における硬化不良・阻害要因とその対策，pp. 233-244，技術情報協会編著（2003）
8) 中野辰彦，UV 硬化実用便覧，pp. 99-106，技術情報協会編著（2005）
9) 並木陽一，化学反応型樹脂（UV 硬化・熱硬化・湿気硬化）の硬化率測定とその実践，情報機構（2007）
10) T. Scherzer, U. Decker, *Vibrational Spectroscopy*, **19**, 385-398 (1999)
11) G. Muller, C. Riedel, *Appl.Spectrosc.*, **53**, 1551 (1999)

3 UV硬化における光化学反応DSCの原理と応用

大久保信明*

3.1 はじめに

熱分析とは，国際熱測定連合（ICTAC：International Confederation for Thermal Analysis and Calorimetry）の定義では，「物質の温度を一定のプログラムにしたがって変化させながら，その物質（あるいはその反応生成物）のある物理的性質を温度（または時間）の関数として測定する一連の技法の総称」となっている[1,2]。つまり熱分析は，さまざまな物質の温度の変化に対するさまざまな物性の変化を分析する技法であり，材料の基本特性を把握する上で重要な分析法となっている。

熱分析は，UV硬化材料の分野においても古くから利用されており，熱分析による硬化反応挙動の測定や，硬化物の分析・評価など，材料開発から，硬化条件の検討や工程管理，品質管理にいたる幅広い分野で利用されている。

ここでは，熱分析法の中でも最も多く用いられている測定技法である示差走査熱量測定（DSC：Differential Scanning Calorimetry）とUV照射装置を組み合わせた光化学反応DSCについて原理・概要を述べるとともに，UV硬化樹脂への適用事例を紹介する。

3.2 光化学反応DSC

DSCは，測定の対象となる物理量がエンタルピー（ΔH）であり，転移温度，転移熱量または比熱容量などを測定することができる。

DSCには市販されている装置として，入力補償型DSCと熱流束型DSCの2種類がある。図1に，一例として熱流束型DSCの装置構成例を示す。熱流束型DSCは，試料および基準物質（測定温度範囲内で熱的変化を生じない物質）のホルダー部が，熱抵抗体およびヒートシンク（熱溜）を介してヒーターと接合された形で構成されている。ヒーターの熱は，ヒートシンク，熱抵抗体を介して炉体内に置かれた試料と基準物質に供給される。このとき試料に流入する熱流は，ヒートシンクとホルダーとの温度差に比例する。ヒートシンクは試料と比較して充分大きな熱容量をもっているため，試料が転移や反応などにより吸発熱を起こした場合，この熱変化による温度降下または温度上昇をヒートシンクが吸収（補償）し，試料と基準物質との間の温度差は常に一定となるように保たれる。したがって，試料と基準物質に供給される単位時間あたりの熱量の差は，両ホルダー間の温度差に比例することになり，熱量既知の物質であらかじめ温度差と補償した熱量との関係を較正しておくことにより，未知試料の吸発熱における熱量を定量的に測定す

---

* Nobuaki Okubo　エスアイアイ・ナノテクノロジー㈱　分析応用技術部　主任

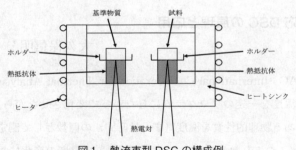

図1　熱流束型 DSC の構成例　　　　写真1　光化学反応 DSC システムの一例

ることができる。

　光化学反応 DSC は，DSC の加熱炉内のセンサー部（試料および基準物質）に直接 UV 光を照射するためのユニットを接続し，UV 硬化樹脂などの UV 照射過程における化学反応（硬化反応）挙動をリアルタイムに測定することができるとともに，反応熱量を定量的に計測することのできるシステムである。写真1に，市販の光化学反応 DSC システムの一例を示す。このシステムは，汎用の DSC に UV 照射ユニット（オプション）を接続し使用するもので，UV 照射ユニットを外せば通常の DSC 測定も可能である。

3.3　フォトレジストの光硬化反応熱測定

　フォトレジストは，露光により不溶性の硬膜を形成する物質で，電気・電子部品製造や印刷製版などの分野で使用されている。フォトレジストは，光硬化時の光の強度や波長，または反応温度などの条件により耐エッチング性の薄膜の形成状態が変化することが知られており，最適な耐エッチング性薄膜を形成するためには，種々の硬化条件の検討が必要となる。

　ここでは，プリント基板のエッチングに使用されているドライフィルムについて，露光条件の違いによる光硬化反応挙動の違いを観察した例[3]を示す。

　図2は，UV 光の照射強度を変えて測定した際の光化学反応 DSC 測定結果で，波長を365 nm とし，照射強度を1，5，10および50 mW/cm^2 の4種類について測定を行った結果である。図2の結果では，照射開始と同時に硬化反応による発熱が起こり，5分後にはいずれの照射強度についても反応がほぼ終了しているものの，照射強度が高いほど反応熱量（ΔH）が大きいことがわかる。これは，照射強度が小さい場合，硬化反応が完全に進行せず，重合度が低くなることを示している。図2における各発熱ピークの積分曲線を図3に示す。縦軸（右）は，ピークの全熱量を100％とし，各時間までのピーク割合の％を示す。図3の結果より，照射強度が高いほど積分曲線の立ち上がりが大きく，すなわち硬化反応速度が速いことがわかる。

　図4は，UV 光の波長を変えて測定した際の結果で，照射強度を5 mW/cm^2 とし，波長は254，

第6章 UV硬化における分析法の現状と展望

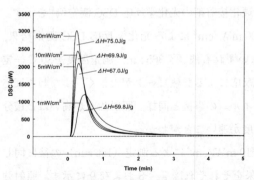

図2 照射強度の違いによるドライフィルムの光化学反応DSC測定結果
露光波長：365 nm，測定温度：25℃

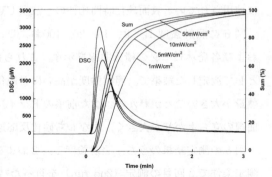

図3 照射強度の違いによる光化学反応熱量の積分曲線
露光波長：365 nm，測定温度：25℃

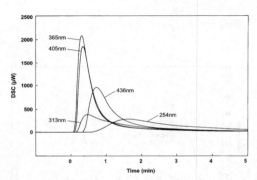

図4 露光波長の違いによるドライフィルムの光化学反応DSC測定結果
照射強度：5 mW/cm^2，測定温度：25℃

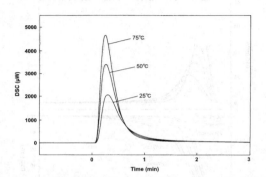

図5 測定温度の違いによるドライフィルムの光化学反応DSC測定結果
照射強度：5 mW/cm^2，露光波長：365 nm

313，365，405および436 nmの5種類の干渉フィルタを用い選択している。図4の結果より，このドライフィルムについては，波長が365 nmと405 nmの場合に特にピークが大きく，波長によって硬化挙動や反応速度が異なることがわかる。

図5は，測定温度を変えた場合の結果で，照射強度を5 mW/cm^2，波長を365 nmとし，測定温度を25，50および75℃の3種類で測定を行った結果である。図5の結果より，温度が高いほど発熱ピークが大きくなり，硬化反応の進行が速いことがわかる。

3.4 UV硬化接着剤の光硬化反応熱測定

短時間で硬化するUV硬化接着剤は，電気・電子，オプトエレクトロニクス，医療，ガラス工芸または建築などの広範囲な分野において利用されている。

ここでは，LCDパネルやプリント基板，またはフレキシブル配線などの電子部品の固定やシール

297

に使用されている表面硬化時間10秒の一液型 UV 硬化接着剤の光化学反応 DSC 測定例[4]を示す。

図6に照射強度1, 2, 10, 20, 100および500 mW/cm^2 による光化学反応 DSC 測定結果, および各発熱ピークの積分曲線を示す。これらはいずれも波長を365 nm, 測定温度を30℃一定として測定した結果で, 照射強度が高いほど硬化反応による発熱ピークが大きく, すなわち反応熱量が大きいことがわかる。また前項のドライフィルムの事例と同様, 照射強度が高いほど積分曲線の立ち上がりが大きく, すなわち硬化反応速度が速いことがわかる。

図6の測定結果のうち, 照射強度1, 2および10 mW/cm^2 による測定 (1st run) の後に同じ測定条件で2回目の測定 (2nd run) を行った結果をそれぞれ図7, 8および9に示す。照射強度が1および2 mW/cm^2 による結果では, 2nd run でも小さなピークが観測されているのに対し

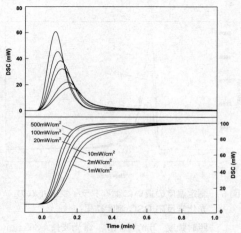

図6　照射強度の違いによる UV 硬化接着剤の光化学反応 DSC 測定結果
　　　露光波長：365 nm, 測定温度：30℃

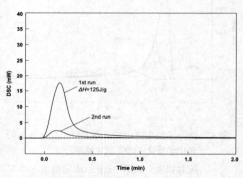

図7　照射強度1 mW/cm^2 による1stおよび2nd run 測定結果

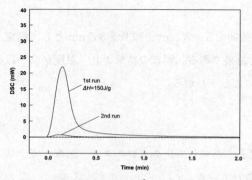

図8　照射強度2 mW/cm^2 による1stおよび2nd run 測定結果

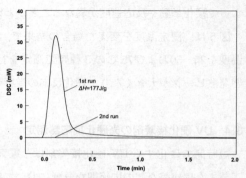

図9　照射強度10 mW/cm^2 による1stおよび2nd run 測定結果

第6章 UV硬化における分析法の現状と展望

て，$10\,\mathrm{mW/cm^2}$ による結果では 2nd run にピークは観測されていない。これは，1または2 $\mathrm{mW/cm^2}$ といった比較的低い照射強度では一回の照射では硬化反応が完全に終了しないことを示している。

　これらの結果よりこの UV 硬化接着剤については，照射強度として $10\,\mathrm{mW/cm^2}$ 以上必要であるとともに，照射強度が高いほどより短時間で硬化反応が終了することがわかる。

文　　献

1) J. O. Hill, For Better Thermal Analysis and Calorimetry, 3rd. Ed., ICTAC (1991)
2) 日本熱測定学会編, 熱分析の基礎と応用 第3版, リアライズ社 (1994)
3) 中村敏彦, アプリケーションブリーフ TA No. 58, エスアイアイ・ナノテクノロジー (1992)
4) 中村敏彦, アプリケーションブリーフ TA No. 90, エスアイアイ・ナノテクノロジー (2009)

4 ラマン分光法を用いた UV 硬化モニタリング

高坂達郎[*1], 逢坂勝彦[*2]

4.1 はじめに

硬化過程における樹脂の硬化反応の進行とそれに付随して変化する様々な物性の状態を知ることを硬化モニタリングと呼ぶ。硬化モニタリングは樹脂の最適な硬化条件を決定する上で必要不可欠なプロセスであり，現在様々なモニタリング手法が開発されている[1]。最も一般的に用いられる DSC（Differential Scanning Calorimeter：示差走査熱量計）を用いた硬化モニタリング手法では，反応熱総量に対する現在の反応熱量の比によって，硬化進展の度合いとして硬化度が定義されている。これに対して赤外分光法やラマン分光法などの分光計を用いた手法では，樹脂の分子構造の変化を直接観測して硬化度を定義することができる。また，誘電率，粘度，屈折率，硬化ひずみなどの硬化プロセス中に変化する物性も実際の応用においては非常に重要であり[2,3]，樹脂の硬化進展を表す指標として用いられる。これらの硬化モニタリング手法にはそれぞれ特徴があり，必要に応じて使い分けることが望ましい。

本節では，ポータブルタイプのラマン分光装置を用いた樹脂の硬化モニタリングについて，最初にエポキシ樹脂の結果を，次に UV 硬化アクリル樹脂の結果をそれぞれ紹介する。

4.2 ラマン分光法

物質に光を照射した時，光の入射方向とは異なる方向にも光が放射される。これを散乱光と呼ぶが，散乱光にもいくつかの種類がある。空気中の散乱現象で有名なレイリー散乱は入射光と同じ波長を持ち，光の波長より小さい粒子や分子との衝突で生じるもので，散乱光の中で最も強度が大きい。これに対してラマン散乱は，分子とエネルギーを交換することで生じるものであり，その散乱光は入射光と異なる波長を持ち，またレイリー散乱と比較するとその強度はずっと小さい。図1に示すように，入射光の振動数を ν_i とした時，ラマン散乱光の振動数は $\nu_i \pm \nu_R$ となり，入射光の振動数より ν_R だけ小さい成分と大きい成分が生じる。前者はストークス散乱，後者はアンチストークス散乱と呼ばれ，また ν_R はラマンシフトと呼ばれている。ストークス散乱はアンチストークス散乱よりも強度が大きいため，通常はストークス散乱のみを測定する。

図2に示すように，ラマン分光法では狭帯域の高輝度単色レーザーを入射光として使用し，レイリー散乱光をフィルターで除去して，ラマン散乱光のスペクトル（ラマンスペクトル）を分光計によって観測する。ラマンスペクトルの表示には，横軸に波数（cm^{-1}，カイザー）で表した

[*1] Tatsuro Kosaka　高知工科大学　システム工学群　准教授

[*2] Katsuhiko Osaka　大阪市立大学　大学院工学研究科　准教授

第6章　UV硬化における分析法の現状と展望

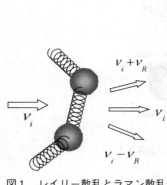

図1　レイリー散乱とラマン散乱

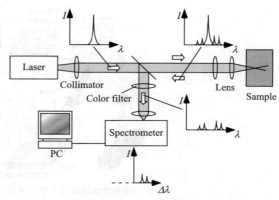

図2　ラマン分光光学系の概略
図中のグラフは光スペクトルを表す

ラマンシフト，縦軸に散乱光強度が用いられることが多い。分子内の原子振動に強く関連するラマンシフト量は100〜4000 cm^{-1} の範囲であり，この範囲のデータは分子構成を推測する上で非常に重要な情報となるため生物学，化学，工業，医療など多くの分野で利用されており，特に振動ラマンスペクトルと呼ばれることがある[4,5]。

　ラマン分光装置として最もよく用いられているのが，顕微鏡光学系を利用したラマン顕微鏡（または顕微ラマン）であるが，ポータブルタイプのものや，ポータブルタイプかつ光ファイバ光学系を用いたラマンプローブなども販売されている。特に，光ファイバ・ラマンプローブは測定対象のサイズや形状に自由度が大きく，現場でのその場測定にも利用できるという利点があり，硬化モニタリングに適している。ラマン分光装置の重要な特性としては，スペクトル分解能（波数分解能）と測定波数範囲があり，測定範囲が広がれば分解能は下がる。分光計で直接測定されるのは波長に対するスペクトルであるため，分解能も測定範囲も励起レーザーの波長（一般に選択可能である）に依存することに注意されたい。

4.3　エポキシ樹脂の硬化モニタリング
4.3.1　樹脂のラマン分光スペクトルの測定

　まず，加熱硬化プロセスにおけるエポキシ樹脂のラマン分光スペクトルの測定法について述べる。図3は，実験方法の概略図である。ラマン分光装置には，ポータブル型の分光装置（R-2001 Raman system, Ocean Optics, Inc.）を，励起用レーザー光源には波長784.92 nmの高出力レーザーを用いて実験を行った。分光器はおよそ0〜3000 cm^{-1} の測定波長範囲を持ち，また積算可能時間は10〜300秒に設定できる。実験に用いたプローブは，直径100 μm の入光用光ファイバ，直径200 μm の集光用光ファイバと光路を分けるハーフミラー，レイリー散乱を除去するカラー

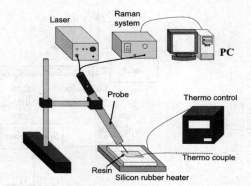

図3　加熱硬化樹脂のラマンスペクトル測定システム

フィルタを内蔵したものであり，その焦点距離は約5 mmである。

この実験に用いた樹脂はジャパンエポキシレジン㈱製のビスフェノールA型エポキシ樹脂 jER 801N，ポリアミン硬化剤は jERキュア LV11である。寸法10 mm×10 mm，厚み2 mmの小型容器に樹脂を入れて，シリコンラバーヒーターを用いて加熱を行った。温度パターンは30分で80℃まで昇温し，その後180分まで80℃を維持した。

プローブ設置角度および焦点位置は，測定されるラマン分光スペクトルのS/N（シグナル／ノイズ比）を決定する要因となる。特にこの実験で用いたような薄い容器の場合，プローブ設置角度および焦点位置は非常に重要なパラメータとなる。基本的な焦点位置の設定方針としては液面から深さ方向に適当にデフォーカスするように，スペクトルを観察しつつ最適な強度が得られるように調整する。焦点位置の調整終了後には，S/Nを向上させるために積算時間と平均回数を調整する。本実験においては，積算時間10秒，平均10回と設定した。

実験によって得られたエポキシ樹脂のラマンスペクトルを図4に示す。ラマン分光計を用いた

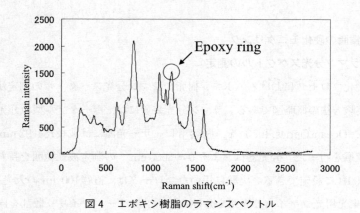

図4　エポキシ樹脂のラマンスペクトル

第6章　UV硬化における分析法の現状と展望

硬化度評価は，樹脂の分子組成を直接の指標とする。エポキシ樹脂の硬化の場合は，図5に示すようにエポキシ基とアミンの重合反応によって，エポキシ基が開環してエポキシ基濃度が減少する。このエポキシ基のラマンスペクトルをエポキシピークと呼び，エポキシピークの変化を調べることにより，硬化度の進展を測定することが可能となる。D. Bersaniらの研究によるとエポキシピークが現れるのが，ラマンシフトが1255 cm^{-1}付近であると報告されている[6]。よってこの1255 cm^{-1}付近のラマンスペクトルピークの変化を測定することにより，エポキシ樹脂の硬化度を測定することができる。図6に実験で測定したエポキシ樹脂の硬化開始時と終了時におけるラマンスペクトルの一例を示す。

4.3.2 硬化度の算出

図6で示されたように，硬化開始から硬化終了でラマンシフト1255 cm^{-1}のエポキシピークが減少することが分かる。よって，本研究ではラマン分光測定によるエポキシ樹脂の硬化度α_Rをエポキシピークにおけるラマン強度の比率として以下の式で定義する。

$$\alpha_R = \frac{R_0 - R_t}{R_0 - R_e} \tag{1}$$

ここでR_0は実験開始時点のラマン強度，R_eは実験終了時点でのラマン強度，R_tは任意の時間でのラマン強度をそれぞれ表している。ただし，硬化度測定のように測定に長時間かかるようなラマンスペクトルの測定においては，大抵の場合，全体的なラマンスペクトルの強度が変動してしまう。そのため，硬化中に変動のないピークを参照ピークとして正規化する必要がある。よって，式(1)で用いられるラマン強度は正規化されたものを用いる。エポキシ樹脂の場合はビス

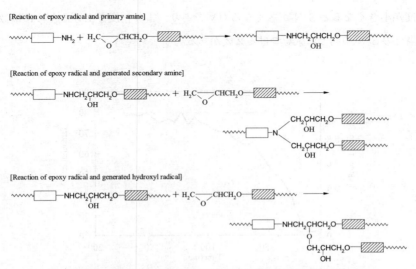

図5　エポキシ樹脂の硬化過程におけるエポキシ基の開環重合反応

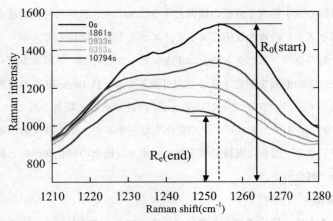

図6　硬化過程におけるエポキシピーク付近のラマンスペクトル

フェノールA型エポキシ樹脂のようにその主骨格にベンゼン環を含むことが多く，ベンゼン環由来の鋭いラマンピークが700～1000 cm^{-1}に現れる[5]。硬化過程においてベンゼン環が消滅・生成されることはないために，このピークを正規化ピークとして用いることができる。

4.3.3　硬化度曲線の測定結果

式(1)の硬化度の定義に従って求めた，エポキシ樹脂の硬化度の時間変化と温度測定の結果を図7に示す。図より，昇温初期ではあまり硬化度は上がらないが，開始15分後程度から硬化度の上昇が始まり，急速に硬化が進展して60分後に硬化度が0.77に達し，それ以後は硬化進展がゆるやかとなり約120分でほぼ硬化が完了していることが分かる。この振る舞いはDSCで測定される硬化度曲線とよく一致する。硬化が進んでからの硬化度は約0.1の範囲で変動しているが，これは散乱光強度が小さくなるとS/Nが悪くなるためであり，より精度を上げるためには散乱光強度の小さい場合のS/Nの向上に気をつける必要がある。

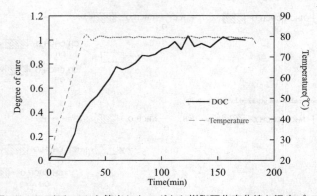

図7　ラマンスペクトルから算出したエポキシ樹脂硬化度曲線と温度プロファイル

4.4 UV硬化樹脂の硬化モニタリング
4.4.1 UV硬化樹脂のラマン分光スペクトルの測定方法

UV硬化樹脂の測定の基本は前述した加熱硬化樹脂の場合と基本的には変わらないが，紫外線を照射する必要があるためにプローブが陰にならないように工夫をする必要がある．図8は実験方法の概略図であるが，プローブが陰にならないようにUV照射方向を樹脂の液面から30°の角度に設定している．測定に用いた分光計，光源，プローブは加熱硬化樹脂の実験装置で説明されたものと同じである．また，この実験で用いた容器のサイズは寸法10 mm×10 mm，厚み1 mmであった．

用いた樹脂は三菱レイヨン㈱製のビスフェノールA型アクリル系紫外線硬化樹脂である．また，紫外線照射装置は紫外線ランプ（Power cure 1, Fusion UV Systems, Inc.）を用いた．紫外線ランプはその強度の空間分布が一様でないものが多いため，正確な硬化モニタリングのためには強度測定が必要である．本実験ではUV照度計を用いて照射強度を実測し，図8の紫外線ランプの位置を変えることによって照射強度を2, 4, 8 mW/cm^{2}として3種類の条件下で実験を行った．

4.4.2 UV硬化樹脂のラマンスペクトル

本研究で用いた紫外線硬化樹脂は，紫外線を照射すると重合反応を起こして硬化が進んでいく．図9に示すように，重合反応ではC=C結合が開いて他の分子と結合するため，C=C結合の量が減少する[7,8]．したがって，硬化に伴いC=C結合の量は減少していき，C=C結合の減少度から硬化度を算出することができる．また，未硬化の紫外線硬化樹脂から得られたラマンスペ

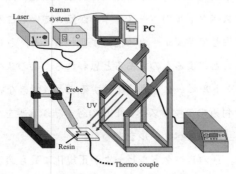

図8　UV硬化樹脂のラマンスペクトル測定システム

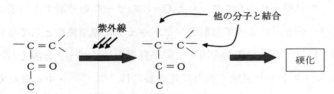

図9　UV硬化樹脂の光重合反応による硬化進展

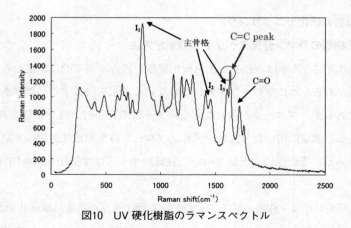

図10 UV硬化樹脂のラマンスペクトル

クトルの例を図10に示す。横軸がラマンシフト，縦軸がラマン強度である。図に示されたラマンスペクトルでは，C＝C結合はラマンシフト1633 cm^{-1}のピークに，1716 cm^{-1}のピークはC＝O結合に関係している[5]。また，図中のI_1 (833 cm^{-1})，I_2 (1455 cm^{-1})，I_3 (1606 cm^{-1})の3つのピークは樹脂の主骨格に関係しているものであり，硬化過程においてそのピーク強度が変わることはないため，これらのピーク値は正規化基準として用いることができる。

4.4.3 硬化度の算出

実験では，紫外線照射とスペクトルの測定を繰り返し，硬化の進展に伴うスペクトルの変化を測定する。得られたスペクトルを図11に示す。図中(a)～(d)に示した数字は紫外線照射時間である。図から分かるように，本研究で用いた紫外線硬化樹脂は硬化に伴いスペクトル全体が上昇する特性が見られ，得られたスペクトルのベースラインが傾いていることが分かった。これは，硬化進展に伴って体積収縮が生じてデフォーカス位置が変わること，さらに表面の局所硬化によって液面での反射率が変わることによるものであると思われる。このスペクトルでは，硬化進展により変化するC＝Cのスペクトルピークを直接比較することはできない。そこで，図12に示すように1530 cm^{-1}，1850 cm^{-1}付近のラマンスペクトルの谷を結ぶ直線をベースラインとして，ベース上昇分を引くことにより正味のスペクトルを求めた。

この実験結果においては，I_3のスペクトルピークが正規化に最も適していたが，I_3のスペクトルピークとC＝Cピークは近接しているためにお互いのスペクトルの影響を受ける。そこで，正確なC＝Cのピークの見積もりのために，I_3とC＝Cのピークを分離する必要がある。ピーク分離の方法に関しては，分光計によっては計測ソフトウェアに標準機能として搭載されているものもあるが，本実験ではローレンツ関数を用いて最小自乗法にてピーク分離を行っている。図13にピーク分離されたスペクトルと実験で得た硬化進展に伴うスペクトルを重ねて示す。これにより，ピーク分離されたスペクトルのピーク値は処理前の値と大きく異なることが分かる。

第6章 UV硬化における分析法の現状と展望

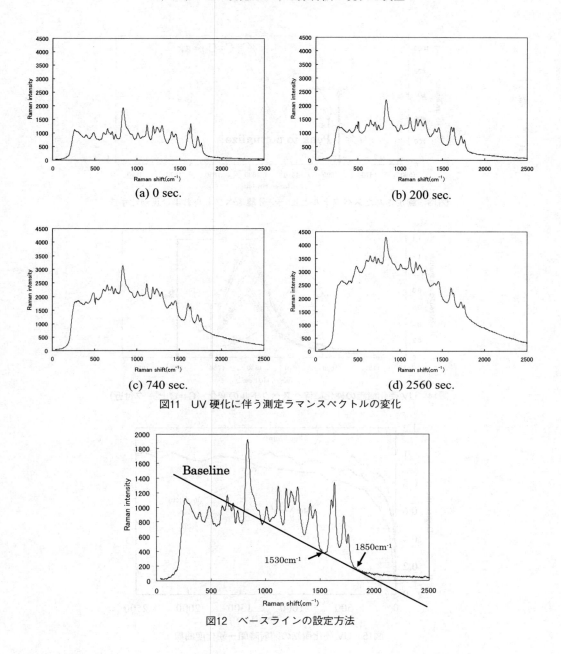

(a) 0 sec.
(b) 200 sec.
(c) 740 sec.
(d) 2560 sec.

図11 UV硬化に伴う測定ラマンスペクトルの変化

図12 ベースラインの設定方法

　ピーク分離後のC=Cのピークに対して主骨格I_3のスペクトルピークを基準として正規化を行った結果を図14に示す。これより，ラマンシフト1633 cm^{-1}にあるC=Cピークが硬化とともに減少しているのが分かる。以上により得られたC=Cピークの値を式(1)に代入して，硬化度を求めることができる。

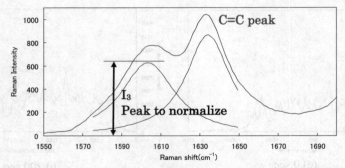

図13　測定されたスペクトルとピーク分離スペクトルおよび正規化手法

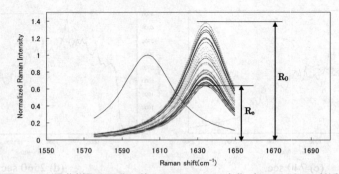

図14　UV硬化樹脂の硬化に伴うスペクトルの変化（C＝Cピーク付近）

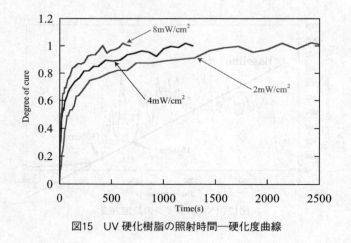

図15　UV硬化樹脂の照射時間―硬化度曲線

4.4.4　硬化度曲線の測定結果

　紫外線ランプの照射強度を3種類に変化させてそれぞれで測定を行い，照射強度の違いによる硬化進展の比較を行った。照射時間―硬化度グラフを図15に示す。図より，照射開始直後から硬化度が急激に上昇を開始し，硬化度が0.6付近に達したあとは硬化進展速度が減少を開始し，硬

第6章　UV硬化における分析法の現状と展望

化度が0.8を超えると硬化進展はゆるやかになってやがて硬化が完了することが分かる。また，照射時間で比べると8，4，2 mW/cm^{2}の順に硬化速度が速いことが明らかに分かるが，照射強度が強い方が早く硬化が進むという結果は妥当なものである。このように照射強度に対する硬化度曲線を得ることができれば，効率的な硬化プロセスのために最適な照射強度および照射時間を設定することができる。特に本実験で用いたポータブル型のプローブは，複雑な形状などに用いられるUV硬化樹脂の局所的な硬化度測定にも用いることができる。複雑な形状においては紫外線照射量を一様にすることは困難であり，場所によっては未硬化となる場合が想定されるため，ポータブル型のラマン分光プローブを用いた硬化モニタリング手法は工業的にも非常に有益であると思われる。

4.5　おわりに

本節ではラマン分光法を用いたUV硬化樹脂の硬化モニタリング手法について述べた。UV硬化樹脂は塗装，接着，光造形などへの応用だけではなく，近年では低成形エネルギーかつ急速硬化が可能な構造材料としての期待も高まりつつある。そのような用途において材料の性能を十分に発揮させるためには硬化状態の管理が非常に重要であり，本手法のように手軽に硬化進展を観測できる硬化モニタリング手法は，今後その重要性を増していくものと思われる。

文　献

1) T. Fukuda, T. Kosaka, "Encyclopedia of Smart Materials", p. 291, John Wiley & Sons (2002)
2) 高坂達郎，樹脂の硬化度・効果挙動の測定と評価方法，p. 536，サイエンス＆テクノロジー (2007)
3) 高坂達郎，強化プラスチック，**55**(3)，98 (2009)
4) 浜口宏夫，平川暁子，ラマン分光法，学会出版センター (1998)
5) 島内武彦，レーザーラマン分光学とその応用，南江堂 (1977)
6) D. Bersani *et al.*, *Materials Letters*, **51**, 208 (2001)
7) 田畑米穂ほか，UV・EB硬化技術の展開，シーエムシー出版 (1999)
8) 蒲池幹治，遠藤剛，ラジカル重合ハンドブック：基礎から新展開まで，エヌ・ティー・エス (1999)

5 熱分解 GC および MALDI-MS を用いた UV 硬化物の構造解析と硬化機構の解明

大谷　肇*

5.1　はじめに

　UV 硬化樹脂などの不溶性架橋高分子は，その物性と密接に関連した架橋ネットワーク構造などの解析が求められているにもかかわらず，適用できる分析手法は非常に限定されており，十分満足できる解析がなされているとは限らない。こうした中で，熱分解ガスクロマトグラフィー (GC) の手法は，試料の形態や溶解性などの制約をほとんど受けることなく，ごく微量の試料を用いて測定を行うことができることから，高分子試料の構造情報を提供するユニークな手法として活用され，さまざまな不溶性架橋高分子の分析にも広く適用されてきた。

　しかしながら，縮合系高分子を中心にして，強固な化学構造を有する架橋高分子では，熱エネルギーのみでそれらを分解しても，分解効率が一般に低い上，図 1 (上) にモデル的に示したように，しばしば架橋点が相対的に熱分解しやすく，その過程で肝心の架橋構造情報が失われることになる。したがって，通常の熱分解 GC により架橋構造そのものを解析した報告例は，実際にはあまり多くない。これに対して，分解の過程で適切な化学反応を加味することによって，分解効率を向上させると同時に，図 1 (下) のように分解反応に特異性を誘起して，架橋点近傍の構造情報を保持した分解物を選択的に生成させることができれば，それらを分析することによって，架橋ネットワーク構造そのものの解析が可能になる。本節では，アクリル系 UV 硬化樹脂試料に対して，このような特異な試料分解反応を用いることによって，筆者らが行ってきたそれらの架橋ネットワークなどの化学構造の解析について述べる。

5.2　有機アルカリ共存下での反応熱分解 GC によるアクリル系 UV 硬化樹脂の精密構造解析

　近年，反応試薬共存下において化学反応を加味した熱分解を行う反応熱分解 GC が，通常の熱

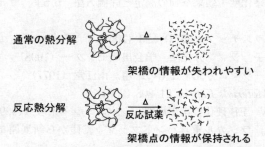

図 1　架橋高分子の通常の熱分解反応および架橋部の情報を保持する特異的分解反応のモデル図

---

*　Hajime Ohtani　名古屋工業大学　大学院工学研究科　物質工学専攻　教授

第6章　UV硬化における分析法の現状と展望

分解GCによる解析が一般に難しいとされている，各種縮合系高分子の精密組成分析や微細構造解析を可能にする手法として注目されている。この反応試薬として最もよく用いられている，水酸化テトラメチルアンモニウム（TMAH）共存下でポリエステルやポリカーボネートを反応熱分解GC測定した場合には，試料中のエステル結合やカーボネート結合が選択的かつ効率的に加水分解されると同時に，分解物はGC測定に適したメチル誘導体に変換されて，パイログラム上に観測される。

さらに，架橋高分子試料中の架橋ネットワーク構造が，主としてエステル結合やカーボネート結合により分画されている場合には，試料中の架橋構造に関する局所情報を保持した分解生成物を，この方法によりパイログラム上に観測することができる。図2に模式的に示すように，架橋ネットワーク構造が主としてエステル結合を介して形成されている，アクリル系UV硬化樹脂をこの方法で特異的に分解した場合には，樹脂を構成するモノマーの組成や分子量，硬化反応率，架橋連鎖長，あるいは開始剤残存量などの情報を有した特性的な分解物が生成するので，これらをもとに当該硬化樹脂の詳細な化学構造解析が可能になる。ここでは，まず有機アルカリ共存下での反応熱分解GCの手法を概説し，これをアクリル系UV硬化樹脂の精密組成分析や硬化反応率および架橋連鎖構造解析などに応用した例を紹介する。

5.2.1　反応熱分解GCの装置構成と測定手順

図3に，縦型加熱炉型の熱分解装置を直結した反応熱分解GCシステムの装置系統図を示す。測定に際しては，まず，50〜100μg程度の高分子試料を試料カップに秤取する。この試料カップ中に，反応試薬として1〜2μl程度のTMAH溶液をマイクロシリンジを用いて添加した後，試料カップをほぼ常温の熱分解装置上部の導入部に設置する。次に，この試料カップを，反応熱

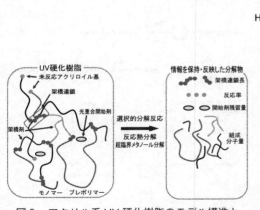

図2　アクリル系UV硬化樹脂のモデル構造とその特異的分解生成物

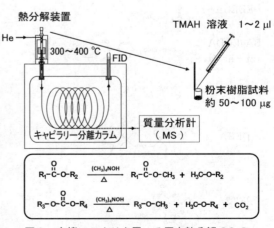

図3　有機アルカリを用いる反応熱分解GCのシステムおよび測定操作の模式図

分解に適した温度（300～400℃）に保たれた熱分解装置の炉心へと自由落下させて，キャリヤーガス中で試料の瞬間的な反応熱分解を行う。この際，十分に高い反応効率を達成するために，試料はあらかじめ凍結粉砕機などを用いて，可能な限り微細な粉末状にしておくことが望ましい。

5.2.2 多成分アクリル系 UV 硬化樹脂の精密組成分析

樹脂の設計・開発および品質管理を行う上で，硬化した樹脂の化学構造の解析は欠かすことができないが，実用的な UV 硬化樹脂は不溶性であるだけでなく，一般に多成分系であるために，分光学的手法などでは詳細な分析が困難である。これに対し，アクリル系 UV 硬化樹脂試料に TMAH を添加して反応熱分解 GC 測定すると，エステル結合が選択的に切断され，樹脂を構成する原料オリゴマーや反応性希釈剤などの骨格を反映したメチルエステルやメチルエーテルが生成する。そこで，これらの生成物を手がかりにして，多成分アクリル系 UV 硬化樹脂の組成分析を精密に行うことができる[1]。

表1に，アクリル系 UV 硬化樹脂に用いられる典型的な単官能～多官能アクリレートモノマー（プレポリマー）と，それらから構成される UV 硬化樹脂を TMAH 共存下で反応熱分解した際

表1 アクリル系 UV 硬化樹脂の構成成分と主な反応熱分解生成物

	アクリレートの構造	反応熱分解生成物
HEA		
POA		
THFA		
EDEGA		
BA4EODA ($m+n=4$)		
NPGA		
DPHA		
PET3A		

第6章 UV硬化における分析法の現状と展望

の，各アクリレート単位からの主な分解生成物をまとめて示した。エステル結合が加水分解―メチル誘導体化されることにより，各構成単位に由来するメチルエーテルが特徴的に生成するが，メチル誘導体化は必ずしも定量的に進行するわけではないので，水酸基を有する分解物もかなり生成する。また，多官能のエリスリトールアクリレートの場合には，環状エーテルの生成もしばしば確認される。

図4に一例として，2-ヒドロキシエチルアクリレート（HEA），テトラヒドロフルフリルアクリレート（THFA），ペンタエリスリトールトリアクリレート（PET3A），およびビスフェノールAエチレンオキシド付加物のジアクリレート（BA4EODA）の4成分からなるUV硬化樹脂を，TMAHの共存下400℃で反応熱分解して得られたパイログラムを示す。まず，未反応のアクリロイル基から，アクリル酸メチル（MA）が特徴的に生成しており，後述するように，そのピーク強度から硬化（重合）反応の進行度を定量的に論ずることができる。さらに，パイログラム上には，表1に示したような，各成分の骨格を反映したメチルエーテルを中心とする生成物が検出されている。そこで，各アクリレートから生成する特性的な分解物のピークの相対強度を，実験的に予め求めて検量線を作成しておけば，未知のUV硬化樹脂の組成を比較的容易に求めることができる。また，BA4EODAは，実際にはエチレンオキシドの重合度が異なるオリゴマーの混合物であり，パイログラム上に観測されるそれぞれを反映するピークの強度から，もとの重合度分布を求めることができる。さらに，全体として重合度が同じでも，ビスフェノールA単位の両端でのエチレンオキシドの重合度組み合わせがそれぞれ異なる異性体が存在し得るが，実際のパイログラム上でも，それらに対応したピーク分裂が観測されているので，それらの相対強度から，各異性体の存在比率を推算することも可能である。

5.2.3 オリゴマータイプのアクリレートプレポリマー分子量の推定

オリゴマータイプのビスフェノールA（BA）ジグリシジルエーテル型エポキシアクリレート（BAE）などのように，分子量の大きなアクリレートをプレポリマーとして合成したUV硬化樹脂では，分解物がエステル結合の反応熱分解のみによって生成するとすれば，それらは依然とし

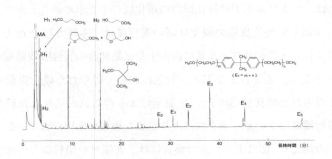

図4　4成分からなるアクリル系UV硬化樹脂のTMAH共存下におけるパイログラム

313

てプレポリマーとほぼ同様の分子量を保持しており，GCカラムを通過して検出することは一般に困難である。ただし，BAE 型 UV 硬化樹脂の場合には，反応熱分解に際してエーテル結合の開裂も部分的に進行するため，GC でも解析可能な程度に分子量が低い分解物が生成して，パイログラム上に観測されるそれらのピーク強度に基づいて，もとのプレポリマーの分子量などを解析することが可能になる[2]。

図 5 に一例として，平均分子量約 3,000 の BAE プレポリマーを用いて調製した UV 硬化樹脂の，TMAH 共存下におけるパイログラムを示す。また，図 6 には，その反応熱分解過程を，図 5 の各ピークの帰属とあわせて示した。パイログラム上には，単一の BA 単位からなる生成物（$M_1 \sim M_3$）が主として観測されるが，微小ながら BA 単位を 2 つ持つメチルエーテル化合物のピーク（$D_1 \sim D_2$）も認められる。図 6 の分解過程からわかるように，これらの「2 量体」は，複数の BA 単位を持つエポキシアクリレート部分からしか生成し得ないため，それらのピーク強度は，もとの BAE の分子量に相関して変化することが予想される。実際に，BAE プレポリマーの平均分子量が大きくなるほど，2 量体のピークの相対強度が高くなることが実験的に確かめられている[2]。したがって，この 2 量体のピーク強度と，エポキシアクリレートの分子量との相関関係を予め求めておけば，硬化樹脂に配合されているエポキシアクリレートの分子量を，樹脂の反応熱分解 GC 測定により推定することができる。

5.2.4 アクリル系 UV 硬化樹脂の硬化反応率の定量

前述したように，アクリル系 UV 硬化樹脂において，系内に未反応のアクリロイル基があると，反応熱分解により当該部位からアクリル酸メチル（MA）が特徴的に生成する。一例として図 7 に，2,2-ジメトキシ-2-フェニルアセトフェノン（ベンジルジメチルケタール：BDMK）を開始剤に用いて，ペンタエリスリトールトリアクリレート（PET3A）を UV 硬化する樹脂について，(a) UV 照射前，および (b) 照射後の樹脂試料の，反応熱分解によるパイログラムをそれぞれ示す。UV 照射によってアクリロイル基が重合して二重結合が消費されるため，照射後の試料のパイログラムでは MA のピーク強度がかなり減少していることがわかる。そこで，この MA の相対強度をもとに，アクリル系 UV 硬化樹脂の硬化反応率を求めることができる[3]。

一般に，アクリル系 UV 硬化樹脂の硬化反応の進行度は，赤外吸収分光（IR）測定によりスペクトル上に観測される，アクリロイル基に由来する二重結合の特性吸収強度の減少から見積もることができる。そこで，さまざまな UV 照射量において得られた硬化樹脂について，反応熱分解 GC によって得られた硬化反応率を，IR 測定により得られた結果と比較して，図 8 に示した。観測した全照射領域について，両手法により求めた硬化反応率がほぼ一致していることがわかる。硬化反応率の測定を IR により行った場合には，充填材や顔料などの添加剤，あるいはラミネート基材による吸収が妨害となり，実用的な系ではしばしば正確な解析が困難になる。こう

第6章 UV硬化における分析法の現状と展望

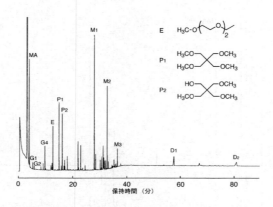

図5 ビスフェノールAエポキシアクリレートUV硬化樹脂の
TMAH共存下における典型的なパイログラム

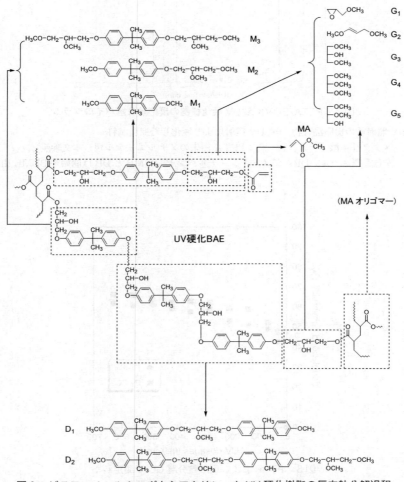

図6 ビスフェノールAエポキシアクリレートUV硬化樹脂の反応熱分解過程

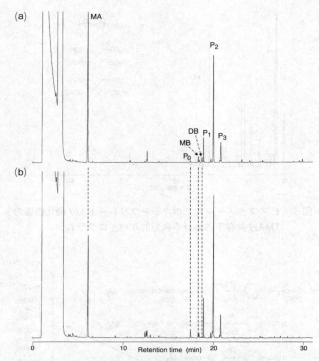

図7 PETA/BDMK系UV硬化樹脂の反応熱分解パイログラム
(a) UV照射前の樹脂混合物, (b) UV照射により硬化した樹脂試料
MA:メタクリル酸メチル, P_0〜P_3:PETA由来のメチルエーテル類（本文参照）,
MB:安息香酸メチル, DB:ジメトキシメチルベンゼン（MBとDBは開始剤BDMK由来）

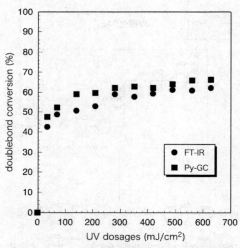

図8 FT-IRおよび反応熱分解GCで測定した
硬化反応率とUV照射量との関係

第6章 UV 硬化における分析法の現状と展望

した場合には，共存物の影響を受けにくい反応熱分解 GC により，パイログラム上に観測される MA の強度から硬化反応度を計測する方法が非常に有効である．

5.2.5 アクリル系 UV 硬化樹脂の架橋連鎖構造解析

反応熱分解 GC により，アクリル系 UV 硬化樹脂の架橋連鎖構造に関する情報も得られる[4]．図9に，数平均分子量約400のポリエチレングリコール（PEG）の両末端に重合反応性のアクリレート基を有する，2官能のプレポリマーを光開始剤と混合し，UV 照射することにより硬化させた樹脂について，推定される架橋構造とその反応分解過程，ならびに実際に観測されたパイログラムを示す．この UV 硬化樹脂試料を TMAH 共存下で反応熱分解することにより，樹脂中のほぼ全てのエステル結合が選択的にアルカリ加水分解されるとともに，生じた分解生成物がメチル誘導体化される．したがって，元の三次元網目構造中の架橋構造を保持した構成成分を，それらのメチルエステルあるいはメチルエーテルとして，パイログラム上にほぼ定量的に観測することができる．この例では，PEG ジメチル誘導体および光開始剤やそのフラグメントに加えて，架橋したアクリレート連鎖を反映するアクリル酸メチル（MA）オリゴマーの一連のピーク群が，微小ながら少なくとも6量体まではっきりと観測されている．これらの特徴的なピーク群から，もとの樹脂の三次元網目構造についての知見が得られ，当該試料については，アクリレート基が少なくとも6単位まで結合した架橋構造に関する情報が現れている．

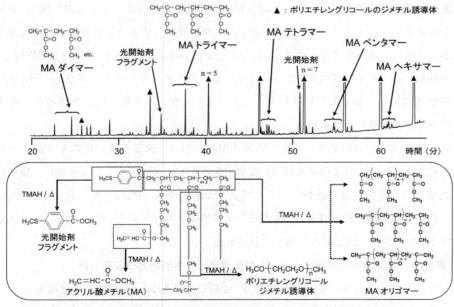

図9 アクリル系 UV 硬化樹脂試料の推定構造と反応熱分解過程および観測されたパイログラム

5.3 超臨界メタノール分解
―マトリックス支援レーザー脱離イオン化質量分析による架橋連鎖構造解析[5]

前述のように，アクリル系 UV 硬化樹脂試料の反応熱分解 GC 測定を行うと，パイログラム上には，未反応のアクリレートを反映する MA モノマーに加えて，硬化前の樹脂のパイログラム上には認められない，MA の 2～6 量体の多数の微小ピーク群が観測される。しかし，パイログラム上に観測される MA モノマーおよびオリゴマー成分の相対ピーク強度は，もとの重合反応性末端基の存在量から化学量論的に推算される値よりかなり小さいことなどから，GC では観測不可能な 7 量体以上の MA オリゴマーが，長連鎖の架橋部から相当量生成しているものと推測され，反応熱分解 GC だけでは，UV 硬化樹脂のネットワーク構造全体を評価することは難しいことが示唆される。

そこで，UV 硬化樹脂中に存在すると予想される，比較的長いアクリレート連鎖からなる架橋構造を反映した，オリゴマー領域の反応分解生成物について，それらの解析に威力を発揮する，マトリックス支援レーザー脱離イオン化―質量分析法（MALDI-MS）を用いて観測すれば，ネットワーク構造のより詳細な解析が可能になると考えられる。また，アクリル系 UV 硬化樹脂試料の特異な分解反応を誘起する際に，MALDI-MS 測定に適した分解生成物を得るために，超臨界メタノール分解法が選択肢の 1 つとして挙げられる。

5.3.1 超臨界メタノール分解―MALDI-MS 測定の操作手順

硬化樹脂試料の超臨界メタノール分解は，試料を凍結粉砕した後，例えば内容積 10 ml 程度のステンレス製容器内にメタノールとともに密閉し，ガスクロマトグラフの恒温槽内で臨界点以上の温度および圧力で加熱することにより，行うことができる。ここでは，具体的な解析例として，重合反応性基を 6 つ有するジペンタエリスリトールヘキサアクリレート（DPHA）をモノマーとし，開裂型光開始剤を加えて UV 照射することにより，ラジカル重合反応を誘起して硬化した樹脂を試料とした結果を紹介する。

図 10 に示すように，このアクリル系 UV 硬化樹脂の場合，適正条件で超臨界メタノール分解すれば，樹脂中のエステル結合が選択的に開裂するとともにメチルエステル化され，硬化により生成した架橋部の連鎖構造を反映したポリアクリル酸メチル（PMA）が生成することになる。そこで，この分解生成物がそのまま，またはサイズ排除クロマトグラフィー（SEC）により分画した各フラクションが MALDI-MS 測定に供される。

5.3.2 超臨界メタノール分解物の MALDI-MS 測定による架橋連鎖構造解析

調製した UV 硬化樹脂を，最適化した条件（290 ℃，21 MPa，4 時間）で超臨界メタノール分解して得られた分解生成物を SEC 測定したところ，ポリスチレン換算の溶出時間で分子量数十万程度までに相当する，架橋構造を反映した分解生成物であると考えられるピークがクロマト

第6章　UV硬化における分析法の現状と展望

グラム上に観測された。そこでまず，この分解生成物をそのまま MALDI-MS 測定した結果，図11に示した質量スペクトルが得られた。このスペクトル上には，MA 単位に相当する，m/z 86間隔で一連のピークが観測されており，さらにそれぞれのピーク成分は，それらの m/z 値より，図中に構造を示した PMA のナトリウムイオン付加分子であると帰属された。したがって，図10に示した反応過程にしたがって試料の超臨界メタノール分解が進行していることが裏付けられた。

しかしながら，この質量スペクトル上に観測される PMA 成分は高々50量体程度までであり，SEC 測定の結果から推測される分解物の分子量に比較するとはるかに小さい。この現象は主と

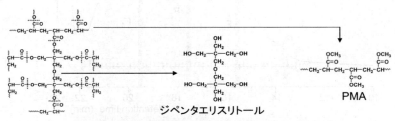

図10　DPHA系 UV 硬化樹脂の超臨界メタノール分解過程

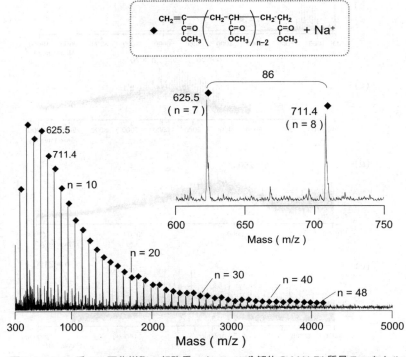

図11　DPHA系 UV 硬化樹脂の超臨界メタノール分解物の MALDI 質量スペクトル

して，分子量分布の広い試料の場合，高分子量の成分ほどMALDI質量スペクトル上に観測されにくくなる，マスディスクリミネーションの影響によるものであると考えられる。そこで次に，この分解生成物のSECによる溶出成分を10秒間ずつ分取し，分子量ごとに分画された各フラクションについてMALDI-MS測定を行った[5]。図12に，(a)のクロマトグラム上の，保持時間(b)19.5分，(c)17.5分，(d)15.5分および(e)13.5分付近の各フラクションのMALDI質量スペクトルを示す。図12(b)の比較的低分子量域のフラクションについては，m/z 1,000～2,000付近にMA単位に相当するm/z 86間隔で，図11中に示した構造に対応するPMA成分由来のピークが

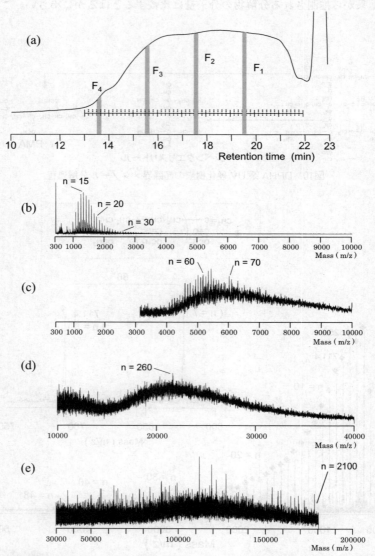

図12　硬化樹脂試料の超臨界メタノール分解物のSEC分取および分取物のMALDI質量スペクトル

第6章　UV硬化における分析法の現状と展望

主として観測されている。また，図12(e)の最も高分子量領域のフラクションでは，重合度ごとにピーク分離したスペクトルは得られなかったが，PMA成分と推定される溶出物を，最大でMA 2,000連子以上に相当する，m/z 180,000程度の領域まで観測することができた。以上のように，当該試料中には，少なくとも2,000連子程度のアクリレート連鎖がUV硬化により生成し，三次元ネットワーク構造を形成していることが示唆される。

文　　献

1) H. Matsubara, A. Yoshida, H. Ohtani, S. Tsuge, *J. Anal. Appl. Pyrolysis*, **64**, 159 (2002)
2) H. Matsubara, H. Ohtani, *J. Anal. Appl. Pyrolysis*, **75**, 226 (2006)
3) H. Matsubara, H. Ohtani, *Anal. Sci.*, **23**, 513 (2007)
4) H. Matsubara, A. Yoshida, Y. Kondo, S. Tsuge, H. Ohtani, *Macromolecules*, **36**, 4750 (2003)
5) H. Matsubara, S. Hata, Y. Kondo, Y. Ishida, H. Takigawa, H. Ohtani, *Anal. Sci.*, **22**, 1403 (2006)

LED-UV 硬化技術と硬化材料の現状と展望
―発光ダイオードを用いた紫外線硬化技術―《普及版》(B1171)

2010年 5月10日　初　版　第1刷発行
2016年 7月 8日　普及版　第1刷発行

監　修　　角岡正弘　　　　　　　　　　Printed in Japan
発行者　　辻　賢司
発行所　　株式会社シーエムシー出版
　　　　　東京都千代田区神田錦町 1-17-1
　　　　　電話 03(3293)7066
　　　　　大阪市中央区内平野町 1-3-12
　　　　　電話 06(4794)8234
　　　　　http://www.cmcbooks.co.jp/

〔印刷　あさひ高速印刷株式会社〕　　Ⓒ M. Tsunooka, 2016

落丁・乱丁本はお取替えいたします。

本書の内容の一部あるいは全部を無断で複写(コピー)することは，法律で認められた場合を除き，著作者および出版社の権利の侵害になります。

ISBN978-4-7813-1113-5　C3043　¥5200E